"十三五"国家重点出版物出版规划项目

藏文信息处理技术

བོད་ཡིག་ཡིག་རྟགས་རང་འབྱེད།

—— Visual C++ཡིས་སྒྲུབ་པ།

现代藏文字符自动分析

—— Visual C++实现

高定国　著

西南交通大学出版社

·成都·

图书在版编目（ＣＩＰ）数据

现代藏文字符自动分析：Visual C++实现 / 高定国
著. —成都：西南交通大学出版社，2022.3
（藏文信息处理技术）
"十三五"国家重点出版物出版规划项目
ISBN 978-7-5643-7904-9

Ⅰ. ①现… Ⅱ. ①高… Ⅲ. ①C 语言 – 程序设计 – 应
用 – 藏文 – 语言信息处理学 Ⅳ. ①TP312.8②TP391

中国版本图书馆 CIP 数据核字（2020）第 255295 号

"十三五"国家重点出版物出版规划项目
（藏文信息处理技术）

Xiandai Zangwen Zifu Zidong Fenxi
——Visual C++ Shixian

现代藏文字符自动分析
——Visual C++实现

高定国　著

出 版 人	王建琼
责任编辑	穆　丰
封面设计	墨创文化

出版发行　　西南交通大学出版社
　　　　　　（四川省成都市二环路北一段 111 号
　　　　　　西南交通大学创新大厦 21 楼）
邮政编码　　610031
发行部电话　028-87600564　028-87600533
网址　　　　http://www.xnjdcbs.com
印刷　　　　四川森林印务有限责任公司

成品尺寸　　210 mm×285 mm
印张　　　　18.25
字数　　　　528 千
版次　　　　2022 年 3 月第 1 版
印次　　　　2022 年 3 月第 1 次
定价　　　　88.00 元
书号　　　　ISBN 978-7-5643-7904-9

前言
preface

教育部高等学校计算机科学与技术教学指导委员会发布的《高等学校计算机科学与技术专业人才专业能力构成与培养》中对计算机科学与技术专业的基本能力要求确定为：计算思维能力、算法设计与分析能力、程序设计与实现能力和系统能力。对计算机专业的学生来说，算法设计与分析、程序设计与实现是最主要和最重要的能力。本书依据本人多年讲授"算法设计与分析"和"藏文信息处理原理"课程的经验，以藏文信息处理的知识为内容，并结合算法设计与分析的相关方法编写而成。本书不仅适用于藏文基础较好、已对计算机初步入门的学生学会藏文在计算机上如何处理，而且也适用于计算机基础较好、拟从事藏文信息处理的人员掌握藏文字符处理的基本过程，旨在跨越藏文字符分析的设想与计算机实现的鸿沟。

本书在编写中努力体现了以下特点：

案例贯穿，规范设计。本书以案例式进行编排，每一章就是一个案例。按照算法设计与分析的思想，每章分别由问题描述、问题分析、算法设计、程序实现、运行结果和算法分析等步骤组成。该方法符合人们发现问题、分析问题、解决问题的思维习惯，也符合软件工程的问题分析、软件设计、软件实现与软件测试的软件设计思想。

循序渐进，层层深入。本书的内容从藏文字符的输入输出开始，逐步到全藏字符的生成，现代藏字的构件识别，基于不同算法的藏文字符排序、查找和字符属性统计。编程使用的软件从控制台应用程序到基于对话框的可视化程序。编程文件从"单一文件"逐步到"头文件""源文件"分开的"两个文件"，再到多个类的"多文件"。

案例详尽，步步指引。所有的案例在"程序实现"中都详尽地给出了每一步的实现方法和源代码。读者可以按此程序的实现，步步复现程序。

拓展知识，轻松实现。每个案例的"理论依据"并没有局限于本案例算法设计的理论基础，而是拓展了实现本案例关键的编程知识，使得读者能够轻松用计算机实现各案例。

全书分为 4 篇，共 16 章。藏文字符处理基础篇主要介绍算法概述、藏文字符的输入输出、全藏字的生成等藏文字符处理基础；藏文字符排序篇以现代藏字构件识别为基础分别用插入排序、归并排序、堆排序、快速排序实现了藏文字符的排序；藏文字符查找篇运用查找算法实现了藏文编码转换、藏文的拉丁转写、藏文数字编码方案和藏汉电子词典；藏文字符统计篇实现了全藏字集字符构件的静态统计、藏文多文本中构件的动态统计、基于动态顺序存储的藏文音节动态统计、基于哈希表的藏文音节动态统计等藏文字符的统计。

本书是在国家自然科学基金项目"敦煌藏文文献文本识别方法的研究"（62166038）、教育部 2019 年第一批产学合作协同育人项目"改革教学内容和课程体系，提升应用型人才的开发能力"（201901077046）、2019 年度国家级一流本科"计算机科学与技术"和"藏文信息处理原理"一流本科课程建设的资助下取得的成果之一。作者在编写过程中得到了西藏大学信息科学技术学院领导、同事的支持和帮助，书中部分案例是在研究生课程设计的基础上改编而来的，在此一并表示感谢！

本书可以作为高等院校藏文信息技术、计算机科学与技术、电子信息技术等相关专业的高年级本科生或研究生的教材或参考书，也可以作为从事藏文信息处理、自然语言处理、藏语计算语言学、数据挖掘和人工智能研究相关人员的参考书。

编著人员水平有限，加之时间仓促，参考资料缺乏。书中难免有疏漏与不足之处，恳请广大读者批评指正。

高定国

2022 年 2 月

目 录

contents

第 1 篇　藏文字符处理基础

第 2 篇 藏文字符排序

第 3 篇　藏文字符查找

第4篇　藏文字符统计

第1篇　藏文字符处理基础

✤　第 1 章　算法概述

一般来说，用计算机解决一个具体问题一般需要经过以下几个步骤：首先要从具体问题抽象出一个适当的数学模型，其次设计一个解此数学模型的算法，然后编出程序，最后对程序进行测试、调试直至得到最终解答[①]。可以看出，算法设计是计算机解决一个问题的核心。那么什么是算法呢？

1.1　算法的概念

算法（Algorithm）[②]是指对解题方案准确而完整的描述，是一系列解决问题的清晰指令，代表着用系统的方法描述解决问题的策略机制。也就是说，算法能够实现对一定规范的输入，在有限时间内获得所要求的输出。算法中的指令描述的是一个计算，当其运行时能从一个初始状态和（可能为空的）初始输入开始，经过一系列有限而清晰定义的状态，最终产生输出并停止于一个终态。

1.2　算法的特征

一个算法应该具有以下 5 个重要的特征：

1. 有穷性（Finiteness）

算法的有穷性是指算法必须能在执行有限个步骤之后终止。

2. 确切性（Definiteness）

算法的每一步骤必须有确切的定义。

3. 输入项（Input）

一个算法有零至多个输入，以刻画运算对象的初始情况。所谓零个输入是指算法本身定出了初始条件。

4. 输出项（Output）

一个算法有一个或多个输出，以反映对输入数据加工后的结果。没有输出的算法是毫无意义的。

5. 可行性（Effectiveness）

算法中执行的任何计算步骤都是可以被分解为基本的可执行的操作步骤，即每个计算步骤都可以在有限时间内完成（也称之为有效性）。

---

① 严蔚敏，吴伟民. 数据结构（C 语言版）[M]. 北京：清华大学出版社，2017.
② 钟志永，姚珺. 大学计算机应用基础[M]. 重庆：重庆大学出版社，2012.

1.3 算法分析

对于一个实际问题，通常可以提出若干个算法来解决。如何从这些可行的算法中找出最有效的算法呢？或者有了一个解决实际问题的算法后，如何来评价它的好坏呢？这些问题都需要通过算法分析来确定。评价算法性能的标准主要从算法执行时间和占用存储空间两个方面进行考虑，即通过分析算法执行所需要的时间和存储空间来判断一个算法的优劣[①]。算法分析就是对一个算法需要多少计算时间和存储空间做定量的分析[②]。

分析算法可以预测这一算法能在什么样的环境中有效的运行，能对解决同一问题的不同算法的有效性做出比较[③]。

1.3.1 时间复杂度

一个程序的时间复杂度是指程序运行从开始到结束所需要的时间。

1. 影响因素

一个算法是由控制结构（顺序、分支和循环 3 种）和原操作（固定数据类型的操作）构成的，其执行时间取决于两者的综合效果。为了便于比较同一问题的不同算法，通常的做法是：从算法中选取一种对于所研究的问题来说属于基本运算的原操作，以该原操作重复执行的次数作为算法的时间度量。一般情况下，算法中原操作重复执行次数是规模 n（即算法处理的数据量）的某个函数 $T(n)$。很多时候要精确地计算 $T(n)$ 是困难的，通过引入渐进时间复杂度在数量上估计一个算法的执行时间，也能够达到分析算法的目的[④]。

2. 计算方法

计算时间复杂度的时候，主要考虑算法中最高阶项的开销，只要找出算法中最高阶的复杂度，就可以忽略低阶和常数的复杂度。

这里引入数学符号"O"来估算算法时间复杂度，渐进时间复杂度的表示方法为：

$$F(n) = O(g(n))$$

其定义为，若 $F(n)$ 和 $g(n)$ 是定义在正整数集合上的两个函数，则 $F(n) = O(g(n))$ 表示存在正的常数 c 和 n_0，使得当 $n \geq n_0$ 时，都满足 $0 \leq F(n) \leq cg(n)$。换句话说，就是这两个函数的整型自变量 n 趋于无穷大时，两者的比值是一个不等于 0 的常数。

当要计算某个算法的时间复杂度 $F(n)$ 时，可以找一个更简单的、阶数相同的时间复杂度 $g(n)$ 来等同地计算，这里的 $g(n)$ 是替代函数，它具有和原算法一样更高阶复杂度。例如，一个程序的实际执行时间为 $T(n) = 3n^3 + 43n^2 + 5\,342$，则 $T(n) = O(n^3)$。使用 O 记号表示的算法的时间复杂度，称为算法的渐进时间复杂度。

通常用 $O(1)$ 表示常数计算时间。常见的渐进时间复杂度之间的关系如下：

$$O(1) < O(\log_2 n) < O(n) < O(n\log_2 n) < O(n^2) < O(n^3) < O(2^n)$$

---

① 程玉胜. 数据结构与算法 C 语言版[M]. 北京：中国科学技术大学出版社，2015：5-10.
② 程玉胜. 数据结构与算法（C 语言版）[M]. 北京：中国科学技术大学出版社，2015.
③ 李长云，蒋鸿，刘强. 大学计算机[M]. 北京：北京航空航天大学出版社，2013：171-175.
④ 陈承欢. 数据结构分析与应用实用教程[M]. 北京：清华大学出版社，2015：9-11.

为了便于估算一个算法的时间复杂度，可以约定以下几条可操作的规则：

（1）读写单个常量或单个变量，或进行赋值运算、算术运算、关系运算、逻辑运算等，计为一个单位时间。

（2）条件语句 if(C){s}的执行时间为（条件 C 的执行时间）+（语句块 s 的执行时间）。

（3）条件语句 if(C)s1 else s2 的执行时间为（条件 C 的执行时间）+（语句块 s1 和 s2 中执行最长的时间）。

（4）switch case 语句的执行时间是所有 case 子句中，执行时间最长的语句块的执行时间。

（5）访问一个数据的单个元素或一个结构体变量的单个元素只需要一个单位时间。

（6）执行一个 for 循环语句需要的时间等于执行该循环体所需要时间乘以循环次数。

（7）执行一个 while(C){s}循环语句或者执行一个 do{s} while(C)语句，需要的时间等于计算条件表达式 C 的时间与执行循环 s 的时间之和再乘以循环的次数。

（8）对于嵌套结构，算法的时间复杂度由嵌套最深层语句的执行次数决定。

（9）对于函数调用语句，它需要的时间包括两部分，一部分用于实现控制转移，另一部分用于执行函数本身。

1.3.2　空间复杂度

一个算法的空间复杂度是指程序从开始运行到结束所需的存储空间大小。程序的一次运行是针对所求解问题的某一特定实例而言的。程序运行所需要的存储空间主要包括两部分：

1. 固定部分

这部分空间与所处理数据的大小和个数无关，或者称与问题实例的特征无关，主要包括程序代码、常量、简单变量、定长成分的结构变量所占的空间。

2. 可变部分

这部分空间大小与算法在某次执行中处理的特定数据的大小和规模有关。例如 100 个数据元素的排序算法与 1 000 个数据元素的排序算法所需要的存储空间显然是不同的。

算法在运行过程中临时占用的存储空间随算法的不同而异。有的算法只需要占用少量的存储空间，并且不随问题规模的大小而改变；有的算法需要占用的存储空间数随着问题规模 n 的增大而增大，此时按照最坏情况来分析。

1.4　算法的表示方法

算法常用的表示方法有如下五种[①]：

（1）使用自然语言描述算法；

（2）使用流程图描述算法；

（3）使用伪代码描述算法；

（4）使用 N-S 图描述算法；

（5）使用程序描述算法。

下面以求解 sum=1+2+3+4+5…+（n－1）+n 为例来介绍以上不同算法表示方法的应用。

---

① 软件开发技术联盟. C 语言自学视频教程[M]. 北京：清华大学出版社，2014.

1.4.1 使用自然语言描述算法

使用自然语言描述从 1 开始的连续 n 个自然数求和的算法如下：

① 确定一个 n 的值；
② 假设等号右边的算式项中的初始值 i 为 1；
③ 假设 sum 的初始值为 0；
④ 如果 i≤n 时，执行⑤，否则转出执行⑧；
⑤ 计算 sum 加上 i 的值，并重新赋值给 sum；
⑥ 计算 i 加 1，然后将值重新赋值给 i；
⑦ 转去执行④；
⑧ 输出 sum 的值，算法结束。

使用自然语言描述算法的方法虽然比较容易掌握，但是当算法中分支或循环较多时很难表述清楚，另外，使用自然语言描述算法也很容易造成歧义（称之为二义性）。

1.4.2 使用流程图描述算法

流程图（Flow Chart）[①]：以特定的图形符号（见表 1-1 流程图符号定义）加上说明来表示算法的图。

表 1-1 流程图符号定义

符号	含义	符号	含义	符号	含义	符号	含义
	过程		多文档		卡片		存储数据
	可选过程		终止		资料带		延期
	决策		准备		汇总连接		顺序访问存储器
	数据		手动输入		或者		磁盘
	预定义过程		手动操作		对照		直接访问存储器
	内部存储		接点		排序		显示
	文档		离页连接符		摘录		合并

使用流程图描述从 1 开始的连续 n 个自然数求和的算法如图 1-1 所示。

---

① 林小茶，陈昕. C程序设计教程[M]. 3 版. 北京：清华大学出版社，2018.

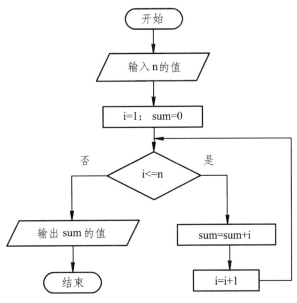

图 1-1　自然数求和的流程图

从上面这个算法流程图中可以比较清晰地看出求解问题的执行过程。

流程图的优点在于形象直观，各种操作一目了然，不会产生"歧义性"，便于理解。算法出错时也容易发现，并可以直接转化为程序，所以在算法设计中被广泛地应用。流程图的缺点在于绘制复杂，所占篇幅较大，又由于允许使用流程线，过于灵活、不受约束，使用者可使流程任意转向，从而造成程序阅读和修改上的困难，不利于结构化程序的设计。

无论是使用自然语言还是使用流程图描述算法，仅仅是表述了编程者解决问题的一种思路，都无法被计算机直接接受并执行操作。

1.4.3　使用伪代码描述算法

伪代码是一种用来书写程序或描述算法时使用的非正式、透明的表述方法。伪代码通常采用自然语言、数学公式和符号来描述算法的操作步骤，同时采用计算机高级语言（如 C、Pascal、VB、C++、Java 等）的控制结构来描述算法步骤的执行过程。

使用伪代码描述从 1 开始的连续 n 个自然数求和的算法如下：

1　算法开始；

2　输入 n 的值；

3　 i ← 1;　　　　　　　　/* 为变量 i 赋初值*/

4　 sum ← 0;　　　　　　/*为变量 sum 赋初值*/

5　 **do while** i<=n　　　　　/*当变量 i <=n 时，执行下面的循环体语句*/

6　　{ sum ← sum + i;

7　　 i ← i + 1; }

8　输出 sum 的值；

9　算法结束；

1.4.4　使用 N-S 图描述算法

N-S 图也被称为盒图或 CHAPIN 图。1973 年，美国学者 I.Nassi 和 B.Shneiderman 提出了一种流程图形式：在流程图中完全去掉流程线，将全部算法写在一个矩形框内，在框内还可以包含其他框，即由一些基本的框组成一个大的框。这种流程图又称为 N-S 结构流程图（以两个人名字的头一个字母组成）[1]。

使用 N-S 图描述从 1 开始的连续 n 个自然数求和的算法如图 1-2 所示。

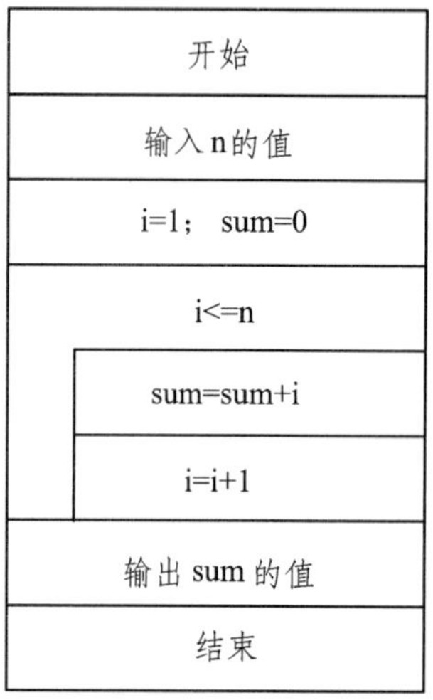

开始
输入 n 的值
i=1；sum=0
i<=n
sum=sum+i
i=i+1
输出 sum 的值
结束

图 1-2　自然数求和的 N-S 图

1.4.5　使用程序描述算法

程序是为实现特定目标或解决特定问题而用计算机语言编写的命令序列的集合。

使用程序语言描述从 1 开始的连续 n 个自然数求和的算法如下：

```c
#include <stdio.h>
#include <stdlib.h>

int main()
{
    int i,n,sum;
    scanf("%d",&n);
    i=1;
    sum=0;
    while (i<=n)
    {
        sum+=i;
        i++;
```

---

① 林道淼，古辉. 一种基于程序理解的 N-S 图生成算法[J]. 计算机工程，2012，15：286-289.

```
    }
    printf("%d\n",sum);
    system("Pause");
    return 0;
}
```

1.5 算法的实现

1.5.1 程 序

计算机程序（Computer Program）是运行于电子计算机上，满足人们某种需求的信息化工具。它以某些程序设计语言编写实现，运行于某种目标结构体系上。一般的计算机程序要经过编译、链接而成为人难以解读，但可轻易被计算机所解读的数字格式，然后才能运行。

软件开发流程即软件设计思路和方法的一般过程，包括对软件进行需求分析，设计软件的功能和实现的算法和方法，软件的总体结构设计和模块设计，编码和调试，程序联调和测试以及运行维护、升级、报废处理等一系列操作，用以满足客户的需求并解决客户的问题。

1.5.2 变量命名规则

变量命名时，变量名首字母必须为字母(a～z，A～Z)和下划线(_)，其余部分由字母(a～z，A～Z)、数字(0～9)、下划线(_)组合而成，字母之间不能包含空格，也不能使用编程语言的保留字。

1. 经典变量命名规则

1）匈牙利命名法
该命名法是在每个变量名的前面加上若干表示数据类型的字符。基本原则是：

变量名=属性+类型+对象描述

如：i 表示 int，所有以 i 开头的变量命都表示 int 类型；s 表示 String，所有以 s 开头的变量命都表示 String 类型变量。

属性部分常用的字符有：全局变量 g_；常量 c_；C++类成员变量 m_；静态变量 s_；等等。

类型部分常用的有：指针 p；函数 fn；无效 v；句柄 h；长整型 l；布尔 b；浮点型（有时也指文件）f；双字 dw；字符串 sz；短整型 n；双精度浮点 d；计数 c（通常用 cnt）；字符 ch（通常用 c）；整型 i（通常用 n）；字节 by；字 w；实型 r；无符号 u；等等。

对象描述部分常用的字符有：最大 Max；最小 Min；初始化 Init；临时变量 T（或 Temp）；源对象 Src；目的对象 Dest；等等。

2）骆驼命名法
骆驼命名法是指混合使用大小写字母来构成变量和函数的名字。驼峰命名法跟帕斯卡命名法相似，只是首字母为小写，如 userName。因为看上去像驼峰，因此而得名。

3）帕斯卡命名法
帕斯卡命名法（即 pascal 命名法）与骆驼命名法相似，只是首字母大写，如 UserName，常用在类的变量命名中。

2. 命名共性规则

被大多数程序员采纳的命名共性规则总结如下[①]：

（1）标识符应当直观且可以拼读，做到望文知意。

标识符最好采用英文单词或其组合，便于记忆和阅读，切忌使用汉语拼音来命名。程序中的英文单词一般不应太复杂，用词应当准确。

（2）标识符的长度应当符合"min-length && max-information"原则。

（3）命名规则尽量与所采用的操作系统或开发工具的风格保持一致。

Windows 应用程序的标识符命名通常采用"大小写"混排的方式，如 AddChild；而 Unix 应用程序的标识符命名通常采用"小写加下划线"的方式，如 add_child。不能把这两类风格混在一起使用。

（4）程序中不应出现仅靠大小写区分的相似标识符。

例如：

int x，X；// 变量 x 与 X 容易混淆

（5）程序中不应出现标识符完全相同的局部变量和全局变量，尽管两者因作用域不同不会发生语法冲突，但会使人误解。

（6）变量的名字应当使用"名词"或者"形容词 + 名词"。

例如：

float value；

float oldValue；

float newValue；

（7）全局函数的名字应当使用"动词"或者"动词 + 名词"（动宾词组）。类的成员函数名字应当只使用"动词"，被省略掉的名词就是对象本身。

例如：

DrawBox()；// 全局函数

box->Draw()；// 类的成员函数

（8）用正确的反义词组命名具有互斥意义的变量或相反动作的函数等。

例如：

int minValue；

int maxValue；

（9）尽量避免名字中出现数字编号，如 Value1，Value2 等，除非逻辑上的确需要编号。

3. 简化的 Windows 应用程序命名规则

有人对"匈牙利"命名规则做了合理的简化，形成一个简单的 Windows 应用程序命名规则[②]：

（1）类名和函数名用大写字母开头的单词组合而成。

例如：

class Node；// 类名

void SetValue(**int** value)；// 函数名

---

① C++变量命名规则 [EB/OL]. http://www.cnblogs.com/finallyliuyu/archive/2010/09/25/1834301.html.

② C++变量命名规则 [EB/OL]. http://www.cnblogs.com/finallyliuyu/archive/2010/09/25/1834301.html.

（2）变量和参数用小写字母开头的单词组合而成。

例如：

BOOL flag；

（3）常量全用大写的字母，用下划线分割单词。

例如：

const int MAX = 100；

const int MAX_LENGTH = 100；

（4）静态变量加前缀 s_（表示 static）。

例如：

static int s_initValue；// 静态变量

（5）如果不得已需要全局变量，则对全局变量加前缀 g_（表示 global）。

例如：

int g_howManyPeople；// 全局变量

（6）对类的数据成员加前缀 m_（表示 member），可以避免数据成员与成员函数的参数同名。

例如：

void Object::SetValue(**int** width, **int** height)

{

m_width = width；

m_height = height；

}

（7）为了防止某一软件库中的一些标识符和其他软件库中的冲突，可以为各种标识符加上能反映软件性质的前缀。

例如：

三维图形标准 OpenGL 的所有库函数均以 gl 开头，所有常量（或宏定义）均以 GL 开头。

❖ 第 2 章　藏文字符的输入输出

2.1　问题描述

计算机处理字符的过程可以简单地表示为图 2-1 所示框图。

图 2-1　计算机处理字符的简单过程

计算机处理字符时，需要考虑如何把字符输入到计算机中、计算机中如何存储输入的数据、计算机对数据应进行怎样的处理、如何实现该处理、数据的处理结果又如何存储、存储的数据如何输出、输出到哪里等一系列问题。对藏文字符的处理也是如此。

藏文字符是拼音性文字，由藏文字符构件组成，每个构件在计算机中由一个编码表示。本章完成一个按照藏文字符的编码输出所有的藏文字符构件的案例。

2.2　问题分析

2.2.1　理论依据

1. 藏文字符构件在计算机中的存储方式

BMP（位图）平面中采用双八位编码[①]，其中第一个八位表示该字符所在的行，第二个八位表示该字符所在的位。藏文字符以拼音文字的方式进入 UCS（Universal Character Set，通用字符集）中 BMP 平面的 A 区。Unicode10.0 收录的藏文字符的编码位于 BMP 的 0F 行的 00 位到 DA 位（0F00 ~ 0FDA），共 211 个字符，如图 2-2 所示[②]。

从图 2-2 可以看出，每个字符由表中列的三个十六进制数与行的一个十六进制数构成双八位的编码来表示，例如：ཀ 的编码由第一列的 0F0 和第一行的 0 构成 0F00，其意义是该字符处于基本平面 0F 行的 00 位上。

Unicode 10.0 收录的藏文字符的编码从 0F00 到 0FDA，共 211 个。其中包括辅音符号、元音符号、变音符号、数字符号、标点符号和一些其他符号。所有的藏文字符都在 Unicode 的 0F 行，从 0F00 开始，以十六进制表示，下一个字符的编码在当前字符编码上加 1 得到。虽 Unicode 10.0 中收录的藏文字符构件只有 211 个，但其中有 8 个空编码点，所以输出时要循环 219 次，即从第一个编码依次累加 219 次。

① 高定国，珠杰. 藏文信息处理的原理与应用 [M]. 成都：西南交通大学出版社，2014.
② The Unicode Consortium.Unicode 10.0 Character Code Charts[EB/OL].http://www.unicode.org/charts/PDF/U0F00.pdf.

0F00　　　　　　　　　　　　　**Tibetan**　　　　　　　　　　　　**0FFF**

	0F0	0F1	0F2	0F3	0F4	0F5	0F6	0F7	0F8	0F9	0FA	0FB	0FC	0FD	0FE	0FF
0	0F00	0F10	0F20	0F30	0F40	0F50	0F60		0F80	0F90	0FA0	0FB0	0FC0	0FD0		
1	0F01	0F11	0F21	0F31	0F41	0F51	0F61	0F71	0F81	0F91	0FA1	0FB1	0FC1	0FD1		
2	0F02	0F12	0F22	0F32	0F42	0F52	0F62	0F72	0F82	0F92	0FA2	0FB2	0FC2	0FD2		
3	0F03	0F13	0F23	0F33	0F43	0F53	0F63	0F73	0F83	0F93	0FA3	0FB3	0FC3	0FD3		
4	0F04	0F14	0F24	0F34	0F44	0F54	0F64	0F74	0F84	0F94	0FA4	0FB4	0FC4	0FD4		
5	0F05	0F15	0F25	0F35	0F45	0F55	0F65	0F75	0F85	0F95	0FA5	0FB5	0FC5	0FD5		
6	0F06	0F16	0F26	0F36	0F46	0F56	0F66	0F76	0F86	0F96	0FA6	0FB6	0FC6	0FD6		
7	0F07	0F17	0F27	0F37	0F47	0F57	0F67	0F77	0F87	0F97	0FA7	0FB7	0FC7	0FD7		
8	0F08	0F18	0F28	0F38		0F58	0F68	0F78	0F88		0FA8	0FB8	0FC8	0FD8		
9	0F09	0F19	0F29	0F39	0F49	0F59	0F69	0F79	0F89	0F99	0FA9	0FB9	0FC9	0FD9		
A	0F0A	0F1A	0F2A	0F3A	0F4A	0F5A	0F6A	0F7A	0F8A	0F9A	0FAA	0FBA	0FCA	0FDA		
B	0F0B	0F1B	0F2B	0F3B	0F4B	0F5B	0F6B	0F7B	0F8B	0F9B	0FAB	0FBB	0FCB			
C	0F0C	0F1C	0F2C	0F3C	0F4C	0F5C	0F6C	0F7C	0F8C	0F9C	0FAC	0FBC	0FCC			
D	0F0D	0F1D	0F2D	0F3D	0F4D	0F5D		0F7D	0F8D	0F9D	0FAD					
E	0F0E	0F1E	0F2E	0F3E	0F4E	0F5E		0F7E	0F8E	0F9E	0FAE	0FBE	0FCE			
F	0F0F	0F1F	0F2F	0F3F	0F4F	0F5F		0F7F	0F8F	0F9F	0FAF	0FBF	0FCF			

图 2-2　Unicode 10.0 中藏文基本集的编码

2. 控制台应用程序

编写的程序必须以一种方式存在，或称为依附于一种平台，比如有控制台、对话框、单文档、多文档等。

所谓的控制台应用程序，就是能够运行在 MS-DOS 环境中的程序。控制台应用程序通常没有可视化的界面，只是通过字符串来显示或者监控程序。控制台程序常常被应用在测试、监控等用途，用户往往只关心数据，不在乎界面显示。

3. 读写 Unicode 文本文件的操作

藏文字符在计算机中用 Unicode（统一码）来表示，用计算机操作藏文字符的前提就是要掌握计算机操作 Unicode 的相关语法。

1）以不同的方式打开文件

C 语言读写文件都要通过 fopen 函数来实现，其中 mode 参数可以控制以二进制方式打开还是以文本方式打开。fopen 的函数原型为：

FILE * fopen(const char * path，const char * mode);

fopen 函数的第一个参数是文件路径，第二个参数是打开方式，各种打开方式中参数及含义的说明如表 2-1 所示[①]。

表 2-1 fopen 函数 mode 参数的说明

mode	参数的说明
r	以只读方式打开文件，该文件必须存在
r+	以可读写方式打开文件，该文件必须存在
rb+	读写打开一个二进制文件，允许读数据
rw+	读写打开一个文本文件，允许读和写
w	打开只写文件，若文件存在则文件长度清零，即该文件内容会消失；若文件不存在则建立该文件
w+	打开可读写文件。若文件存在则文件长度清零，即该文件内容会消失；若文件不存在则建立该文件
a	以附加的方式打开只写文件。若文件不存在，则会建立该文件；如果文件存在，写入的数据会被加到文件尾，即文件原先的内容会被保留（EOF 符保留）
a+	以附加方式打开可读写的文件。若文件不存在，则会建立该文件；如果文件存在，写入的数据会被加到文件尾后，即文件原先的内容会被保留（原来的 EOF 符不保留）
wb	只写打开或新建一个二进制文件，只允许写数据
wb+	读写打开或建立一个二进制文件，允许读和写
wt+	读写打开或建立一个文本文件，允许读写
at+	读写打开一个文本文件，允许读或在文本末追加数据
ab+	读写打开一个二进制文件，允许读或在文件末追加数据。

表 2-1 中加了一个 b 字符的打开方式，如 rb、w+b 或 ab+等组合，用来告诉函数库打开的文件为二进制文件，而非纯文字文件。

若要打开 Unicode 文件，需将指定所需编码的 ccs 标志传递给函数。需要引用<stdio.h>头文件。

2）读文件

读取宽字符的函数为：

---

① C 语言如何读写 unicode 编码的文本文件[EB/OL]. https://zhidao.baidu.com/question/455731426.html.

fgetwc (FILE * stream)。

3）写文件

写宽字符的函数为：

wint_t fputwc(
　　　wchar_t c,
　　　FILE *stream
)；

参数 c 表示要写入的字符；stream 表示指向 FILE 结构的指针。

4）关闭文件

关闭 CFile 对象，使用 **Close** （ ）或者 **fclose** （ FILE *_File）函数。

4. 强制类型转换

表示藏文字符的 Unicode 值虽然是十六进制的数字，但表示了字符，在计算机中其类型为字符类型。在程序中拟用 Unicode 编码每次加 1 进行数字运算，字符类型需要转换为数字类型，得到的数字值之和又需转换为字符类型输出，故需要进行类型的转换。

当操作数的类型不同，而且不属于基本数据类型时，经常需要将操作数转化为所需要的类型，这个过程即为强制类型转换。强制类型转换具有两种形式：显式强制类型转换和隐式强制类型转换[①]。

1）显式强制类型转换

C 语言中显式强制类型转换很简单，格式如下：

TYPE b = **(TYPE)** a；

其中，TYPE 为类型描述符，如 int，float 等。经强制类型转换运算符运算后，表达式返回一个具有 TYPE 类型的数值，这种强制类型转换操作并不改变操作数本身，运算后操作数本身类型未改变，例如：

int n=0xab65；

char a=（char）n；

该强制类型转换的结果是将整型值 0xab65 的一个高位字节删掉，将一个低位字节的内容作为 char 型数值赋值给变量 a，而经过类型转换后 n 的值并未改变。

2）隐式强制类型转换

隐式类型转换发生在赋值表达式和有返回值的函数调用表达式中。在赋值表达式中，如果赋值符左右两侧的操作数类型不同，则将赋值符右侧的操作数强制转换为赋值符左侧的数值类型，再赋值给赋值符左侧的变量。在函数调用时，如果 return 后面表达式的类型与函数返回值类型不同，则在返回值时将 return 后面表达式的数值强制转换为函数返回值类型后，再将值返回，例如：

int n；

double d=3.88；

n=d；//执行本句后，n 的值为 3，而 d 的值仍是 3.88。

2.2.2　算法思想

本案例的算法思想为：

（1）直接用宽字符变量存储藏文 Unicode 的第一个编码；

（2）把藏文字符的 Unicode 编码强制转换为数字；

（3）按照 Unicode 编码的连续性，通过累加分别得到每个藏文字符的 Unicode 字符编码的数字；

（4）把每个藏文字符的数字编码转换为字符并输出到文件中。

2.3 算法设计

2.3.1 存储空间

字符数据类型一般用 char 表示，char 类型变量可以存储一个字节的字符，用来保存英文字符和标点符号是可以的，但是用来保存汉文、韩文、日文以及藏文的字符却不可以，因为这类文字的每一个字符都占据了两个字节。为了解决这个问题，C++提出了 wchar_t 类型，也称为双字节类型，还称为宽字符类型[①]。藏文一个字符就有两个字节，所以变量的类型就应该选 wchar_t，程序中应该包括头文件#include <WCHAR.H>。

可以用一个 int 型变量 nValude 来存储藏文 Unicode 字符转换为数字后的值。

2.3.2 流程图

本程序的流程图较简单，主函数的流程如图 2-3 所示。

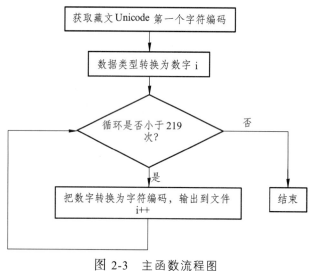

图 2-3　主函数流程图

2.3.3 伪代码

1　TibetanUnicodeChar=0x0F00；

2　nValude=(**int**)TibetanUnicodeChar；

3　创建及打开可写的文件

4　**for**(i<219){

5　　　**fputwc((wchar_t**)nValude，f)；//写文件

6　　　**fputwc**('\n'，f)；

7　　　nValude++；

8　}

---

① Ivor Horton. Visual C++ 2012 入门经典[M]. 苏正泉 李文娟，译. 北京：清华大学出版社，2013.

2.4　程序实现

2.4.1　编译环境

1. 平　台

Microsoft Visual Studio 2012。

2. 新建项目

（1）启动 Microsoft Visual Studio 2012。

（2）依次点击【文件】→【新建】→【项目】，打开"新建项目"，如图 2-4 所示。

图 2-4　新建项目"第一步"

在模板中选择"Visual C++"→"Win32"→"Win32 控制台应用程序"；输入一个项目名称，例如：TibetanIO；选择项目存放的位置，点击【确定】按钮。

说明：本书中类似【文件】表示名为"文件"的菜单或按钮，用于鼠标点击。

（3）按照向导中选择【下一步】，如图 2-5 所示。

保留默认选项，点击【完成】结束工程的创建，如图 2-6 所示。

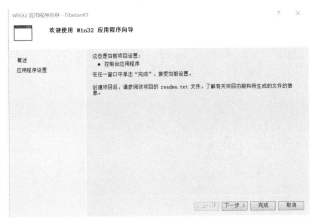

图 2-5　新建项目"第二步"

图 2-6　新建项目"第三步"

（4）点击【生成】→【生成解决方案】。在"输出"窗口查看"生成"的结果，如图 2-7 所示。

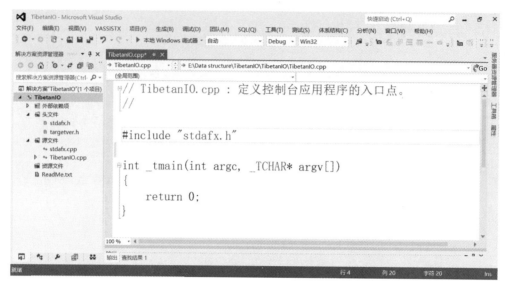

图 2-7   新建项目"第四步"

（5）点击【调试】→【启动调试】，观察结果。

（6）添加代码。

2.4.2   代   码

在文件中添加相应的代码：

```
#include "stdafx.h"

#include<stdio.h>
#include<wchar.h>

int _tmain(int argc, _TCHAR* argv[])
{
    wchar_t TibetanUnicodeChar=0x0F00;
    int nValude=(int)TibetanUnicodeChar;
    FILE *f=_wfopen(L"e:\\ProgramDesign\\TibetanIO\\TibetanUnicode.txt",
L"wt,ccs=UNICODE");//创建及打开可写的文件
    for(int i=0;i<219;i++){
        fputwc((wchar_t)nValude,f);
        fputwc('\n',f);
        nValude++;
    }
    fclose(f) ;
    return 0;
}
```

说明：本书代码中无底纹的部分表示程序自动生成的，有底纹的部分是人工编辑的。

2.4.3　代码使用说明

1. 编译中可能出现的错误说明

编译中可能出现错误提示：

error C4996: '_wfopen': This function or variable may be unsafe. Consider using _wfopen_s instead. To disable deprecation，use _CRT_SECURE_NO_WARNINGS. See online help for details.

解决方案：

点击【项目】→【属性】→【c/c++】→【预处理器】→【预处理器定义】→【编辑】→【加入】，输入 "_CRT_SECURE_NO_WARNINGS" 即可。

2. 程序运行结果文件说明

如果文件按照程序中的位置和名称已经被创建，则程序会打开该文件进行写入；如果没有被创建，则程序会在指定的位置创建文件，再把数据写入。

程序运行结束后直接找到文件所在的目录，打开文件可以查看结果。

2.5　运行结果

按照以上程序，藏文 Unicode 中所有字符的输出结果如图 2-8 所示。

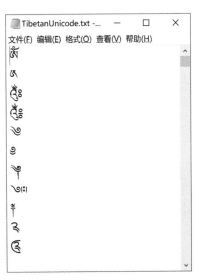

图 2-8　运行结果截图

2.6　算法分析

2.6.1　时间复杂度分析

该算法执行时间主要用在 for 循环中，运行次数是 219 次，所以时间复杂度为 $O(n)$。

2.6.2　空间复杂度分析

程序中用了一个 int 类型存储了藏文字符转换后的数字，空间大小就是一个 int 类型空间。而算法中只存储了一个藏文字符，占用了两个字节，每个字节是 8 位，因此只需要 16 位的固定存储空间，即 $O(1)$。

第 3 章 全藏字的生成

3.1 问题描述

藏文字符是拼音性文字，现代藏字由 30 个辅音字母和 4 个元音符号（简称为元音）拼写组合而成，既可以从左到右书写，还可以上下叠加，构成二维的平面文字。现代藏字均以一个称为“基字”的辅音字母为核心，通过前后添加和上下叠加，组成一个完整的字符结构。除“基字”外每个构件的称谓根据加在“基字”的部位而得名，即加在基字前的字母叫“前加字”，加在基字上的字母叫“上加字”，加在基字下的字母叫“下加字”，加在基字后的字母叫“后加字”，后加字之后再添加的字母叫“再后加字”或“重后加字”①。现代藏文文法对藏文字符构成藏字不仅有数量的约束（一个藏字由 1～7 个字符构成），而且还严格限制每个构件的使用。所以，符合藏文文法的所有藏文字符（全藏字）组成的集合是一个封闭的集合，按照藏文文法就能生成全藏字集。本章依据藏文文法生成符合文法拼写规则的所有藏文字符。

3.2 问题分析

3.2.1 理论依据

1. 全藏字生成的理论

有关藏字的数量问题，才旦夏茸先生在《藏文文法详解》②中也给定了一个数量，该数量的依据如表 3-1 所示。

表 3-1 《藏文文法详解》中藏字个数的依据

序号	来源	注解	数量	累计数量
1	གསལ་བྱེད།	30 个辅音字母	30	30
2	ར་མགོ་ཅན། ལ་མགོ་ཅན། ས་མགོ་ཅན། ཡ་སྟ། ར་སྟ། ལ་བཏགས་སོགས་ཉིས་བརྩེགས་ཅན་ང་བདུན།	上加字+基字，基字+下加字构成 2 层的字符	57	87
3	གསུམ་བརྩེགས་ཅན་བཅུ་བཞི།	上加字+基字+下加字三层字符	14	101
4	གས་འཕུལ་བཅུ་གཅིག ད་འཕུལ་དྲུག བས་འཕུལ་བཅུ། མས་འཕུལ་བཅུ་གཅིག འས་འཕུལ་བཅུ། རྒྱང་འཕུལ་ཞེ་བརྒྱད།	前加字+基字	48	149

① 高定国，珠杰. 藏文信息处理的原理与应用[M]. 成都：西南交通大学出版社，2014.

② ཚེ་ཏན་ཞབས་དྲུང་། བོད་གངས་ཅན་གྱི་སྐྲ་རིག་པའི་བསྟན་བཅོས་ལེ་ཚན་འགའ་ཕྱོགས་བསྡུས་བཞུགས་སོ། མཚོ་སྔོན་མི་རིགས་དཔེ་སྐྲུན་ཁང་།༢༠༠༣ལོའི་ཟླ་༧༢པར།（才旦夏茸. 藏文文法详解（藏文）[M]. 西宁：青海民族出版社，2003.）

续表

序号	来源	注解	数量	累计数量
5	ད་འཕུལ་ཡ་ར་བཏགས་ཅན་དགུ། བས་འཕུལ་ ར་མགོ་ཅན་བཅུ། བས་འཕུལ་ལ་མགོ་ཅན་གཉིས། བས་འཕུལ་ས་མགོ་ཅན་བཅུད། བས་འཕུལ་ཡ་ བདགས་ཅན་གཉིས། བས་འཕུལ་ར་སྲ་ཅན་གསུམ། བས་འཕུལ་ལ་བཏགས་ཅན་བཞི། བས་འཕུལ་ས་ལུག བརྩེགས་ཅན་དྲུག མས་འཕུལ་ཡ་ར་འདོགས་ཅན་བཞི། འས་ འཕུལ་ཡ་ར་འདོགས་ཅན་དགུ། བརྩེགས་འདོགས་ ཅན་འཕུལ་བ་ད་བདུན།	前加字+基字+下加字，前加字+上加字+基字	57	206
6	ཁུས་ཀྱི་ཡི་གི་འ◌ཨལ་དབྱངས་བཞི་འདོགས་པ།	以上 206 个字符作为基础，分别添加 4 个元音（206×4）	824	1 030
7	འ་མཐའ་དོར་བའི་རྗེས་འཇུག་དགུ།	以上字符添加 9 个后加字（除去འ）（1 030×9）	9 270	10 300
8	རྗེས་འཇུག་ག་ང་བ་མ་བཞིར་ས་དྲག་ཐོབ་པ།	带再后加字ས的字符（1 030×4）	4120	14 420
9	རྗེས་འཇུག་ན་ར་ལ་གསུམ་ད་དྲག་ཐོབ་པ།	带再后加字ད的字符（1 030×3）	3 090	17 510
10	ཕ་བཏགས་བཅུ་གཉིས་ལ་ཨུ་ཨེ་ཨོ་གསུམ་ བསྣན།	带下加字ལ的 15 个	15	17 525
11	དབྱངས། དབུ་ཁྱུད། ༠ད། ཚེག	4 个元音、起头符合、单垂符号、隔字符	7	17 532

通过表 3-1 可知，才旦夏茸先生指出了藏文的全集字符数应该是 17 532 个，这不仅给出了构成藏字全集的过程，还给出了每种构字方式中的数量。详细分析后可以发现该统计的一些不足：

（1）基础字符添加后加字时，直接添加了除འ以外的 9 个后加字，但在"前加字+基字"中把类似于དཀ的字符统计到数据中，这些字生成时，"前加字+基字"的 48 个字符后面都可以加字符འ，需要进行重新处理。

（2）该数据中带下加字ལ的只有 15 个，类似于རྡང的字符没有被统计到该数据中。按照构字规则，元音的添加、后加字的添加不受被添加字符的限制，使得 15 个字符都应该是可以添加元音与后加字的，这 15 个字符添加 4 个元音构成 60 个字符；该 60 个字符与前面的 15 个字符添上 9 个后加字共有 675 个字符；可添加再后加字ས的字符应该有(60+15)×4=300 个，可添加后加字ད的应该有(60+15)×3=225 个；这样一共多出来了 60+675+300+225=1 260 个。

2. 数　组

在生成藏文字符的过程中，需要连续存储部分藏文字符，在计算机中可以通过"数组"来实现。

数组是在程序设计中，为了处理方便，把具有相同类型的若干元素按无序的形式组织起来的一种形式[1]。即所谓数组，是指无序的元素序列。组成数组的各个变量称为数组的分量，也称为数组的元素。用于区分数组的各个元素的数字编号称为下标。

---

① Sharp J. Visual C#从入门到精通[M]. 周婧，译. 北京：清华大学出版社，2016.

1）数组的特点

（1）数组是相同数据类型元素的集合。

（2）数组中的各元素的存储是有先后顺序的，它们在内存中按照这个先后顺序连续存放在一起。

（3）数组元素用整个数组的名字和它自己在数组中的顺序位置来表示。例如，a[0]表示名字为 a 的数组中的第一个元素，a[1]表示数组 a 的第二个元素，以此类推。

2）数组的类型

按照构成数组的维数可以分为：

（1）一维数组。

一维数组是最简单的数组，其逻辑结构是线性表。要使用一维数组，就要经过定义、初始化和应用等过程。

数组声明用来定义数组元素的数据类型，其可以是任意的数据类型，包括简单类型和结构类型。

（2）二维数组。

很多程序设计语言允许构造多维数组。多维数组元素有多个下标，以标识它在数组中的位置，所以也称为多下标变量。多维数组可由二维数组类推而得到。二维数组类型声明的一般形式是：

类型说明符 数组名[常量表达式 1][常量表达式 2]；

其中，常量表达式 1 表示第一维下标的长度，常量表达式 2 表示第二维下标的长度。

例如：**int** a[3][4]；

声明了一个 3 行 4 列的数组，数组名为 a，其下标变量的类型为整型。该数组的下标变量共有 3×4=12 个。

二维数组从图形上看是二维的，即是说其下标在两个方向上变化，下标变量在数组中的位置也处于一个平面之中，而不像一维数组只是一个向量。但是，实际硬件存储器却是连续编址的，也就是说存储器单元是按一维线性排列的。在一维存储器中存放二维数组可有两种方式：一种是按行排列，即放完一行之后顺次放入第二行；另一种是按列排列，即放完一列之后再顺次放入第二列。在 C 语言中，二维数组是按行排列的。

（3）三维数组。

三维数组，是指维数为 3 的数组结构，可以认为它对该数组存储的内容使用了三个独立参量去描述，但更多的是认为该数组的下标是由三个不同的参量组成的。

以上是按照数组的维数进行的分类。每种数组中都可以存放各种类型的字符，有时数组又以存放的元素类型来命名。本章拟在数组中存放藏文字符，就应该定义字符数组。

所谓的字符数组是指用来存放字符量的数组。字符数组类型说明的形式与前面介绍的数值数组相同。字符数组也可以是二维或多维数组，例如：char c[5][10]即为二维字符数组。

数组初始化赋值的一般形式为：

static 类型说明符 数组名[常量表达式]={值，值……值}；

其中，static 表示是静态存储类型，C 语言规定只有静态存储数组和外部存储数组才可做初始化赋值。

在 { }中的各数据值即为各元素的初值，各值之间用逗号间隔。

例如：**static int** a[10]={ 0，1，2，3，4，5，6，7，8，9 }；

二维数组初始化也是在类型声明时给各下标变量赋以初值。二维数组可按行分段赋值，也可按行连续赋值。

例如：对数组 a[5][3]赋值。

按行分段赋值可写为：**static int** a[5][3]={{80,75,92},{61,65,71},{59,63,70},{85,87,90},{76,77,85}}；

按行连续赋值可写为：**static int** a[5][3]={{80,75,92,61,65,71,59,63,70,85,87,90,76,77,85 }}；

3.2.2　算法思想

才旦夏茸先生在《藏文文法详解》中给出的藏文字符统计数量虽有待商榷，但给了很好的生成全藏字的方法。按该方法可设计算法的思想，其思想如下：

（1）生成基础字（ལུས་ཀྱི་ཡི་གེ）。把基字、上加字+基字、基字+下加字、前加字+基字、上加字+基字+下加字、前加字+基字+下加字、前加字+上加字+基字、前加字+上加字+基字+下加字作为基础字，一共 221 个（表 3-1 中 206 个字符加 15 个带 ◌ 的字符）。

（2）221 个基础字与 4 个元音组合构成 221×4=884 个基础字带元音的音节。

（3）221 个基础字与 884 个带元音的基础字都可以加后加字，合并到一个包括 221+884=1 105 个字符的数组中。

（4）1 105 个字符与 9 个后加字生成 9 945 个带后加字的音节。

（5）1 105 个字符选择 4 个后加字加再后加字"ས"，得到 1 105×4=4 420 个有再后加字为"ས"的藏文音节。

（6）1 105 个字符选择 3 个后加字加再后加字"ད"，得到 1 105×3=3 315 个字符，总共 18 785 个藏文音节。

（7）该数据中有"前加字+基字"的 48 个字符，不能单独构成音节，但在（4）步中只添加了除འ以外的 9 个后加字，而从藏文全集中删掉"前加字+基字"的 48 个字符，添加"前加字+基字+འ"的 48 个字符，字符总数不变，仍然是 18 785 个藏文音节。

3.3　算法设计

3.3.1　存储空间

221 个基础字直接存放在二维数组 jichuzi 中，基础字+元音存放在二维数组 jichuzi_yuanyin 中，基础字、基础字+元音存放在数组 jichuzi_jichuzi_yuanyin 中，由于这些藏字的构件数量不同，为此会浪费一定的数组空间。在数组 jichuzi_jichuzi_yuanyin 的基础上添加后加字、再后加字，把新生成的藏字直接写进到文本中，因此，除去数组 jichuzi、数组 jichuzi_yuanyin、数组 jichuzi_jichuzi_yuanyin 在内存中的存储之外，写进文本的藏字只占用文本存储空间。

按照以上对存储空间的分析，声明以下数组：

（1）houjiazi[]：存放 9 个后加字符。

（2）jichuzi[221][4]：存放 221 个基础字，字符位最多为 4 位：前加字+上加字+基字+下加字。

（3）jichuzi_yuanyin[884][5]：存放 884（221×4）个"基础字+元音"的字符，基础字的 4 位加上元音变成 5 位字符。

（4）jichuzi_jichuzi_yuanyin[1105][5]：存放 884 个"基础字+元音"与 221 个基础字，合成共 1 105 个字符，其中字符最长占 5 位。

3.3.2　流程图

按照以上的算法设计思想，设计的算法的流程如图 3-1 所示。

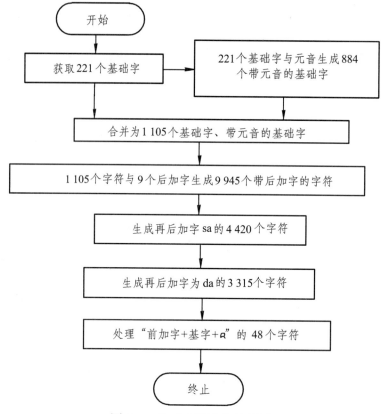

图 3-1　生成全藏字的流程图

3.3.3　伪代码

1. 由 221 个"基础字"和 4 个元音组合成 884 个藏文音节的伪代码

program mergejichuzi_yunayin(**int** n，**int** m)

/*把基础字和元音存放到数组 jichuzi_yunayin 的函数，其中形参 n 接收的是数组 jichuzi 的行，形参 m 接收的是数组 jichuzi 的列*/

```
1    r=0// r 控制数组 jichuzi_yuanyin 的行
2    for k=0 to 3
3       for i=0 to n-1
4           y=0     //y 控制数组 jichuzi_yuanyin 的列
5           for j=0 to m-1
6               jichuzi_yuanyin[r][y++]=jichuzi[i][j]
7           jichuzi_yuanyin[r++][y]=yuanyin[k]
```

2. 由 221 个"基础字"和 884 个"基础字+元音"的音节进行合并的伪代码

program mergejichuzi_jichuzi_yunayin(**int** n，**int** m)

/*把基础字、基础字+元音存放到数组 jichuzi_jichuzi_yuanyin 中的函数，形参 n 接收数组 jichuzi 的行数，形参 m 接收数组 jichuzi_yuanyin 的行数*/

```
1 for i=0 to n-1
2    for j=0 to 3
3        jichuzi_jichuzi_yuanyin[i][j]=jichuzi[i][j]
```

4　　　　　jichuzi_jichuzi_yuanyin[i][4]=0；//把每一行的第 5 列都赋值 0

5 **for** i=0 to m-1

6　**for** j=0 to 4

7　　　jichuzi_jichuzi_yuanyin[n+i][j]=jichuzi_yuanyin[i][j]

3．主函数的伪代码

program _tmain(**int** argc，_TCHAR* argv[])

1 //把即将存放藏字的文件打开，并把这个文件赋给指针 fq

2 mergejichuzi_yunayin(221，4)　//在主函数中调用函数 mergejichuzi_yunayin 并把 221 和 4 作为
　　　　　　　　　　　　　　　　　//实参传递给形参

3 mergejichuzi_jichuzi_yunayin(221，884)　//在主函数中调用函数 mergejichuzi_jichuzi_yunayin，
　　　　　　　　　　　　　　　　　　　　　//并把 221 和 884 作为实参传递给形参

4 /*基础字、基础字+元音写进文本*/

5 **for** i=0 to 1104　//基础字、基础字+元音的二维数组 jichuzi_jichuzi_yuanyin[1105][5]

6　**if** i<173 or i>220 //把基础字中后 48 个前加字+基字不输出

7　　　**for** k=0 to 4

8　　　　**if** jichuzi_jichuzi_yuanyin[i][k]!=0　//输出时遇见空格不输出

9　　　　　**fputwc**(jichuzi_jichuzi_yuanyin[i][k]，fq)

10　　**fputwc**('\n'，fq)　//一个完整的藏字组成完之后换行

11/*基础字、基础字+元音和后加字写进文本*/

12 **for** i=0 to 8

13　**for** j=0 to 1104

14　　**for** k=0 to 4

15　　　**if** jichuzi_jichuzi_yuanyin[j][k]!=0

16　　　　**fputwc**(jichuzi_jichuzi_yuanyin[j][k]，fq)

17　　**fputwc**(houjiazi[i]，fq)

18　　**fputwc**('\n'，fq)

19/*基础字、基础字+元音和后加字+再后加字部分写进文本*/

20 **for** i=0 to 8

21　**for** j=0 to 1104

22　　**for** k=0 to 4

23　　**if** i==0 or i==1 or i==4 or i==5 or i==3 or i==6 or i==7　//能够与再后加字组合的后加字

24　　　　**if** jichuzi_jichuzi_yuanyin[j][k]!=0

25　　　　　**fputwc**(jichuzi_jichuzi_yuanyin[j][k]，fq)

26　　**if** i==0 or i==1 or i==4 or i==5　//基础字+后加字 i+再后加字ས

27　　　**fputwc**(houjiazi[i]，fq)

28　　　**fputwc**(0x0F66，fq)

29　　　**fputwc**('\n'，fq)

30　　**if** i==3 or i==6 or i==7　//基础字+后加字 i+再后加字ད

31　　　**fputwc**(houjiazi[i]，fq)

32　　　**fputwc**(0x0F51，fq)

33　　　**fputwc**('\n'，fq)

34/*48 个前加字+基字+后加字ㄅ（0F60）部分*/

35**for** i=173 to 221 //数组 jichuzi 中后 48 个是前加字+基字

36 **for** j=0 to 3

37   **if** jichuzi[i][j]!=0

38   **fputwc**(jichuzi[i][j]，fq)

39 **fputwc**(0X0F60，fq)

40 **fputwc**('\n', fq)

41 //把指向文本的指针 fq 关掉

3.4 程序实现

3.4.1 代 码

参照第 2 章新建一个控制台应用程序，代码中添加如下代码：

```
#include "stdafx.h"
#include "stdafx.h"
#include"WCHAR.H"
#include"string.h"
#include"stdio.h"
wchar_t
jichuzi[221][4]={{0x0F40},{0x0F41},{0x0F42},{0x0F44},{0x0F45},{0x0F46},{0x0F47},{0x0F49},{0x0F4F},{0x0F50},{0x0F51},{0x0F53},{0x0F54},{0x0F55},{0x0F56},{0x0F58},{0x0F59},{0x0F5A},{0x0F5B},{0x0F5D},{0x0F5E},{0x0F5F},{0x0F60},{0x0F61},{0x0F62},{0x0F63},{0x0F64},{0x0F66},{0x0F67},{0x0F68},/*基字 30*/
    {0x0F40,0x0FB1},{0x0F42,0x0FB1},{0x0F56,0x0FB1},{0x0F40,0x0FB2},{0x0F42,0x0FB2},{0x0F56,0x0FB2},{0x0F40,0x0FB3},{0x0F42,0x0FB3},{0x0F56,0x0FB3},{0x0F41,0x0FB1},{0x0F54,0x0FB1},{0x0F55,0x0FB1},{0x0F41,0x0FB2},{0x0F54,0x0FB2},{0x0F55,0x0FB2},{0x0F66,0x0FB2},{0x0F66,0x0FB3},{0x0F58,0x0FB1},{0x0F4F,0x0FB2},{0x0F50,0x0FB2},{0x0F51,0x0FB2},{0x0F67,0x0FB2},{0x0F5F,0x0FB3},{0x0F62,0x0FB3},/*基字+下加字 24*/
    {0x0F56,0x0F62,0x0F90},{0x0F56,0x0F62,0x0F92},{0x0F56,0x0F63,0x0F90},{0x0F56,0x0F63,0x0F92},{0x0F56,0x0F66,0x0F90},{0x0F56,0x0F66,0x0F92},{0x0F56,0x0F62,0x0F94},{0x0F56,0x0F62,0x0F99},{0x0F56,0x0F62,0x0F9F},{0x0F56,0x0F62,0x0FA1},{0x0F56,0x0F62,0x0FA3},{0x0F56,0x0F62,0x0FA9},{0x0F56,0x0F66,0x0F94},{0x0F56,0x0F66,0x0F99},{0x0F56,0x0F66,0x0F9F},{0x0F56,0x0F66,0x0FA1},{0x0F56,0x0F66,0x0FA3},{0x0F56,0x0F66,0x0FA9},{0x0F56,0x0F62,0x0F97},{0x0F56,0x0F62,0x0FAB},/*前上基 20*/
    {0x0F56,0x0F62,0x0F90,0x0FB1},{0x0F56,0x0F62,0x0F92,0x0FB1},{0x0F56,0x0F66,0x0F90,0x0FB1},{0x0F56,0x0F66,0x0F92,0x0FB1},{0x0F56,0x0F66,0x0F90,0x0FB2},{0x0F56,0x0F66,0x0F92,0x0FB2},/*前上基下 6*/
    {0x0F62,0x0F90},{0x0F62,0x0F92},{0x0F62,0x0F94},{0x0F62,0x0F9F},{0x0F62,0x0FA1},{0x0F62,0x0FA6},{0x0F63,0x0F90},{0x0F63,0x0F92},{0x0F63,0x0F94},{0x0F63,0x0F9F},{0x0F63,0x0FA1},{0x0F63,0x0FA6},{0x0F66,0x0F90},{0x0F66,0x0F92},{0x0F66,0x0F94},{0x0F66,0x0F9F},{0x0F66,
```

0x0FA1},{0x0F66,0x0FA6},

{0x0F62,0x0F97},{0x0F62,0x0F99},{0x0F62,0x0FA8},{0x0F62,0x0FA3},{0x0F63,0x0F97},{0x0F63,0x0FA4},{0x0F66,0x0F99},{0x0F66,0x0FA8},{0x0F66,0x0FA3},{0x0F66,0x0FA4},{0x0F62,0x0FA9},{0x0F62,0x0FAB},{0x0F63,0x0FA6},{0x0F63,0x0FB7},{0x0F66,0x0FA9},/*上加字基字 33*/

{0x0F62,0x0F90,0x0FB1},{0x0F62,0x0F92,0x0FB1},{0x0F62,0x0FA8,0x0FB1},{0x0F66,0x0F90,0x0FB1},{0x0F66,0x0F92,0x0FB1},{0x0F66,0x0FA8,0x0FB1},{0x0F66,0x0FA4,0x0FB1},{0x0F66,0x0FA6,0x0FB1},{0x0F66,0x0F90,0x0FB2},{0x0F66,0x0F92,0x0FB2},{0x0F66,0x0FA8,0x0FB2},{0x0F66,0x0FA4,0x0FB2},{0x0F66,0x0FA6,0x0FB2},{0x0F66,0x0FA3,0x0FB2},/*上基下 14*/

{0x0F51,0x0F42,0x0FB1},{0x0F51,0x0F42,0x0FB2},{0x0F56,0x0F42,0x0FB1},{0x0F56,0x0F42,0x0FB2},{0x0F56,0x0F42,0x0FB3},{0x0F58,0x0F42,0x0FB1},{0x0F58,0x0F42,0x0FB2},{0x0F60,0x0F42,0x0FB1},{0x0F60,0x0F42,0x0FB2},{0x0F51,0x0F40,0x0FB1},{0x0F51,0x0F40,0x0FB2},{0x0F56,0x0F40,0x0FB1},{0x0F56,0x0F40,0x0FB2},{0x0F56,0x0F40,0x0FB3},{0x0F58,0x0F41,0x0FB1},{0x0F58,0x0F41,0x0FB2},{0x0F60,0x0F41,0x0FB1},{0x0F60,0x0F41,0x0FB2},{0x0F51,0x0F56,0x0FB1},{0x0F51,0x0F56,0x0FB2},{0x0F60,0x0F56,0x0FB1},{0x0F60,0x0F56,0x0FB2},{0x0F51,0x0F54,0x0FB1},{0x0F51,0x0F54,0x0FB2},{0x0F56,0x0F66,0x0FB2},{0x0F56,0x0F66,0x0FB3},{0x0F60,0x0F55,0x0FB1},{0x0F60,0x0F55,0x0FB2},{0x0F51,0x0F58,0x0FB1},{0x0F56,0x0F5F,0x0FB3},{0x0F60,0x0F51,0x0FB2},/*前基下 31*/

{0x0F40,0x0FAD},{0x0F41,0x0FAD},{0x0F42,0x0FAD},{0x0F49,0x0FAD},{0x0F51,0x0FAD},{0x0F5A,0x0FAD},{0x0F5E,0x0FAD},{0x0F5F,0x0FAD},{0x0F62,0x0FAD},{0x0F63,0x0FAD},{0x0F64,0x0FAD},{0x0F67,0x0FAD},{0x0F62,0x0FA9,0x0FAD},{0x0F55,0x0FB1,0x0FAD},{0x0F42,0x0FB2,0x0FAD},/*特殊下加字 15*/

{0x0F42,0x0F51},{0x0F51,0x0F42},{0x0F56,0x0F42},{0x0F56,0x0F51},{0x0F58,0x0F42},{0x0F58,0x0F51},{0x0F60,0x0F42},{0x0F60,0x0F51},{0x0F42,0x0F49},{0x0F42,0x0F53},{0x0F42,0x0F45},{0x0F42,0x0F4F},{0x0F42,0x0F59},{0x0F42,0x0F5E},{0x0F42,0x0F5F},{0x0F42,0x0F64},{0x0F42,0x0F66},{0x0F51,0x0F40},{0x0F51,0x0F56},{0x0F51,0x0F44},{0x0F56,0x0F40},{0x0F56,0x0F45},{0x0F56,0x0F4F},{0x0F56,0x0F59},{0x0F56,0x0F5E},{0x0F56,0x0F5F},{0x0F56,0x0F64},{0x0F56,0x0F66},{0x0F58,0x0F49},{0x0F58,0x0F53},{0x0F58,0x0F44},{0x0F58,0x0F41},{0x0F58,0x0F46},{0x0F58,0x0F47},{0x0F58,0x0F50},{0x0F58,0x0F5A},{0x0F58,0x0F5B},{0x0F60,0x0F56},{0x0F60,0x0F41},{0x0F60,0x0F46},{0x0F60,0x0F47},{0x0F60,0x0F50},{0x0F60,0x0F5A},{0x0F60,0x0F5B},{0x0F42,0x0F61},{0x0F51,0x0F54},{0x0F51,0x0F58},{0x0F60,0x0F55}};

```
FILE *fq;//fq 用于指向文本
wchar_t houjiazi[]={0x0F42,0x0F44,0x0F51,0x0F53,0x0F56,0x0F58,0x0F62,0x0F63,0x0F66,0x0F60};
//能够做后加字的基字（对应的编码），其中最后一个 0x0F60 为特殊的后加字(a)
wchar_t yuanyin[]={0x0F72,0x0F74,0x0F7A,0x0F7C};//元音的对应编码
wchar_t jichuzi_yuanyin[884][5];    //用来存放 206 个基础字+元音
wchar_t jichuzi_jichuzi_yuanyin[1105][5];    //用来存放基础字、基础字+元音

void    mergejichuzi_yunayin(int n,int m)
/*基础字+元音存放到数组 jichuzi_yuanyin 中*/
{
    int r=0;    //用来把基础字和元音放在数组 jichuzi_yuanyin 中时控制行坐标
```

```cpp
        for (int k = 0; k < 4; k++)
            for (int i = 0; i < n; i++)    //基础字+元音组合后的藏字放到相应的数组中
                {
                    int y=0;    //用来把基础字和元音放在数组 jichuzi_yuanyin 中时控制列坐标
                    for (int j = 0; j < m; j++)
                            jichuzi_yuanyin[r][y++]=jichuzi[i][j];
                    jichuzi_yuanyin[r++][y]=yuanyin[k];
                }
}


void mergejichuzi_jichuzi_yunayin(int n,int m)
/*把基础字、基础字+元音存放到数组 jichuzi_jichuzi_yuanyin 中*/
{
    for(int i=0;i<n;i++)
        for(int j=0;j<4;j++)
            {
                jichuzi_jichuzi_yuanyin[i][j]=jichuzi[i][j];
                jichuzi_jichuzi_yuanyin[i][4]=0;    //把每一行的第 5 列都赋值 0
            }
    for(int i=0;i<m;i++)
        for(int j=0;j<5;j++)
            jichuzi_jichuzi_yuanyin[n+i][j]=jichuzi_yuanyin[i][j];


}
//主函数
int _tmain(int argc, _TCHAR* argv[])

{
    fq=_wfopen(L"E:\\ProgramDesign\\藏字生成\\全藏字集.txt",L"wt,ccs=UNICODE");
    //打开要存藏字的文本，并赋值给指针 fq
    mergejichuzi_yunayin(221,4);//把元音和基字合并在一个数组 jichuzi_yuanyin 中
    mergejichuzi_jichuzi_yunayin(221,884);
    //把基础字、基础字+元音的数组合并在一个数组 jichuzi_jichuzi_yuanyin 中
    /*基础字、基础字+元音写进文本*/
    for (int i = 0; i < 1105; i++)
    {
        if (i<173||i>220)    //除去前加字+基字部分
        {
        for (int k = 0; k < 5; k++)
        {
            if (jichuzi_jichuzi_yuanyin[i][k]!=0)
            {
```

```
                    fputwc(jichuzi_jichuzi_yuanyin[i][k],fq);
                }
            }
        fputwc('\n',fq);
        }
    }
/*基础字、基础字+元音和后加字部分写进文本*/
    for (int i = 0; i < 9; i++)      //控制后加字的循环
    {
            for (int j = 0; j < 1105; j++)     //用于基础字的循环，j 用作控制基础字的行
            {
                for (int k = 0; k < 5; k++)      //k 用作控制基础字的列
                {
                        if(jichuzi_jichuzi_yuanyin[j][k]!=0)
                            fputwc(jichuzi_jichuzi_yuanyin[j][k],fq);
                }
                fputwc(houjiazi[i],fq);
                fputwc('\n',fq);
            }
    }
/*基础字、基础字+元音和后加字+再后加字部分写进文本*/
    for (int i = 0; i < 9; i++)
    {
        for (int j = 0; j < 1105; j++)
        {
            for (int k = 0; k < 5; k++)
            {
                    if (i==0||i==1||i==4||i==5||i==3||i==6||i==7)//基础字+后加字+再后加字
                    {
                        if(jichuzi_jichuzi_yuanyin[j][k]!=0)
                            fputwc(jichuzi_jichuzi_yuanyin[j][k],fq);
                    }
            }
            if (i==0||i==1||i==4||i==5)
            {
                fputwc(houjiazi[i],fq);
                fputwc(0x0F66,fq);
                fputwc('\n',fq);
            }
            if (i==3||i==6||i==7)
            {
```

```
                    fputwc(houjiazi[i],fq);
                    fputwc(0x0F51,fq);
                    fputwc('\n',fq);
                }
            }
        }
    }
    /*将 48 个前加字+基字+后加字ҩ（0F60）部分写进文本*/
    for (int i = 173; i < 221; i++)
    {
        for (int j = 0; j < 4; j++)
        {
            if(jichuzi[i][j]!=0)
                fputwc(jichuzi[i][j],fq);
        }
        fputwc(0X0F60,fq);
        fputwc('\n',fq);
    }
    fclose(fq);
}
```

3.4.2　代码使用说明

（1）运行时，请按照用户自己的计算机地址修改写入文件的地址：

fq=_wfopen(L"E:\\ProgramDesign\\藏字生成\\全藏字集.txt"，L"wt, ccs=UNICODE");
//打开要存藏字的文本，并赋值给指针 fq

（2）本程序中直接把 221 个基础字符以字符的编码形式写到了 jichuzi[221][4]数组中，也可以直接录入到一个 txt 文档中，再用程序直接读文件写入到数组中。

3.5　运行结果

程序运行生成全藏字结果如图 3-2 所示。

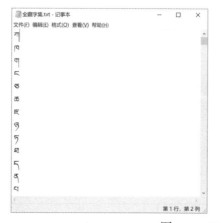

图 3-2　运行结果截图

按照以上设计，程序一共生成了 18 785 个藏文音节。该数据可能有待商榷，因为没有考虑现代藏文中运用的一些特殊藏文字符，如"ぢ"等，只是按照藏文文法生成了全藏字，也没有考虑是否有词义。但此处该数据的精确与否不是最重要的，重要的是学会解决如何利用数组设计算法实现藏文全藏字的生成问题。

3.6　算法分析

3.6.1　时间复杂度分析

该程序最多有三层嵌套循环，运算次数分别是 $4 \times 221 \times 4$、$9 \times 1\,105 \times 5$、$9 \times 1\,105 \times 5$，因此时间复杂度上界是 $O(9 \times 1\,105 \times 5)$ 次，即 $O(1)$。

3.6.2　空间复杂度分析

jichuzi[221][4]的存储空间数量为 221×4 个，jichuzi_yuanyin[884][5]存储空间数量为 884×5 个，jichuzi_jichuzi_yuanyin[1105][5]的存储空间数量为 $1\,105 \times 5$ 个，所以不计一些其他的存储空间和初始所占空间，至少需要 $221 \times 4 + 884 \times 5 + 1\,105 \times 5 = 10\,829$ 个存储空间。

✤ 第 4 章　现代藏字构件识别

4.1　问题描述

藏文属于表音文字，而符合现代藏文语法规范的藏文音节称为现代藏字。现代藏字一般由前加字、上加字、基字、下加字、元音、后加字和再后加字构成，最少 1 个构件，最多 7 个构件。除基字是现代藏字结构中必不可少的构件之外，其他的构件因字而异，所以藏文字符的构件与藏文音节字中的序列无关，不能只从构件的序列识别出构件，而要从构件的长度、藏字的结构等来识别构件。构件识别是藏文排序、构件统计等操作的前提，对藏文信息处理技术的发展有着重要的意义。本章按照藏文音节中构件的长度，结合现代藏字的 48 种结构及现代藏文 Unicode 编码特性，设计程序识别全藏字集中每一个藏字的构件。

4.2　问题分析

4.2.1　理论依据

1. 现代藏字的结构

现代藏字除去特殊的藏字"ཨ"以及由该字构成的藏字外，其结构可细分为 48 种[①]，分别如下：

（1）1 个构件的藏字构字方式如表 4-1 所示。

表 4-1　1 个构件的藏字

结构方式	组成的藏字个数	例字
辅音字母	30	ད

（2）2 个构件的藏字构字方式如表 4-2 所示。

表 4-2　2 个构件的藏字

结构方式	组成的藏字个数	例字
基字 + 元音	120	ཁུ
基字 + 后加字	270	དག
上加字 + 基字	33	ཪྟ
基字 + 下加字	43	ཀྱ

---

① 高定国，龚育昌. 现代藏字全集的属性统计研究[J]. 中文信息学报，2005，19（1）：71-75.

（3）3 个构件的藏字构字方式如表 4-3 所示。

表 4-3　3 个构件的藏字

结构方式	组成的藏字个数	例字
前加字＋基字＋后加字	480	བདག
前加字＋基字＋元音	192	མཛོ
前加字＋上加字＋基字	20	བརྟ
前加字＋基字＋下加字	31	བཀྱ
上加字＋基字＋元音	132	རྨེ
上加字＋基字＋下加字	15	སྒྲ
特殊的两个字（基字＋下加字＋下加字）	2	གྲྭ　ཕྱྭ
上加字＋基字＋后加字	297	རྒྱལ
基字＋下加字＋元音	172	གྲི
基字＋下加字＋后加字	387	གྲུབ
基字＋元音＋后加字	1 080	ཚོན
基字＋后加字＋再后加字	210	གངས

（4）4 个构件的藏字构字方式如表 4-4 所示。

表 4-4　4 个构件的藏字

结构方式	组成的藏字个数	例字
前加字＋上加字＋基字＋元音	80	བརྨོ
前加字＋基字＋下加字＋元音	124	བགྲི
前加字＋基字＋元音＋后加字	1 728	གཏེང
前加字＋上加字＋基字＋下加字	6	བསྒྲ
前加字＋上加字＋基字＋后加字	180	བརྒྱང
前加字＋基字＋下加字＋后加字	279	བགྱུང
前加字＋基字＋后加字＋再后加字	336	འགངས
上加字＋基字＋下加字＋元音	68	སྒྲུ
上加字＋基字＋元音＋后加字	1 188	སྨེང
上加字＋基字＋下加字＋后加字	153	སྒྲུབ
上加字＋基字＋后加字＋再后加字	231	སྨངས
基字＋元音＋后加字＋再后加字	840	ཞིངས
基字＋下加字＋元音＋后加字	1 548	གྲུབ
基字＋下加字＋后加字＋再后加字	301	དྲངས

（5）5个构件的藏字构字方式如表4-5所示。

表4-5　5个构件的藏字

结构方式	组成的藏字个数	例字
前加字＋上加字＋基字＋下加字＋元音	24	བྱུགས
前加字＋上加字＋基字＋下加字＋后加字	54	བསྒྲང
前加字＋上加字＋基字＋元音＋后加字	720	བསྐོར
前加字＋上加字＋基字＋后加字＋再后加字	140	བསྒྲངས
前加字＋基字＋下加字＋元音＋后加字	1 116	འཕྱོང
前加字＋基字＋下加字＋后加字＋再后加字	217	བགྲམས
前加字＋基字＋元音＋后加字＋再后加字	1 344	དཕུགས
上加字＋基字＋下加字＋元音＋后加字	612	སྤྲག
上加字＋基字＋下加字＋后加字＋再后加字	119	སྒྲངས
上加字＋基字＋元音＋后加字＋再后加字	924	སྐུངས
基字＋下加字＋元音＋后加字＋再后加字	1 204	གྲོངས

（6）6个构件的藏字构字方式如表4-6所示。

表4-6　6个构件的藏字

结构方式	组成的藏字个数	例字
前加字＋上加字＋基字＋下加字＋元音＋后加字	216	བསྒྱུར
前加字＋基字＋下加字＋元音＋后加字＋再后加字	868	བཀྲོངས
前加字＋上加字＋基字＋元音＋后加字＋再后加字	560	བསྒུངས
前加字＋上加字＋基字＋下加字＋后加字＋再后加字	42	བསྒྲངས
上加字＋基字＋下加字＋元音＋后加字＋再后加字	476	སྤྲགས

（7）7个构件的藏字构字方式如表4-7所示。

表4-7　7个构件的藏字

结构方式	组成的藏字个数	例字
前加字＋上加字＋基字＋下加字＋元音＋后加字＋再后加字	168	བསྒྱགས

　　按照一个藏文音节构件的数量，结合构字方式和每个构件的 Unicode 值判断出该藏字的结构，从而确定各构件。

　　2. 字符串操作

　　藏文构件识别会应用到很多字符串的操作，而且是宽字符的操作。

　　1）一般字符串操作

　　字符串或串(String)是由数字、字母、下划线组成的一串字符，一般记为 s＝"$a_1a_2\cdots a_n$"($n \geqslant 0$)。

它是编程语言中表示文本的数据类型。在程序设计中，字符串（string）为符号或数值组成的一个连续序列。

字符串通常以整体一串作为操作对象，如：在串中查找某个子串、求取一个子串、在串的某个位置上插入一个子串以及删除一个子串等。

常用的字符串的操作有连接子串、求子串、删除子串、插入子串、求字符串长度、搜索子串的位置、字符的大写转换、数值转换为数串、数串转换为数值等操作。

关于串的两种最基本的存储方式是顺序存储方式和链接存储方式。

2）宽字符串操作[①]

宽字符串 wchar_t 的定义及有关操作函数大都在 string.h 中，在程序中使用时需要包含该头文件。L 宏定义可以把字符串表示为宽字符和宽字符串。

函数原型：size_t wcslen(const wchar_t *s1)

函数行为：返回从 s1 到结束符 00 的字符数，不包括结束符 00；遇到单个 0 不会结束行为。

例如：**wchar_t *pWideChar = L"这是 Unicode 字符串";**

int nLen = wcslen(pWideChar); //nLen 等于 12 表示字符数，不包括结束符 00

说明：由于 Unicode 编码使用双字节表示字符，所以用 wcslen 可以算出字符数；因为多字节编码使用一个或两个字节表示一个字符，所以 strlen 无法算出字符数，只能算出字节数。

函数原型：wchar_t *wcscpy(wchar_t *sDest, const wchar_t *sSrc)

函数行为：与 strcpy 类似，把 sSrc 按字符拷贝到 sDest，直到遇到结束符 00，拷贝 00 结束。

例如：**wchar_t *pWideBuffer = new wchar_t[wcslen(pWideChar) + 1];**

wcscpy(pWideBuffer, pWideChar);

说明：不管 sDest 是否分配了足够的空间，动态分配数组的中括号里填的是字符数。

函数原型：wchar_t *wcsncpy(wchar_t *sDest, const wchar_t *sSrc, size_t copySize)

函数行为：与 strncpy 相似，注意 copySize 为字符数；结束符为 00；指针每次移动 2 个字节；赋值（=0）把该字符（两个字节）置 0。

例如：**wchar_t *pWideBuffer = new wchar_t[wcslen(pWideChar) + 1];**

wcsncpy(pWideBuffer, pWideChar, wcslen(pWideChar));

*(pWideBuffer + wcslen(pWideChar)) = 0;

函数原型：int wcscmp(const wchar_t *s1, const wchar_t *s2)

函数行为：比较字符串 s1 和 s2 的大小。如果 s1 大，返回正数 1；相等，返回 0；s1 小，返回负数 -1。

4.2.2　算法思想

依据藏文字符的构字方式，构件识别的算法分析如下：

（1）判断一个音节（即指的一个藏字）的字符数，根据音节的不同长度调用不同的处理函数。

（2）通过研究藏文音节字的结构发现，文法对"上加字+基字""基字+下加字"和"上加字+基字+下加字"叠加的限制非常严格，并且其数量也很有限，也没有任何规律，故选择该 3 种结构作为一个固定的组合方式，把要判断的当前音节在这些组合方式中进行查找，如果找到就依此对应到该音节的各结构上。

① 英男 .C 语言中的字符串操作函数[EB/OL]. https://blog.csdn.net/aaron_lyn1985/article/details/80048369.

（3）按照字符的多少把藏文音节划分为 7 个组后，再分析藏文音节字的结构，发现藏文的元音是一个特殊的构件，并且数量又少，通过判断元音的有无和元音的位置可以很好地分析藏文音节字的结构，所以这里先判断元音的有无与位置。

（4）两种特殊情况的处理：

① 正常情况下，"◌ཱ"作为下加字，只有当音节中已经有下加字的情况时，"◌ཱ"才作为再下加字，也就是包含"སྱ"和"གྲ"的一类特殊字。因此，算法中要对每一个音节是否包含"སྱ"或"གྲ"进行特殊处理，有些字会出现两个下加字的情况，故每个藏字预留 8 个构件的位置。

② 部分 3 个构件的藏字具有"二义性"，如"བགས"，既可以识别为"前加字+基字+后加字"，也可以识别为"基字+后加字+再后加字"。针对这类音节，算法中需要做特殊处理。经人工整理，共找到 14 个具有二义性的特殊音节，如表 4-8 所示。经查字典等确定，在算法中约定这 14 个音节都按照"基字+后加字+再后加字"的结构进行处理。

表 4-8　14 个特殊音节

特殊音节				
བགས	མབས	གགས	བངས	དངས
གངས	འངས	མངས	མམས	བབས
མངས	གབས	བམས	འམས	

按照以上分析，藏字构件识别的算法思想如下：

按照藏文结构，定义一个"前加字、上加字、基字、下加字、再下加字、元音、后加字、再后加字"结构，将识别构件填入到相应的位置，填充时在字符前面或中间的空缺位置填入"空格"。

算法开始时，从包括 18 785 个藏文音节的"全藏字集.txt"文档中读取 1 行字符（即 1 个音节），存入字符串 s 中，则：

（1）首先判断音节中是否包含"སྱ"和"གྲ"，如果包含，则再查元音表判断 s 中是否有元音。如果没有元音且 s 的 length 大于 3，返回"空格+空格+s[0，2]+空格+s[3，s.length]"；否则，返回"空格+空格+s"。

（2）如果音节中不包含"སྱ"和"གྲ"，就要根据 s 的长度（s.length）调用相应的处理函数：

① 如果音节长度为 1，则该音节只有 1 个构件（即基字），用"空格"填充前加字和上加字，该音节变为"空格+空格+s"，然后将这个新的字符串输出到文档中；

② 如果该音节长度为 7，则该音节为"前加字+上加字+基字+下加字+元音+后加字+再后加字"，用空格填充再下加字，该音节变为"s 的前 4 位+空格+s 的后 3 位"；

③ 音节长度为 2~6，跳转到相应的函数，获得新的 s。

（3）将得到的新的 s 输出到文本中。重复执行算法，直至输入文本结束。

4.3　算法设计

4.3.1　存储空间

（1）定义算法中查找需要用到的 4 个数组（或表），如表 4-9 所示。

表 4-9　构件识别用到的 4 张表

序号	表名	描述
表 1	**shang_ji[33]**	上加字+基字
表 2	**ji_xia[36]**	基字+下加字
表 3	**shang_ji_xia[15]**	上加字+基字+下加字
表 4	**special[14]**	特殊字

（2）还需要一个 **wstring** s 用于存储当前处理的字符。

4.3.2　流程图

1. 主函数流程图

主函数流程如图 4-1 所示。

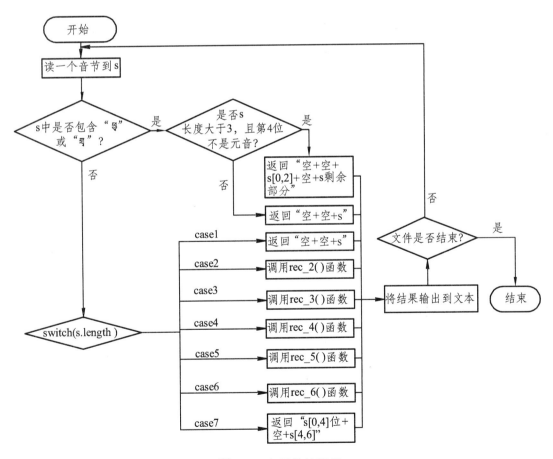

图 4-1　主函数流程图

2. 识别两个构件音节字的流程图

两个构件的音节字识别流程如图 4-2 所示。

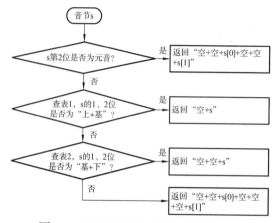

图 4-2　两个构件的音节字识别流程

3. 识别三个构件音节字的流程图

三个构件的音节字识别流程如图 4-3 所示。

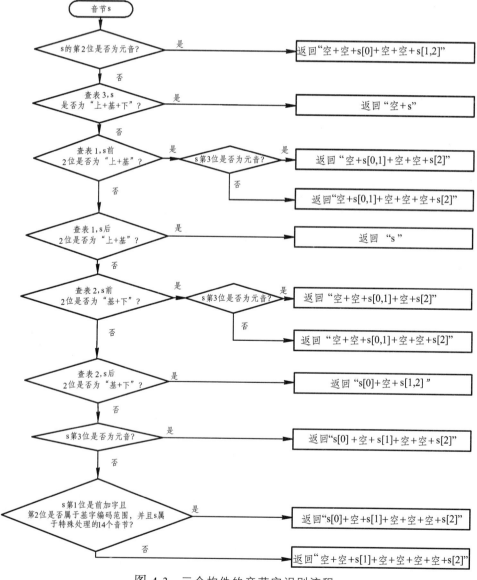

图 4-3　三个构件的音节字识别流程

4. 识别四个构件音节字的流程图

四个构件的音节字识别流程如图 4-4 所示。

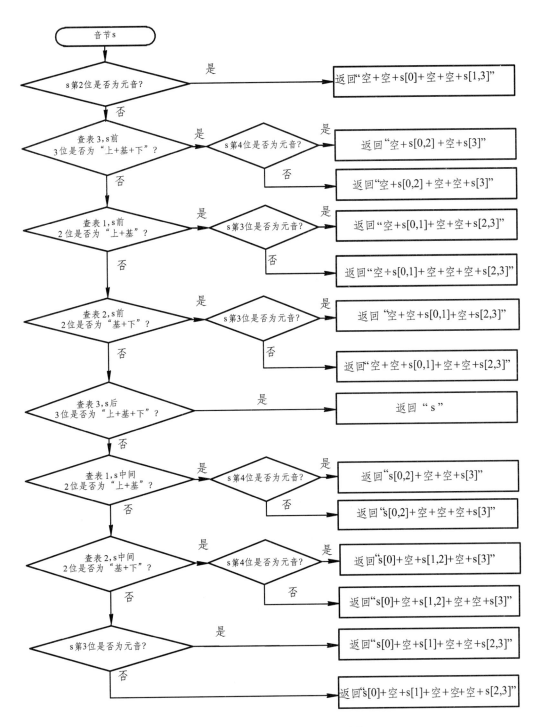

图 4-4　四个构件的音节字识别流程

5. 识别五个构件音节字的流程

五个构件的音节字识别流程如图 4-5 所示。

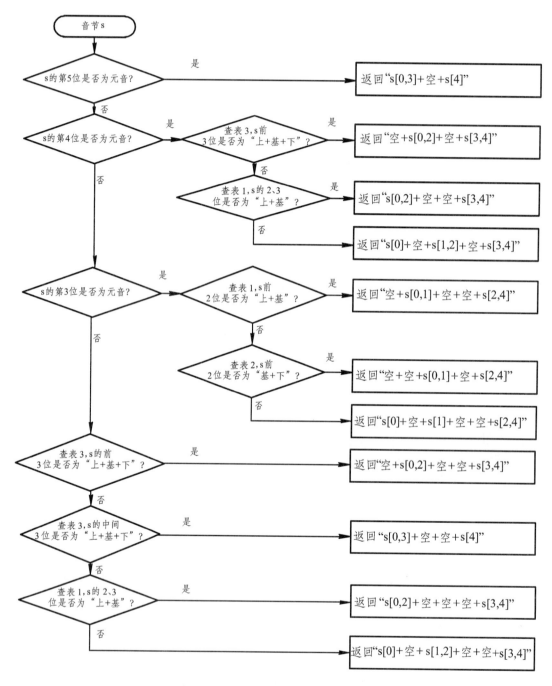

图 4-5　五个构件的音节字识别流程

6. 识别六个构件音节字的流程

六个构件的音节字识别流程如图 4-6 所示。

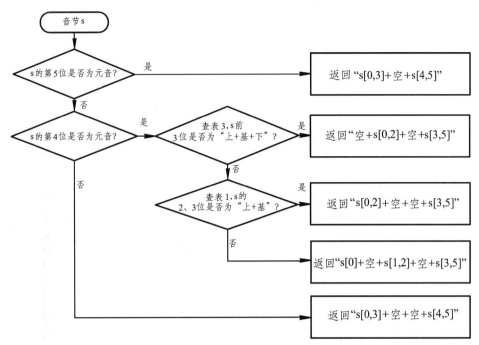

图 4-6 六个构件的音节字识别流程

4.3.3 伪代码

1. 识别音节构件的伪代码

recognize(String s)
/*实现功能：对音节 s 进行构件识别，返回补齐空缺位的新 s*/
1　　**if** (s 包含"ས"或"ཟ")
2　　//音节中含有再下加字(标识符)
3　　　　**if** (s.length>3)&&(s[3]is not yuanyin)
4　　　　//元音位空缺的情况，要把前加字，上加字，元音位补空格
5　　　　　　**return**(空格+空格+s[0, 3]+" "+s[4,s.length]);
6　　　　**else**
7　　　　//有元音，只需将前加字和上加字补空格
8　　　　　　**return**(空格+空格+s);
9　　**else**
10　　　　**switch**(s.length)
11　　　　**case** 1:
12　　　　　　**return**(空格+空格+s);
13　　　　　　//只有 1 个构件时，该构件就是基字，将前前加字和上加字位用空格补齐
14　　　　**case** 2:
15　　　　　　**return**(rec_2(s));　　//调用 rec_2(s)
16　　　　**case** 3:
17　　　　　　**return**(rec_3(s));
18　　　　**case** 4:
19　　　　　　**return**(rec_4(s));

```
20        case 5:
21            return(rec_5(s));
22        case 6:
23            return(rec_6(s));
24        case 7:
25            return(s[0,4]+" "+s[4, 7]);
26            //7 个构件的情况，将标识位(再下加字位)补空格
```

2. 识别两个构件的藏文音节字的伪代码

```
rec_2(String s)
/*实现功能：对长度为 2 的音节 s 进行构件识别*/
1    if s 第 2 位是元音
2        return(空格+空格+s[0]+空格+空格+s[1]); //(1)基字+元音
3    else if(s 属于表"shang_ji")
4        return(空格+s);         //(2)上加字+基字
5    else if(s 属于表"ji_xia")
6        return(空格+空格+s); //(3)基字+下加字
7    else
8        return(空格+空格+s[0]+空格+空格+空格+s[1]); //(4)基字+后加字
```

4.4 程序实现

4.4.1 代 码

建立一个控制台应用程序，写入如下代码：

```
#include<stdio.h>
#include<stdlib.h>
#include<wchar.h>
#include<string>
#include <iostream>
using namespace std;
//按照  前+上+基+下+标+元+后+再  的优先顺序
  const wchar_t *shang_ji[] = {L"ཀ",L"ཁ",L"ག",L"ང",L"ཅ",L"ཆ",L"ཇ",L"ཉ",L"ཏ",L"ཐ",L"ད",L"ན",L"པ",
L"ཕ",L"བ",L"མ",L"ཙ",L"ཚ",L"ཛ",L"ཝ",L"ཞ",L"ཟ",L"འ",L"ཡ",L"ར",L"ལ",L"ཤ",L"ས",L"ཧ",L"ཨ"};
  const  wchar_t  *ji_xia[]  = {L"ཀྱ",L"ཁྱ",L"གྱ",L"པྱ",L"ཕྱ",L"བྱ",L"མྱ",L"ཀྲ",L"ཁྲ",L"གྲ",L"ཏྲ",L"ཐྲ",L"དྲ",L"པྲ",
L"ཕྲ",L"བྲ",L"མྲ",L"ཤྲ",L"ས",L"ཧ",L"ཀྲ",L"ཁ",L"ག",L"ཏ",L"ཐ",L"ད",L"ན",L"པ",L"ཕ",L"བ",L"མ",L"ཙ",L"ར",
L"ལ",L"ཤ",L"ས"};
  const wchar_t *shang_ji_xia[] = {L"ཀྱ",L"ཁ",L"ག",L"ན",L"པ",L"ཕ",L"བ",L"མ",L"ཙ",L"ར",L"ལ",L"ཤ",
L"ས",L"ཧ",L"ཨ"};
  const wchar_t *special[] = {L"དགས",L"དངས",L"མངས",L"གགས",L"དངས",L"འངས",L"དབས",L"དབས",L"མངས",L"གངས",
L"འངས",L"མངས",L"འངས",L"གངས"};
```

```
    //const wchar_t *xiajiazi[] = {L"ྲ",L"ླ",L"ྱ",L"ྭ"};    //还原基字时需要，不还原基字不需要
    int contains(const wchar_t *array[],wstring s,int len){
    //查表函数，字符串 s 是否包含在字符串数组 array 中，若是返回 1，否则返回 0
        int flag=0;
        wchar_t temp[8]=L"";
        for(int i=0;i<s.length();i++)
            temp[i]=s[i];
        for(int j=0;j<len;j++)
            if(wcscmp(array[j],temp)==0){
                flag=1;break;}
        return(flag);
    }
int isyuanyin(wchar_t ch){
    //判断字符 ch 是否为元音，是返回 1，不是返回 0
        if((ch>=0x0F72)&&(ch<=0x0F7D))
            return 1;
        else
            return 0;
    }
/**************六个构件的情况*********************************/
wstring rec_6(wstring s){
    if(isyuanyin(s[4]))    //(1)前加字+上加字+基字+下加字+元音+后加字
        return(s.substr(0,4)+wstring(L"0")+s.substr(4,2));
    else if(isyuanyin(s[3]))
        if(contains(shang_ji_xia,s.substr(0,3),15))
          //(2)上加字+基字+下加字+元音+后加字+再后加字
            return(wstring(L"0")+s.substr(0,3)+wstring(L"0")+s.substr(3,3));
        else if(contains(shang_ji,s.substr(1,2),33))
            //(3)前加字+上加字+基字+元音+后加字+再后加字
            return(s.substr(0,3)+wstring(L"00")+s.substr(3,3));
        else //(4)前加字+基字+下加字+元音+后加字+再后加字
            return(s[0]+wstring(L"0")+s.substr(1,2)+wstring(L"0")+s.substr(3,3));
    else    //(5)前加字+上加字+基字+下加字+后加字+再后加字
        return(s.substr(0,4)+wstring(L"00")+s.substr(4,2));
    }
/**************五个构件的情况*********************/
wstring rec_5(wstring s){
    if(isyuanyin(s[4])) //(1)前加字+上加字+基字+下加字+元音
        return(s.substr(0,4)+wstring(L"0")+s[4]);
    else if(isyuanyin(s[3]))
        if(contains(shang_ji_xia,s.substr(0,3),15))    //(2)上加字+基字+下加字+元音+后加字
```

```cpp
        return(wstring(L"0")+s.substr(0,3)+wstring(L"0")+s.substr(3,2));
    else if(contains(shang_ji,s.substr(1,2),33))    //(3)前加字+上加字+基字+元音+后加字
        return(s.substr(0,3)+wstring(L"00")+s.substr(3,2));
    else        //(4)前加字+基字+下加字+元音+后加字
        return(s[0]+wstring(L"0")+s.substr(1,2)+wstring(L"0")+s.substr(3,2));
    else if(isyuanyin(s[2]))
        if(contains(shang_ji,s.substr(0,2),33))    //(5)上加字+基字+元音+后加字+再后加字
            return(wstring(L"0")+s.substr(0,2)+wstring(L"00")+s.substr(2,3));
        else if(contains(ji_xia,s.substr(0,2),36))    //(6)基字+下加字+元音+后加字+再后加字
            return(wstring(L"00")+s.substr(0,2)+wstring(L"0")+s.substr(2,3));
        else    //(7)前加字+基字+元音+后加字+再后加字
            return(s[0]+wstring(L"0")+s[1]+wstring(L"00")+s.substr(2,3));
    else if(contains(shang_ji_xia,s.substr(0,3),15))
        //(8)上加字+基字+下加字+后加字+再后加字
        return(wstring(L"0")+s.substr(0,3)+wstring(L"00")+s.substr(3,2));
    else if(contains(shang_ji_xia,s.substr(1,3),15))
        //(9)前加字+上加字+基字+下加字+后加字
        return(s.substr(0,4)+wstring(L"00")+s[4]);
    else if(contains(shang_ji,s.substr(1,2),33))
        //(10)前加字+上加字+基字+后加字+再后加字
        return(s.substr(0,3)+wstring(L"000")+s.substr(3,2));
    else    //(11)前加字+基字+下加字+后加字+再后加字
        return(s[0]+wstring(L"0")+s.substr(1,2)+wstring(L"00")+s.substr(3,2));
}
/***************四个构件的情况***************************/
wstring rec_4(wstring s){
    //wstring result=L"a";
    if(isyuanyin(s[1]))    //(1)基字+元音+后加字+再后加字
        return(wstring(L"00")+s[0]+wstring(L"00")+s.substr(1,3));
    else if(contains(shang_ji_xia,s.substr(0,3),15))
        if(isyuanyin(s[3]))    //(2)上加字+基字+下加字+元音
            return(wstring(L"0")+s.substr(0,3)+wstring(L"0")+s[3]);
        else    //(3)上加字+基字+下加字+后加字
            return(wstring(L"0")+s.substr(0,3)+wstring(L"00")+s[3]);
    else if(contains(shang_ji,s.substr(0,2),33))
        if(isyuanyin(s[2]))    //(4)上加字+基字+元音+后加字
            return(wstring(L"0")+s.substr(0,2)+wstring(L"00")+s.substr(2,2));
        else    //(5)上加字+基字+后加字+再后加字
            return(wstring(L"0")+s.substr(0,2)+wstring(L"000")+s.substr(2,2));
    else if(contains(ji_xia,s.substr(0,2),36))
        if(isyuanyin(s[2]))    //(6)基字+下加字+元音+后加字
```

```
        return(wstring(L"00")+s.substr(0,2)+wstring(L"0")+s.substr(2,2));
    else    //(7)基字+下加字+后加字+再后加字
        return(wstring(L"00")+s.substr(0,2)+wstring(L"00")+s.substr(2,2));
else if(contains(shang_ji_xia,s.substr(1,3),15))    //(8)前加字+上加字+基字+下加字
    return(s);
else if(contains(shang_ji,s.substr(1,2),33))
    if(isyuanyin(s[3]))    //(9)前加字+上加字+基字+元音
        return(s.substr(0,3)+wstring(L"00")+s[3]);
    else    //(10)前加字+上加字+基字+后加字
        return(s.substr(0,3)+wstring(L"000")+s[3]);
else if(contains(ji_xia,s.substr(1,2),36))
    if(isyuanyin(s[3]))    //(11)前加字+基字+下加字+元音
        return(s[0]+wstring(L"0")+s.substr(1,2)+wstring(L"0")+s[3]);
    else    //(12)前加字+基字+下加字+后加字
        return(s[0]+wstring(L"0")+s.substr(1,2)+wstring(L"00")+s[3]);
else if(isyuanyin(s[2]))    //(13)前加字+基字+元音+后加字
    return(s[0]+wstring(L"0")+s[1]+wstring(L"00")+s.substr(2,2));
else    //(14)前加字+基字+后加字+再后加字
    return(s[0]+wstring(L"0")+s[1]+wstring(L"000")+s.substr(2,2));
}
/***********************三个构件的情况***************************/
wstring rec_3(wstring s){
    if(isyuanyin(s[1])) //(1)基字+元音+后加字
        return(wstring(L"00")+s[0]+wstring(L"00")+s.substr(1,2));
    else if(contains(shang_ji_xia,s,15)) //(2)上加字+基字+下加字
        return(wstring(L"0")+s);
    else if(contains(shang_ji,s.substr(0,2),33))
        if(isyuanyin(s[2])) //(3)上加字+基字+元音
            return(wstring(L"0")+s.substr(0,2)+wstring(L"00")+s[2]);
        else    //(4)上加字+基字+后加字
            return(wstring(L"0")+s.substr(0,2)+wstring(L"000")+s[2]);
    else if(contains(shang_ji,s.substr(1,2),33))    //(5)前加字+上加字+基字
        return(s);
    else if(contains(ji_xia,s.substr(0,2),36))
        if(isyuanyin(s[2]))    //(6)基字+下加字+元音
            return(wstring(L"00")+s.substr(0,2)+wstring(L"0")+s[2]);
        else    //(7)基字+下加字+后加字
            return(wstring(L"00")+s.substr(0,2)+wstring(L"00")+s[2]);
    else if(contains(ji_xia,s.substr(1,2),36)) //(8)前加字+基字+下加字
        return(s[0]+wstring(L"0")+s.substr(1,2));
    else if(isyuanyin(s[2]))    //(9)前加字+基字+元音
```

```cpp
            return(s[0]+wstring(L"0")+s[1]+wstring(L"00")+s[2]);
        else
if(((s[0]==0x0F42)||(s[0]==0x0F51)||(s[0]==0x0F56)||(s[0]==0x0F58)||(s[0]==0x0F60))&&(s[1]>=0x0F4
0)&&(s[1]<=0x0F6c)&&(!contains(special,s,14)))
            return(s[0]+wstring(L"0")+s[1]+wstring(L"000")+s[2]);//(10)前加字+基字+后加字
        else    //(11)基字+后加字+再后加字
            return(wstring(L"00")+s[0]+wstring(L"000")+s.substr(1,2));
}
/***************两个构件的情况***********************/
wstring rec_2(wstring s){
    if(isyuanyin(s[1]))    //(1)基字+元音
        return(wstring(L"00")+s[0]+wstring(L"00")+s[1]);
    else if(contains(shang_ji,s,33))    //(2)上加字+基字
        return(wstring(L"0")+s);
    else if(contains(ji_xia,s,36))    //(3)基字+下加字
        return(wstring(L"00")+s);
    else    //(4)基字+后加字
        return(wstring(L"00")+s[0]+wstring(L"000")+s[1]);
}
/****************藏字构件识别函数，共分为8种情况*****************/
wstring recognize(wstring s){
    if((s.find(L"ཇ")!=std::wstring::npos)||(s.find(L"ཪ")!=std::wstring::npos))
        if((s.length()>3)&&(!(isyuanyin(s[3]))))
//若当前音节长度大于3，且没有元音，将前加字/上加字/元音位补为0
            return(wstring(L"00")+s.substr(0,3)+wstring(L"0")+s.substr(3,s.length()-3));
        else    //若当前音节长度小于3或有元音，只需将前加字和上加字补0
            return(wstring(L"00")+s);
    else{
        switch(s.length()){    //根据音节长度跳转
            case 1:return(wstring(L"00")+s);//只有1个构件，该构件为基字
            case 2:return(rec_2(s));    //2个构件，rec_2()函数调用
            case 3:return(rec_3(s));
            case 4:return(rec_4(s));
            case 5:return(rec_5(s));
            case 6:return(rec_6(s));
            case 7:return(s.substr(0,4)+wstring(L"0")+s.substr(4,3));
            //7个构件，将再下加字用0填充
            default:return(L"error");
        }
    }
}
```

```
int main(void){
    FILE *fp=_wfopen(L"E:\\ProgramDesign\\全藏字集.txt ",L"rt,ccs=UNICODE");
    //读文件指针
    FILE *fq=_wfopen(L" E:\\ProgramDesign\\ComRecognize\\TibetanCom.txt", L"wt,ccs=UNICODE");
    //写文件指针
    fputws(L"音节\t前加字\t上加字\t基字\t下加字\t再下加字\t元音\t后加字\t再后加字\t\n",fq);
    //向文件中写表头
    wchar_t ch;
    if(fp==NULL) //读文本异常处理
    {
        printf("\n Can't open the file!");
        getwchar();
        exit(1);
    }
    ch=fgetwc(fp);      //ch 存储当前字符
    while(!feof(fp))
    {
        wstring s;
        int j=0;
        while((!feof(fp))&&(ch!='\n'))   //读取一个音节（一行）存入 s 中
        {
            s+=ch;
            ch=fgetwc(fp);
        }
        fputws(&(s[0]),fq);      //输出 s 到结果文本中
        wstring result=recognize(s);      //调用构件识别函数，识别结果返回 result
        while(j<result.length())    //输出 result，每个字符之间用\t隔开,0 不输出
        {
            fputwc(L'\t',fq);
            if(result[j]!=L'0')
            //还原基字，注释掉不还原
/*if((result[j]>=0x0F90)&&(result[j]<=0x0FB8)&&(!contains(xiajiazi,result.substr(j,1),4)))
                fputwc(wchar_t((int)result[j]-80),fq);
            else*/
            fputwc(result[j],fq);
            j++;
        }
        fputwc(L'\n',fq);
        ch=fgetwc(fp);
    }
    fclose(fp); //关闭文件指针
    fclose(fq);
}
```

4.4.2　代码使用说明

Main()函数中的输入和输出文件名及文件路径可以根据具体情况进行修改。

FILE *fp=_**wfopen**(L"E:\\ProgramDesign\\全藏字集.txt",L"rt,ccs=UNICODE");

FILE *fq=_**wfopen**(L" E:\\ProgramDesign\\ComRecognize\\TibetanCom.txt", L"wt,ccs=UNICODE");

输入：第 3 章生成的"全藏字集.txt"。

输出：将识别的构件输出到"TibetanCom.txt"文件中。

4.5　运行结果

程序运行结果放在 Excel 中，如图 4-7 所示。

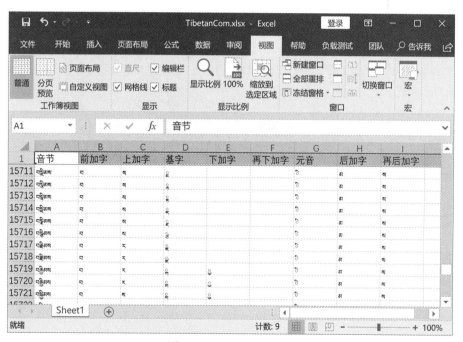

图 4-7　运行结果截图

4.6　算法分析

4.6.1　时间复杂度分析

算法运行中，每个元素处理 1 次，故时间复杂度为 $O(n)$。

4.6.2　空间复杂度分析

（1）用于查询的 4 张表：（33+36+15+14）×4（Byte），即 $O(1)$。

（2）临时存储空间：s，result，ch，共 9×4（Byte），即 $O(1)$。

第 2 篇　　藏文字符排序

1. 藏文排序问题描述

藏文的排序是指依据一定的规则确定藏文音节的排放次序。由于藏文的拼写不同于英文和汉字，即它是横向拼写和纵向拼写的非线性组合，所以藏文音节的排序比较复杂。藏文字符的排序不是以类似于英文等字符的先后次序从第一个字符开始比较，而是以基字等不同的构件作为比较的先后次序进行排序。这种藏文字符的序列是藏文编撰字典的序列，故也有人称之为藏文的字典序列，随着人们长期应用成为默认的藏文字符序列。本篇利用计算机对一定数量的藏文音节进行各种排序算法研究，使其结果符合藏文字典序列，并对其排序效率进行分析。

2. 现代藏字的字典序列

藏文字典序是给藏文排序的一种较为科学的方法，是按照不同构件的优先顺序比较藏字各构件的字符来确定藏字的序列。藏文字典序也是人为规定的一种序列，是经过长期的使用被人们接受的一种藏文排序的序列。

经研究发现，由于藏文字典序是一种人为规定的序列，所以不同的字典对字的序列规定也有所差别。通过分析《藏汉大辞典》[①]等权威词典的排序情况，得到了藏字的字典序列有着分层循环的规律，其序列的层次如图1所示。

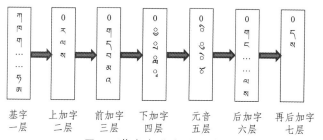

| 基字
一层 | 上加字
二层 | 前加字
三层 | 下加字
四层 | 元音
五层 | 后加字
六层 | 再后加字
七层 |

图 1　藏字字典序的层次图

最核心的层次即第一层，是基字层，这是构成每个藏字的基础和必不可少的构件；第二层到第七层分别是上加字、前加字、下加字、元音、后加字和再后加字，这些字符不是构成藏字必不可少的构件，即按照藏字的不同，这些构件是可以缺少的，图中用0表示该构件缺少。

现代藏字的字典序列是指以基字为核心，与二至七层的字符分层组合，每一层又与其外层的字符依次组合，其中构件的辅音序列为藏文字母序。举例说明：字典序中的第一个字是ཀ与其他六个层的0组合；第二字是ཀ与第二至第五层的0，第六层的ཀ组合；第七层再后加字必须加在后加字之后，也可以认为单一后加字是跟再后加字0组合的结果。依此类推，字典字符的序列应该为：ཀ ཀཀ ཀཀཀ ཀཀཀཀ ཀང གངས……ཀ གི གིག གིགས……ཀིས ཀུ ཀུག ཀུགས……ཀུས ཀི གིག གིགས……ཀིས ཀོ ཀོག ཀོགས……ཀིས ཀུ ཀུག ཀུགས……ཀྱི ཀྱིག……ཀྱ ཀྱག……ཀྱི ཀྱ ཀྱ……ཀ……འཚོ（如果有的话）ཝ……[②]

到目前为止，许多研究者在藏字排序方面做了许多工作，江荻等[③]构建了藏字排序的数学模型，依据模型为藏文字符进行赋值，按照字符对应的数值组合进行排序。边巴旺堆等人[④]提出了基于DUCET 排序码的排序思想。这两种方法都首先需要将二维的藏文音节转换为一维的字符串，通过比较字符串实现音节的排序。

通过分析《藏汉大辞典》[⑤]等词典的排序情况，得到藏字的字典序列是按照藏字的构件进行分层循环的规律，按照"藏文字典序的层次图"，以基字为主关键字，基字相同的情况下，依次比较上加字、前加字、下加字、再下加字、元音、后加字、再后加字。因此，构件如何识别和如何比较构件元素组成的字符串是藏文排序算法的两个关键问题。

① 张怡苏. 藏汉大辞典[M]. 北京：民族出版社，1984.
② 高定国，珠杰. 藏文信息处理的原理与应用[M]. 成都，西南交通大学出版社，2014.
③ 江荻，康才. 书面藏语排序的数学模型及算法[J]. 中文信息学报，2004，4:524-529.
④ 边巴旺堆，卓嘎，董志诚，等. 藏文排序优先级算法研究[J]. 中文信息学报，2015，1:191-196.
⑤ 张怡苏. 藏汉大辞典[M]. 北京：民族出版社，1984.

❖　第 5 章　全藏字的插入排序

5.1　问题描述

插入排序是计算机排序的一种基本算法。本章把插入排序用于现代藏字的排序中，编写程序对 18 785 个现代藏字全集进行排序，并对其排序效率进行分析。

5.2　问题分析

5.2.1　理论依据

1. 插入排序

插入排序的思想是将数据分为"已排序"和"待排序"两个部分，每次从"待排序"中取一个数据放到"已排序"中的正确位置，直到"待排序"中没有数据为止。

插入排序使用了增量方法：在排序子数组 A[1⋯j − 1] 中，将单个元素 A[j] 插入到子数组的适合位置，产生排好序的子数组 A[1⋯j]。程序在运行过程中将排好序的子数组从 A[1] 逐步增加到 A[1⋯n]，而待排序的子数组从 A[2⋯n] 逐步减少到 0。

2. 线性表

线性表是 n 个类型相同的数据元素的有限序列。线性表有顺序存储和链式存储两种存储方法。线性表的顺序存储是指用一组地址连续的存储单元依次存储线性表中的各个数据元素，使得线性表在逻辑结构上相邻的数据元素存储在连续的物理存储单元中，即通过数据元素物理存储的连续性来反映数据元素之间的相邻关系。顺序表可以方便地按照序号存取表中的任意元素，但进行插入和删除操作时需要大量地移动元素。

数组就是相同数据类型的元素按一定顺序排列的集合，就是把有限个类型相同的变量用一个名字命名，然后用编号区分变量的集合，属于顺序方式。组成数组的各个变量称为数组的分量，也称为数组的元素。数组属于构造数据类型，数组元素可以是基本数据类型或构造类型。因此按数组元素的类型不同，数组又可分为数值数组、字符数组、指针数组、结构体数组等各种类别[1]。

3. 程序中的有关语法

1）using namespace std

1998 年以后的 C++ 语言提供的一个全局的命名空间 namespace，这是为了避免全局命名冲突问题。命名空间用关键字 namespace 来定义，用来把单个标识符下大量有逻辑联系的程序实体组合到一起，namespace 是指标识符的各种可见范围[2]。

---

① 陈国君. Java 程序设计基础 [M]. 北京：清华大学出版社，2011.
② 王健伟. C++ 新经典 [M]. 北京：清华大学出版社，2020.

2）LARGE_INTEGER

LARGE_INTEGER 表示一个 64 位有符号整数。

3）程序运行时间的计算

下面函数拟记录程序运行的时间，用于分析各排序算法的性能。

BOOL QueryPerformanceFrequency(LARGE_INTEGER *lpFrequency)：返回硬件支持的高精度计数器的频率。如果返回值为非零，则表示硬件支持高精度计数器；如果返回值为零，则表示硬件不支持，读取失败。

QueryPerformanceCounter 是系统性能统计计数器，表示统计了多少次，除以 QueryPerformanceFrequency 获取的计数器的频率即可得到系统运行时间（秒）。

5.2.2 算法思想

按照以上的理论依据，确定算法的思想如下：

（1）藏文排序要按构件比较藏文音节字，所以从文本中读取藏字后，要先识别构件，同时构件与藏文音节字要作为一个整体，故定义一个 TibetWord 结构体，把读取的音节和识别的构件存入同一结构体的两个成员中。

（2）读入全藏字集后，可以用数组作为线性表进行存储，只是数组的类型是 TibetWord 结构体。

（3）用插入排序的思想对结构体数组中的数据进行排序。

根据插入排序的思想，从数组的第 2 个元素开始，将数组中的每一个元素按照大小插入到已经排好序数组的合适位置，以达到排序的目的。初始化时，TibetNum 个无序的记录存放在数组 TibetFull 中，排序时需进行二重循环：每一次外循环完成一个记录的插入操作，内循环的功能则是确定当前记录的插入位置，其主要操作就是比较记录的关键字和移动记录。在算法中，将 key 作为辅助单元，每次外循环开始时先把当前要插入的记录 TibetFull [j]暂存其中，既作为记录关键字比较的一方，又标志了比较的边界，这样就可以避免每次比较时要判别是否已经比较完所有数组的数据，从而有效地控制内循环的结束。设置一个标志变量 k 用来比较 TibetFull [k].result 和 key.result 值，当 TibetFull [k].result 大于 key.result 值时，将 TibetFull [k]的值向后移动一位，直到找到满足 TibetFull [k].result<=key.result 或 k=0（key.result 值为当前最小），内循环结束，将 key 值放入该位置。

TibetFull [k].result 和 key.result 是 wstring 类型的宽字符串，字符串不能直接进行比较，因此内循环过程中比较 TibetFull [k].result 和 key.result 时应遵循以下原则：

① 比较 TibetFull [k].result 和 key.result 的基字，即第 3 位。若基字不相等，则比较结束，返回基字的比较结果，否则执行第②步。

② 比较上加字，即第 2 位。若上加字不相等，则比较结束，返回上加字的比较结果，否则执行第③步。

③ 比较前加字，即第 1 位。若前加字不相等，则比较结束，返回前加字的比较结果，否则执行第④步。

④ 比较下加字，即第 4 位。若下加字不相等，则比较结束，返回下加字的比较结果，否则执行第⑤步。

⑤ 比较再下加字，即第 5 位。若再下加字不相等，则比较结束，返回再下加字的比较结果，否则执行第⑥步。

⑥ 比较元音，即第 6 位。若元音不相等，则比较结束，返回元音的比较结果，否则执行第⑦步。

⑦ 比较后加字，即第 7 位。若后加字不相等，则比较结束，返回后加字的比较结果，否则执行第⑧步。

⑧ 比较再后加字，即第 8 位。返回再后加字的比较结果，比较结束。

（4）输出排序结果。

5.3　算法设计

5.3.1　存储空间

存储空间主要用来存放音节字及构件，结构体及其数组定义如下：

```
struct TibetWord{
    wstring s;        //存储音节字本身，长度为 1~8 个宽字节
    wstring result;    //存储构件识别结果，长度为 8 个宽字节
};
TibetWord TibetFull[18785];
```

5.3.2　流程图

1. 主函数流程图

主函数流程如图 5-1 所示。

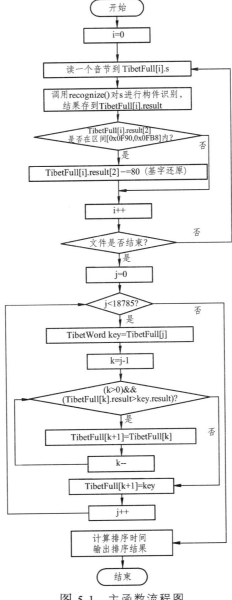

图 5-1　主函数流程图

2. 主函数中比较 TibetFull[k].result 和 key.result 的流程图

主函数中比较 TibetFull[k].result 和 key.result 的流程如图 5-2 所示。

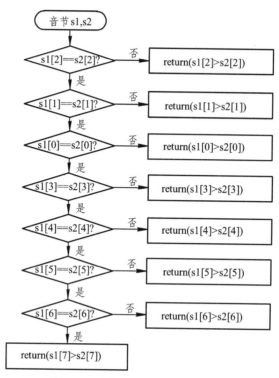

图 5-2   比较音节大小的流程图

5.3.3   伪代码

1. 插入排序算法的伪代码

INSERTION-SORT(TibetFull[18785])

```
1    for j←2 to 18785
2        do key←TibetFull[j]
3            //把 TibetFull[j]插入到已排好的序列 TibetFull [1···j-1]中
4            k←j-1
5            While k>0 and TibetFull [k].result > key.result    //比较方法见伪代码 2
6                do TibetFull [k+1]←TibetFull [k]
7                    k←k-1
8            TibetFull [k+1]←key
```

2. 比较 2 个藏文字符串的大小

以基字为核心，分层比较藏字的大小，可用以下 2 种方式来实现。
方式 1：

```
bool TiCompare(wstring s1，wstring s2)
1    if(s1[2]==s2[2])                    //比较基字
2        if(s1[1]==s2[1])                //基字相同的情况下，比较上加字
3            if(s1[0]==s2[0])            //上加字相同的情况下，比较前加字
```

4	**if**(s1[3]==s2[3])	//前加字相同的情况下，比较下加字
5	**if**(s1[4]==s2[4])	//下加字相同的情况下，比较再下加字
6	**if**(s1[5]==s2[5])	//再下加字相同的情况下，比较元音
7	**if**(s1[6]==s2[6])	//元音相同的情况下，比较后加字
8	**return**(s1[7]>s2[7]);	//后加字相同，比较再后加字
9	**else return**(s1[6]>s2[6]);	
10	**else return**(s1[5]>s2[5]);	
11	**else return**(s1[4]>s2[4]);	
12	**else return**(s1[3]>s2[3]);	
13	**else return**(s1[0]>s2[0]);	
14	**else return**(s1[1]>s2[1]);	
15	**else return**(s1[2]>s2[2]);	

方式 2:

1	TibetFull[k].result[2]==key.result[2]?
2	(TibetFull[k].result[1]==key.result[1]?
3	(TibetFull[k].result[0]==key.result[0]?
4	(TibetFull[k].result[3]==key.result[3]?
5	(TibetFull[k].result[4]==key.result[4]?
6	(TibetFull[k].result[5]==key.result[5]?
7	(TibetFull[k].result[6]==key.result[6]?
8	(TibetFull[k].result[7]>key.result[7]):
9	TibetFull[k].result[6]>key.result[6]):
10	TibetFull[k].result[5]>key.result[5]):
11	TibetFull[k].result[4]>key.result[4]):
12	TibetFull[k].result[3]>key.result[3]):
13	TibetFull[k].result[0]>key.result[0]):
14	TibetFull[k].result[1]>key.result[1]):
15	TibetFull[k].result[2]>key.result[2])

5.4　程序实现

5.4.1　代　码

（1）新建一个空的控制台应用程序。

（2）"头文件"中新建一个名为"InsertSort.h"的头文件，其中代码如下：

```
#include<stdio.h>
#include<stdlib.h>
```

```
#include<wchar.h>
#include<string>
#include <iostream>
#include <windows.h>
#define TibetNum 18785
using namespace std;
//按照  前+上+基+下+标+元+后+再  的顺序
  const wchar_t *shang_ji[] = {L"ཀ",L"ཁ",L"ང",L"ཏ",L"ཐ",L"ན",L"ཙ",L"ཚ",L"ཟ",L"ཡ",L"ཤ",L"ཥ",L"ས",
L"ཧ",L"ཕ",L"ཙ",L"ཟ",L"ཪ",L"ཙ",L"ཚ",L"ཟ",L"ཟ",L"ཟ",L"ཟ",L"ཟ",L"ཟ",L"ཟ",L"ཙ",L"ཙ",L"ཟ",L"ཟ"};
  const wchar_t *ji_xia[] = {L"ཀ",L"ཁ",L"ག",L"ང",L"ཅ",L"ཆ",L"ཇ",L"ཉ",L"ཊ",L"ཋ",L"ཌ",L"ཎ",L"ཏ",L"ཐ",
L"ད",L"ན",L"པ",L"ཕ",L"བ",L"མ",L"ཙ",L"ཚ",L"ཛ",L"ཝ",L"ཞ",L"ཟ",L"འ",L"ཡ",L"ར",L"ལ",L"ཤ",L"ཥ",
L"ས",L"ཧ"};
  const wchar_t *shang_ji_xia[] = {L"ཀ",L"ཁ",L"ག",L"ང",L"ཅ",L"ཆ",L"ཇ",L"ཉ",L"ཊ",L"ཋ",L"ཌ",L"ཎ",
L"ཏ",L"ཐ"};
  const wchar_t *special[] = {L"བགས",L"དངས",L"མངས",L"གངས",L"བངས",L"འངས",L"གབས",L"བབས",L"མབས",L"གམས",
L"བམས",L"མམས",L"འམས",L"གགས"};
//结构体定义
struct TibetWord{
    wstring s;
    wstring result;
};
Static TibetWord TibetFull[TibetNum];   //静态结构体数组，用于存储音节及音节构件
//查表函数，判断字符串 s 是否包含在字符串数组 array 中，若是返回 1，否则返回 0
int contains(const wchar_t *array[],wstring s,int len){
    int flag=0;
    wchar_t temp[8]=L"";
    for(int i=0;i<s.length();i++)
        temp[i]=s[i];
    for(int j=0;j<len;j++)
        if(wcscmp(array[j],temp)==0){
            flag=1;break;}
    return(flag);
}
//判断字符 ch 是否为元音,是返回 1，不是返回 0
int isyuanyin(wchar_t ch){
    if((ch>=0x0F72)&&(ch<=0x0F7D))
        return 1;
```

```
    else
        return 0;
}
/***************************六个构件的情况*******************************/
wstring rec_6(wstring s){
    if(isyuanyin(s[4]))              //(1)前加字+上加字+基字+下加字+元音+后加字
        return(s.substr(0,4)+wstring(L"0")+s.substr(4,2));
    else if(isyuanyin(s[3]))
        if(contains(shang_ji_xia,s.substr(0,3),15))   //(2)上加字+基字+下加字+元音+后加字+再后加字
            return(wstring(L"0")+s.substr(0,3)+wstring(L"0")+s.substr(3,3));
        else if(contains(shang_ji,s.substr(1,2),33))    //(3)前加字+上加字+基字+元音+后加字+再后加字
            return(s.substr(0,3)+wstring(L"00")+s.substr(3,3));
        else     //(4)前加字+基字+下加字+元音+后加字+再后加字
            return(s[0]+wstring(L"0")+s.substr(1,2)+wstring(L"0")+s.substr(3,3));
    else     //(5)前加字+上加字+基字+下加字+后加字+再后加字
        return(s.substr(0,4)+wstring(L"00")+s.substr(4,2));
}
/***************************五个构件的情况*******************************/
wstring rec_5(wstring s){
    if(isyuanyin(s[4]))     //(1)前加字+上加字+基字+下加字+元音
        return(s.substr(0,4)+wstring(L"0")+s[4]);
    else if(isyuanyin(s[3]))
        if(contains(shang_ji_xia,s.substr(0,3),15))   //(2)上加字+基字+下加字+元音+后加字
            return(wstring(L"0")+s.substr(0,3)+wstring(L"0")+s.substr(3,2));
        else if(contains(shang_ji,s.substr(1,2),33))   //(3)前加字+上加字+基字+元音+后加字
            return(s.substr(0,3)+wstring(L"00")+s.substr(3,2));
        else   //(4)前加字+基字+下加字+元音+后加字
            return(s[0]+wstring(L"0")+s.substr(1,2)+wstring(L"0")+s.substr(3,2));
    else if(isyuanyin(s[2]))
        if(contains(shang_ji,s.substr(0,2),33))   //(5)上加字+基字+元音+后加字+再后加字
            return(wstring(L"0")+s.substr(0,2)+wstring(L"00")+s.substr(2,3));
        else if(contains(ji_xia,s.substr(0,2),36))    //(6)基字+下加字+元音+后加字+再后加字
            return(wstring(L"00")+s.substr(0,2)+wstring(L"0")+s.substr(2,3));
        else   //(7)前加字+基字+元音+后加字+再后加字
            return(s[0]+wstring(L"0")+s[1]+wstring(L"00")+s.substr(2,3));
    else if(contains(shang_ji_xia,s.substr(0,3),15))   //(8)上加字+基字+下加字+后加字+再后加字
        return(wstring(L"0")+s.substr(0,3)+wstring(L"00")+s.substr(3,2));
```

```cpp
    else if(contains(shang_ji_xia,s.substr(1,3),15))    //(9)前加字+上加字+基字+下加字+后加字
        return(s.substr(0,4)+wstring(L"00")+s[4]);
    else if(contains(shang_ji,s.substr(1,2),33))     //(10)前加字+上加字+基字+后加字+再后加字
        return(s.substr(0,3)+wstring(L"000")+s.substr(3,2));
    else//(11)前加字+基字+下加字+后加字+再后加字
        return(s[0]+wstring(L"0")+s.substr(1,2)+wstring(L"00")+s.substr(3,2));
}
/***********************四个构件的情况***********************/
wstring rec_4(wstring s){
    if(isyuanyin(s[1]))    //(1)基字+元音+后加字+再后加字
        return(wstring(L"00")+s[0]+wstring(L"00")+s.substr(1,3));
    else if(contains(shang_ji_xia,s.substr(0,3),15))
        if(isyuanyin(s[3]))    //(2)上加字+基字+下加字+元音
            return(wstring(L"0")+s.substr(0,3)+wstring(L"0")+s[3]);
        else    //(3)上加字+基字+下加字+后加字
            return(wstring(L"0")+s.substr(0,3)+wstring(L"00")+s[3]);
    else if(contains(shang_ji,s.substr(0,2),33))
        if(isyuanyin(s[2]))    //(4)上加字+基字+元音+后加字
            return(wstring(L"0")+s.substr(0,2)+wstring(L"00")+s.substr(2,2));
        else    //(5)上加字+基字+后加字+再后加字
            return(wstring(L"0")+s.substr(0,2)+wstring(L"000")+s.substr(2,2));
    else if(contains(ji_xia,s.substr(0,2),36))
        if(isyuanyin(s[2]))    //(6)基字+下加字+元音+后加字
            return(wstring(L"00")+s.substr(0,2)+wstring(L"0")+s.substr(2,2));
        else    //(7)基字+下加字+后加字+再后加字
            return(wstring(L"00")+s.substr(0,2)+wstring(L"00")+s.substr(2,2));
    else if(contains(shang_ji_xia,s.substr(1,3),15))    //(8)前加字+上加字+基字+下加字
        return(s);
    else if(contains(shang_ji,s.substr(1,2),33))
        if(isyuanyin(s[3]))    //(9)前加字+上加字+基字+元音
            return(s.substr(0,3)+wstring(L"00")+s[3]);
        else    //(10)前加字+上加字+基字+后加字
            return(s.substr(0,3)+wstring(L"000")+s[3]);
    else if(contains(ji_xia,s.substr(1,2),36))
        if(isyuanyin(s[3]))    //(11)前加字+基字+下加字+元音
            return(s[0]+wstring(L"0")+s.substr(1,2)+wstring(L"0")+s[3]);
        else    //(12)前加字+基字+下加字+后加字
```

```
            return(s[0]+wstring(L"0")+s.substr(1,2)+wstring(L"00")+s[3]);
        else if(isyuanyin(s[2]))    //(13)前加字+基字+元音+后加字

            return(s[0]+wstring(L"0")+s[1]+wstring(L"00")+s.substr(2,2));
        else    //(14)前加字+基字+后加字+再后加字

            return(s[0]+wstring(L"0")+s[1]+wstring(L"000")+s.substr(2,2));

}
/*****************************三个构件的情况*****************************/

wstring rec_3(wstring s){
    if(isyuanyin(s[1]))    //(1)基字+元音+后加字

        return(wstring(L"00")+s[0]+wstring(L"00")+s.substr(1,2));
    else if(contains(shang_ji_xia,s,15))    //(2)上加字+基字+下加字

        return(wstring(L"0")+s);
    else if(contains(shang_ji,s.substr(0,2),33))
        if(isyuanyin(s[2]))    //(3)上加字+基字+元音

            return(wstring(L"0")+s.substr(0,2)+wstring(L"00")+s[2]);
        else    //(4)上加字+基字+后加字

            return(wstring(L"0")+s.substr(0,2)+wstring(L"000")+s[2]);
    else if(contains(shang_ji,s.substr(1,2),33))    //(5)前加字+上加字+基字

        return(s);
    else if(contains(ji_xia,s.substr(0,2),36))
        if(isyuanyin(s[2]))    //(6)基字+下加字+元音

            return(wstring(L"00")+s.substr(0,2)+wstring(L"0")+s[2]);
        else    //(7)基字+下加字+后加字

            return(wstring(L"00")+s.substr(0,2)+wstring(L"00")+s[2]);
    else if(contains(ji_xia,s.substr(1,2),36))            //(8)前加字+基字+下加字

        return(s[0]+wstring(L"0")+s.substr(1,2));
    else if(isyuanyin(s[2]))    //(9)前加字+基字+元音

        return(s[0]+wstring(L"0")+s[1]+wstring(L"00")+s[2]);
    else
if(((s[0]==0x0F42)||(s[0]==0x0F51)||(s[0]==0x0F56)||(s[0]==0x0F58)||(s[0]==0x0F60))&&(s[1]>=0x0F4
0)&&(s[1]<=0x0F6c)&&(!contains(special,s,14)))
        return(s[0]+wstring(L"0")+s[1]+wstring(L"000")+s[2]);    //(10)前加字+基字+后加字
    else    //(11)基字+后加字+再后加字

        return(wstring(L"00")+s[0]+wstring(L"000")+s.substr(1,2));

}
/********************两个构件的情况*****************************/

wstring rec_2(wstring s){
```

```cpp
    if(isyuanyin(s[1]))                          //(1)基字+元音
        return(wstring(L"00")+s[0]+wstring(L"00")+s[1]);
    else if(contains(shang_ji,s,33))     //(2)上加字+基字
        return(wstring(L"0")+s);
    else if(contains(ji_xia,s,36))        //(3)基字+下加字
        return(wstring(L"00")+s);
    else                                          //(4)基字+后加字
        return(wstring(L"00")+s[0]+wstring(L"000")+s[1]);
}
/*********************藏字构件识别函数，共分为8种情况*********************/
wstring recognize(wstring s){
    if((s.find(L"ཨ")!=std::wstring::npos)||(s.find(L"ཡ")!=std::wstring::npos))
        if((s.length()>3)&&(!isyuanyin(s[3])))
//若当前音节长度大于3，且没有元音，将前加字/上加字/元音位补为0
            return(wstring(L"00")+s.substr(0,3)+wstring(L"0")+s.substr(3,s.length()-3));
        else    //若当前音节长度小于3或有元音，只需将前加字和上加字补0
            return(wstring(L"00")+s);
    else{
        switch(s.length()){//根据音节长度跳转
            case 1:return(wstring(L"00")+s);   //只有1个构件，该构件为基字
            case 2:return(rec_2(s));    //2个构件，调用rec_2()函数
            case 3:return(rec_3(s));
            case 4:return(rec_4(s));
            case 5:return(rec_5(s));
            case 6:return(rec_6(s));
            case 7:return(s.substr(0,4)+wstring(L"0")+s.substr(4,3));   //7个构件，将再下加字用0填充
            default:return(L"error");
        }
    }
}
```

（3）"源文件"中新建一个名为"InsertSort.cpp"的源文件，其中代码如下：

```cpp
#include"InsertSort.h"//把新建的头文件包括进来
int main(void){
    LARGE_INTEGER Freq, start_time,finish_time;
    FILE *fp=_wfopen(L"E:\\ProgramDesign\\全藏字集.txt",L"rt,ccs=UNICODE");   //读文件指针
    FILE *fq=_wfopen(L"E:\\ProgramDesign\\InsertSort\\全藏字集插入排序结果.txt", L"wt,ccs=UNICODE");    //写文件指针
```

```
    if(fp==NULL)          //读文本异常处理

    {

        printf("\n Can't open the file!");

        getwchar();

        exit(1);

    }

    wchar_t ch=fgetwc(fp);      //ch 存储当前字符

    int i=0;       //i 控制当前音节在数组中的位置

    while(!feof(fp))    //初始化结构体数组 TibetFull

    {

        while((!feof(fp))&&(ch!='\n'))//读取一个音节（文本中的一行）存入 s 中

        {

            TibetFull[i].s+=ch;

            ch=fgetwc(fp);

        }

        TibetFull[i].result=recognize(TibetFull[i].s);
                //调用构件识别函数，将识别结果返回字符串 result
if((TibetFull[i].result[2]>=0x0F90)&&(TibetFull[i].result[2]<=0x0FB8)&&(TibetFull[i].result[2]!=0x0FAD)&
&(TibetFull[i].result[2]!=0x0FB1)&& (TibetFull[i].result[2]!=0x0FB2)&& (TibetFull[i].result[2]!=0x0FB3))
        TibetFull[i].result[2]=wchar_t((int)TibetFull[i].result[2]-80);      //基字还原

        for(int n=TibetFull[i].result.length();n<8;n++)      //末尾补 0

            TibetFull[i].result+=L'0';

        i++;

        ch=fgetwc(fp);

    }

    QueryPerformanceFrequency(&Freq);

    QueryPerformanceCounter(&start_time);

    for(int j=1;j<TibetNum;j++){         //插入排序

        printf("%d\n",j);

        TibetWord key = TibetFull[j];

        int k=j-1;


    while((k>0)&&(TibetFull[k].result[2]==key.result[2]?(TibetFull[k].result[1]==key.result[1]?(TibetF
ull[k].result[0]==key.result[0]?(TibetFull[k].result[3]==key.result[3]?(TibetFull[k].result[4]==key.result[
4]?(TibetFull[k].result[5]==key.result[5]?(TibetFull[k].result[6]==key.result[6]?(TibetFull[k].result[7]>k
ey.result[7]):TibetFull[k].result[6]>key.result[6]):TibetFull[k].result[5]>key.result[5]):TibetFull[k].result
[4]>key.result[4]):TibetFull[k].result[3]>key.result[3]):TibetFull[k].result[0]>key.result[0]):TibetFull[k].
```

```
result[1]>key.result[1]):TibetFull[k].result[2]>key.result[2])){
            TibetFull[k+1]=TibetFull[k];
                k--;
            }
            TibetFull[k+1]=key;
    }
    QueryPerformanceCounter(&finish_time);
    printf("\n\nSorting time used:%u 秒.\n\n",(finish_time.QuadPart-start_time.QuadPart)/Freq.QuadPart);
    for(i=0;i<TibetNum;i++){          //排序结果输出
        fputws(&(TibetFull[i].s[0]),fq);
        fputwc(L'\n',fq);
    }
    fclose(fq);
    fclose(fp);
    system("pause");
    return 0;
}
```

5.4.2 代码使用说明

（1）程序运行时，控制台应用程序显示正在处理的数据序号，如图 5-3 所示。

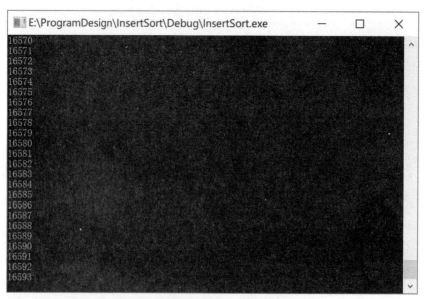

图 5-3 控制台应用程序显示正在处理的数组的下标

（2）运行时，请按照自己的计算机地址修改写入文件的地址：

```
FILE *fp=_wfopen(L" E:\\ProgramDesign\\全藏字集.txt ",L"rt,ccs=UNICODE");    //输入读文件
                                                                            //的路径
```

FILE *fq=_wfopen(L" E:\\ProgramDesign\\InsertSort\\全藏字集插入排序结果.txt",L"wt, ccs=UNICODE");
//输出文件的路径

5.5 运行结果

按照以上程序，将 18 785 个现代藏字按照字典序进行排序，结果如图 5-4 所示。

图 5-4 运行结果截图

5.6 算法分析

5.6.1 时间复杂度分析

按照插入排序的思想，排序过程中主要是比较与移动两种操作，算法的时间复杂度就是由比较和移动两个操作的时间决定的。

1. 最佳情况

待排序的数据本身就是有序的（为升序），那么只有比较操作而没有移动的操作。比较的次数是 $n-1$ 次，时间的复杂度理论上就是 $O(n-1)$，排序的数据有 18 785 个，则理论上比较的次数是 18 784 次，即最佳的时间复杂度为 $O(n)$。

由程序返回的运行时间可知，一个 CPU 频率为 2.6 GHz 的计算机用了 4.325 885 s。

2. 最坏的情况

待排序的数据本身是逆序，则：

比较的次数是：$1+2+3+\cdots+(n-1)=\dfrac{n}{2}(n-1)$

移动的次数是：$1+2+3+\cdots+(n-1)=\dfrac{n}{2}(n-1)$

总的插入排序的时间复杂度：$2 \times \dfrac{n}{2}(n-1) = n(n-1) = O(n^2)$

测试得到一个 CPU 频率为 2.6 GHz 的计算机用了 365.320 331 s。

3. 平均情况

假如待排序的数据是第 j 个元素，平均来说 A[1…j – 1]中一半的元素小于 A[j]，一半的元素大于 A[j]，则比较的次数就是 $\dfrac{j-1}{2}+1$ 次，移动的次数就是 $\dfrac{j-1}{2}$ 次，处理第 j 个元素的时间复杂度就是 $\left(\dfrac{j-1}{2}+1\right)+\dfrac{j-1}{2}=j$ 。

处理 n 个元素的时间复杂度为 $1+2+3+\cdots+n = \dfrac{n}{2}(n+1) = O(n^2)$ 。

测试到一个 CPU 频率为 2.6 GHz 的计算机用了 175 s。

5.6.2 空间复杂度分析

1. 存储空间

算法中使用的全藏字集音节字数量为 $n = 18\,785$ 个。每个藏字使用 2 个字节，每个字节占 8 位，$c = 2 \times 8$，因此，需要的存储空间大约为：$16 \times 18\,785$，即 $O(cn)$。

2. 临时空间

临时变量 key 存储一个藏字，占用 2 字节 × 8 位，即 $O(1)$。

❖ 第 6 章 全藏字的归并排序

6.1 问题描述

本章将归并排序的思想应用到现代藏字的排序中，编写程序对 18 785 个现代藏字进行排序，并对其排序效率进行了分析。

6.2 问题分析

6.2.1 理论依据

归并排序是建立在归并操作上的一种有效的排序算法，该算法是分治法一个非常典型的应用。分治法的思想是[①]：将原问题分解为几个规模较小但类似于原问题的子问题，递归地求解这些子问题，然后再合并这些子问题的解来建立原问题的解。

分治模式在每层递归时都有 3 个步骤：

分解：把原问题划分为若干规模较小的子问题，这些子问题是原问题的规模较小的实例（决定了问题可以递归地被解决）；

解决：递归地解决这些子问题，若子问题的规模足够小，则直接求解（递归结束的条件）；

合并：子问题的解合并得到原问题的解。

6.2.2 算法思想

按照分治法的理论设计的算法思想如下：

（1）先从文本中读取全藏字集，并进行构件识别，将读取的音节字和识别构件的结果存入到结构体数组中。

（2）按照归并排序的方法对结构体数组中的数据进行排序。

归并排序是利用递归和分而治之的方法将数据序列划分成为原规模的 n/2 的子表，再递归地对子表进行归并，对应分治法的 3 个步骤：

① 分解：每次按照 q=(p+r)/2 取数组的中间位置，起始时 p=0，r=TibetNum；

② 解决：分别对数组 A[p…q]和 A[q+1…r]进行归并排序 merge_sort(A，p，r)；

③ 合并：将已排序的 A[p…q]和 A[q+1…r]合并成最终的有序组 merge(A，p，q，r)。

具体操作如下：

首先调用 MERGE_SORT(A，p，r)将待排序的数组划分为两个数组，然后递归调用 MERGE_SORT(A，p，r)将两个子数组划分为更小的数组，直到数组只有一个元素，最后调用 MERGE(A，p，q，r)合并相邻的两个小数组。合并操作的过程如下：

---

① Cormen T H, et al. 算法导论（原书第 3 版）[M]. 殷建平，等，译. 北京：机械工业出版社，2015.

① 申请两个数组空间 L 和 R，将待合并的两个数组赋值给这两个空数组，而原来的两个数组用来存放合并后的数据；

② 设定两个指针（数组下标），最初位置分别为两个待合并数组的起始位置；

③ 比较两个指针所指向的元素，选择相对小的元素放入到合并空间，并移动指针到下一位置；

④ 重复步骤③直到某一指针达到序列尾；

⑤ 将另一序列剩下的所有元素直接复制到合并序列尾。

通过递归分解待排序数列，再合并数列就完成了归并排序的过程，从而实现归并排序。

与第 5 章一致，归并排序中藏字的大小也通过比较确定。

（3）输出排序结果。

6.3　算法设计

6.3.1　存储空间

存储空间主要用来存放音节字及构件，结构体数组定义如下：

```
struct TibetWord{
    wstring s;       //存储音节本身，长度为 1~8 个宽字节
    wstring result;   //存储构件识别结果，长度为 8 个宽字节
}
TibetWord TibetFull[18785];
```

6.3.2　流程图

（1）主函数流程如图 6-1 所示。

（2）主函数中比较 TibetFull [k].result 和 key.result 是关键的一部分，其流程如图 6-2 所示。

6.3.3　伪代码

1. 合并算法的伪代码

```
merge(TibetWord (&A)[TibetNum],int p,int q,int r)
1    int n1=q-p+1+1;          //低段的 length
2    int n2=r-q+1;            //高段的 length
3    TibetWord *L,*R;         //创建数组 L 用来放置低段的数据,创建数组 R 用来放置高段的数据
4    L = new TibetWord[n1];
5    R = new TibetWord[n2];
6    int i,j,k;
7    for(i=0;i<n1-1;i++)      //将低段数据赋给数组 L
8        L[i]=A[p+i];
9    for(j=0;j<n2-1;j++)      //将高段数据赋给数组 R
10       R[j]=A[q+1+j];
```

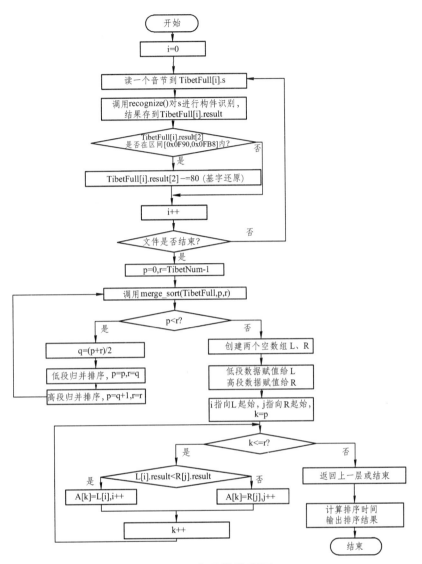

图 6-1　主函数流程图

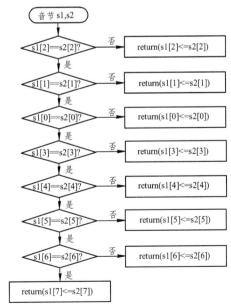

图 6-2　比较音节大小的流程图

```
11    L[n1-1].result=L"ཿཿཿཿཿཿཿཿ";      //哨兵

12    R[n2-1].result=L"ཿཿཿཿཿཿཿཿ";      //哨兵

13    i=0;                            //i,j 相当于指向 L,R 的两个指针

14    j=0;

15    for(k=p;k<=r;k++)   //k 相当于指向 A 的指针，A 的 A[p···r]等待放入数据

16        if(TiCompare(L[i].result,R[j].result))    //比较方法见伪代码 3

17            A[k]=L[i];

18            i++;                //比较 L[i]和 R[j]，将较小的那个放入 A 中，然后指针后移

19        else

20            A[k]=R[j];

21            j++;
```

2. 归并排序算法的伪代码

merge_sort(TibetWord (&A)[TibetNum],**int** p,**int** r)

```
1    int q;

2    if(p<r)

3        q=(p+r)/2;              //计算划分点的位置

4        merge_sort(A,p,q);      //低段递归调用

5        merge_sort(A,q+1,r);    //高段递归调用

6        merge(A,p,q,r);         //低段和高段合并
```

3. 比较藏文字符串的大小

以基字为核心，分层比较藏字大小的伪代码如下：

bool TiCompare(**wstring** s1,**wstring** s2)

```
1    if(s1[2]==s2[2])                    //比较基字

2        if(s1[1]==s2[1])                //基字相同的情况下，比较上加字

3            if(s1[0]==s2[0])            //上加字相同的情况下，比较前加字

4                if(s1[3]==s2[3])        //前加字相同的情况下，比较下加字

5                    if(s1[4]==s2[4])    //下加字相同的情况下，比较再下加字

6                        if(s1[5]==s2[5])    //再下加字相同的情况下，比较元音

7                            if(s1[6]==s2[6])    //元音相同的情况下，比较后加字

8                                return(s1[7]<=s2[7]);   //后加字相同，比较再后加字

9                            else return(s1[6]<=s2[6]);

10                       else return(s1[5]<=s2[5]);

11                   else return(s1[4]<=s2[4]);

12               else return(s1[3]<=s2[3]);

13           else return(s1[0]<=s2[0]);

14       else return(s1[1]<=s2[1]);

15    else return(s1[2]<=s2[2]);
```

6.4　程序实现

6.4.1　代　码

（1）新建一个空的控制台应用程序。

（2）"头文件"中新建一个名为"MergeSort.h"的头文件。

① 说明：文件前部分同第 5 章"全藏字的插入排序"中"InsertSort.h"的代码。

② 其后增加如下代码：

```cpp
/*****************************比较藏字的大小******************************/
bool TiCompare(wstring s1,wstring s2){
    if(s1[2]==s2[2])                              //比较基字
        {if(s1[1]==s2[1])                          //基字相同的情况下，比较上加字
            {if(s1[0]==s2[0])                      //上加字相同的情况下，比较前加字
                {if(s1[3]==s2[3])                  //前加字相同的情况下，比较下加字
                    {if(s1[4]==s2[4])              //下加字相同的情况下，比较再下加字
                        {if(s1[5]==s2[5])          //再下加字相同的情况下，比较元音
                            {if(s1[6]==s2[6])      //元音相同的情况下，比较后加字
                                return(s1[7]<=s2[7]);   //后加字相同的情况下,比较再后加字
                            else return(s1[6]<=s2[6]);}
                        else return(s1[5]<=s2[5]);}
                    else return(s1[4]<s2[4]);}
                else return(s1[3]<=s2[3]);}
            else return(s1[0]<=s2[0]);}
        else return(s1[1]<=s2[1]);}
    else return(s1[2]<=s2[2]);
}
```

（3）"源文件"中新建一个名为"MergeSort.cpp"的源文件，其中代码如下：

```cpp
#include"MergeSort.h"//首先把自己定义的头文件包括进来
/***********************数组合并***********************/
void merge(TibetWord (&A)[TibetNum],int p,int q,int r){
    printf("执行合并 merge(A,p=%d,q=%d,r=%d)\n",p,q,r);
    int n1=q-p+1+1;           //低段的 length
    int n2=r-q+1;             //高段的 length
    TibetWord *L,*R;          //创建数组 L 用来放置低段的数据,创建数组 R 用来放置高段的数据
    L = new TibetWord[n1];
    R = new TibetWord[n2];
    int i,j,k;
    for(i=0;i<n1-1;i++){      //将低段数据赋给数组 L
        L[i]=A[p+i];
    }
    for(j=0;j<n2-1;j++){      //将高段数据赋给数组 R
        R[j]=A[q+1+j];
    }
```

```
        L[n1-1].result=L"əəəəəəəə";    //哨兵
        R[n2-1].result=L"əəəəəəəə";    //哨兵
        i=0;                                      //i,j 相当于指向 L,R 的两个指针
        j=0;
        for(k=p;k<=r;k++){    //k 相当于指向 A 的指针，A 的 A[p..r]等待放入数据
            if(TiCompare(L[i].result,R[j].result)){
                A[k]=L[i];
                i++;
                }//比较 L[i]和 R[j]，将较小的那个放入 A 中，然后指针后移
            else{
                A[k]=R[j];
                j++;
                }
            }
        }
    }
/*********************************归并排序*********************************/
void merge_sort(TibetWord (&A)[TibetNum],int p,int r){
    printf("调用 merge_sort(A,p=%d,r=%d)\n",p,r);
    int q;
    if(p<r){
        q=(p+r)/2;                    //计算划分点的位置
        printf("计算得出 q=%d\n",q);
        merge_sort(A,p,q);        //低段递归调用
        merge_sort(A,q+1,r);      //高段递归调用
        merge(A,p,q,r);           //低段和高段合
    }
}
/*********************************主函数*********************************/
int main(void){
    FILE *fp=_wfopen(L"E:\\ProgramDesign\\全藏字集.txt",L"rt,ccs=UNICODE");    //读文件指针
    FILE *fq=_wfopen(L"E:\\ProgramDesign\\MergeSort\\归并排序结果.txt",L"wt,ccs=UNICODE");
        //写文件指针
    LARGE_INTEGER Freq, start_time,finish_time;
    if(fp==NULL){                //读文本异常处理
        printf("\n Can't open the file!");
        getwchar();
        exit(1);
    }
    wchar_t ch=fgetwc(fp);    //ch 存储当前字符
    int i=0;                //i 控制当前音节在数组中的位置
    while(!feof(fp)){    //初始化结构体数组 TibetFull
        while((!feof(fp))&&(ch!='\n')){//读取一个音节（文本中的一行）存入 s 中
            TibetFull[i].s+=ch;
```

```
            ch=fgetwc(fp);
        }
        TibetFull[i].result=recognize(TibetFull[i].s); //调用构件识别函数，识别结果返回字符串 result
if((TibetFull[i].result[2]>=0x0F90)&&(TibetFull[i].result[2]<=0x0FB8)&&(TibetFull[i].result[2]!=0x0F
AD)&&(TibetFull[i].result[2]!=0x0FB1)&& (TibetFull[i].result[2]!=0x0FB2)&& (TibetFull[i].result[2]!=0x0FB3))
            TibetFull[i].result[2]=wchar_t((int)TibetFull[i].result[2]-80);    //基字还原
        for(int n=TibetFull[i].result.length();n<8;n++)    //末尾补 0
                TibetFull[i].result+=L'0';
        i++;
        ch=fgetwc(fp);
    }
    QueryPerformanceFrequency(&Freq);
    QueryPerformanceCounter(&start_time);
    merge_sort(TibetFull,0,TibetNum-1); //调用归并排序函数
    QueryPerformanceCounter(&finish_time);
    printf("\n\n 排序时间:%u 毫秒.\n\n",(finish_time.QuadPart-start_time.QuadPart)*1000/Freq.
QuadPart);
    for(i=0;i<TibetNum;i++){        //排序结果输出
        fputws(&(TibetFull[i].s[0]),fq);
        fputwc(L'\n',fq);
    }
    fclose(fq);
    fclose(fp);
    system("pause");
    return 0;
}
```

6.4.2　代码使用说明

（1）程序运行时，控制台应用程序显示正在处理的数据，如图 6-3 所示。

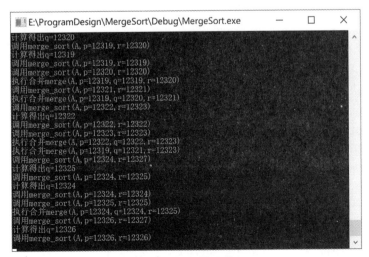

图 6-3　运行结果截图

（2）运行时，请按照用户自己的计算机地址修改写入文件的地址：

FILE *fp=_wfopen(L"E:\\ProgramDesign\\全藏字集.txt",L"rt,ccs=UNICODE");　//输入读文件的路径
FILE *fq=_wfopen(L"E:\\ProgramDesign\\MergeSort\\归并排序结果.txt",L"wt,ccs=UNICODE");
　//输出文件的路径

6.5　运行结果

按照以上程序，将 18 785 个现代藏字按照字典序进行排序的结果如图 6-4 所示。

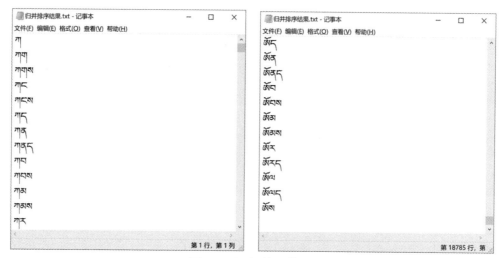

图 6-4　运行结果截图

6.6　算法分析

6.6.1　时间复杂度分析

该算法采用了分治法来解决问题，分治法的时间复杂度是：

$$T(n) = \begin{cases} \theta(1) & \text{若} n \leqslant c \\ aT\left(\dfrac{n}{b}\right) + D(n) + C(n) & \text{其他} \end{cases}$$

在归并算法中，3 个过程的时间分别如下：

分解：通过 $q = [(p+r)/2]$ 计算数组的中间位置，时间是 $D(n) = \theta(1)$；

解决：递归地解决 $n/2$ 规模的子问题，时间是 $2T(n/2)$；

合并：合并 n 个元素，时间是 $C(n) = \theta(n)$。

当算法中含有对其自身的递归调用时，其运行时间可以用递归方程来表示。合并排序算法的时间复杂度为：

$$T(n) = \begin{cases} \theta(1) & \text{如果} n = 1 \\ 2T(n/2) + \theta(n) & \text{如果} n > 1 \end{cases}$$

用递归树来解，递归树的高度为：$\lg n + 1$

每层代价为 cn，总代价为：$cn(\lg n + 1) = cn \lg n + cn = \theta(n \lg n)$

6.6.2　空间复杂度分析

1. 存储空间

算法中使用的藏字全集音节数量为 $n = 18\,785$ 个。因此，需要的存储空间大约为：$2 \times 8 \times 18\,785$，即 $O(cn)$。

2. 临时空间

递归调用过程中，递归树每层的空间分配从 n 变化到 $n/2$，$n/4 \cdots 1$，但子问题规模从 1 变化到 2，4，$\cdots$，$n/2$，n。空间占据最多是 n，即空间复杂度为 $O(n)$。

❖ 第7章 全藏字的堆排序

7.1 问题描述

本章将堆排序的思想应用到现代藏字的排序中，编写程序对 18 785 个现代藏字进行排序，并分析其排序效率。

7.2 问题分析

7.2.1 理论依据

1. 堆

"堆"是一种数据结构[①]，各个结点之间的逻辑关系类似于一棵完全二叉树，所以堆可以以数组的形式顺序存储在计算机中。表示堆的数组 A 包含两个属性：A.*length* 给出数组元素的总数；A.heap-size 表示存储在数组中的堆元素个数。二叉堆就是满足以下两个特性的堆。

（1）父结点的键值总是大于或等于（小于或等于）任何一个子结点的键值。

二叉堆有两种：最大堆和最小堆。

最大堆的性质是指除了根结点以外的所有结点 i 都要满足 A[parent(i)]>=A[i]，堆的最大元素存放在根结点中。

最小堆的性质是指除了根结点以外的所有结点 i 都要满足 A[parent(i)]<=A[i]，堆的最小元素存放在根结点中。

（2）每个结点的左子树和右子树都是一个二叉堆（最大堆或最小堆）。

如果堆元素的下标从 1 开始，则很容易得到结点 i 的根结点和左右孩子的下标：

parent(i)=[i/2]；

left(i)=2*i；

right(i)=2*i+1；

若堆元素的下标从 0 开始，则：

parent(i)=[（i-1）/2]；

left(i)=2*i+1；

right(i)=2*(i+1)；

用数组来表示堆，i 结点的父结点下标就为(i-1)/2，左右子结点下标分别为(2* i+1)和(2* i+ 2)。

一个堆中结点的高度定义为该结点到叶结点最长简单路径边上的数目；堆的高度定义为根结点的高度。一个包含 n 个元素的堆可以看作一颗完全二叉树，那么堆的高度是 $\Theta(\log n)$。

---

① 张桂珠、张平、陈爱国. Java 面向对象程序设计[M]. 3 版. 北京：北京邮电大学出版社，2005.

1）维护堆的性质

MAX-HEAPIFY 用于维护最大堆的性质。MAX-HEAPIFY 通过使 A[i]的值在最大堆中"逐级下降"，从而使得下标 i 为根节点的子树重新遵循最大堆的性质。

该算法每一步都是从 A[i]，RIGHT[i]，LEFT[i]三者中选出最大值。如果 A[i]是最大值，则算法结束，否则，将 A[i]与最大值 A[j]（j= RIGHT[i] 或 j= LEFT[i]）交换，从而使 i 及其孩子满足最大堆的性质。然后针对 j 再次调用 MAX-HEAPIFY，直到叶子节点为止。

MAX-HEAPIFY(A，i)

```
1    l=LEFT(i)
2    r=RIGHT(i)
3    if l<=A.heap-size and A[l]>A[i]
4        largest=l
5    else largest=i
6    if r<=A.heap-size and A[r]>A[largest]
7        largest=r
8    if largest!=i
9        exchange A[i]<->A[largest]
10       MAX-HEAPIFY(A，largest)
```

MAX-HEAPIFY 复杂度是 $O(h) = O(\lg n)$。

2）建堆

建堆函数是 BUILD-MAX-HEAP，该算法把一个大小为 n 的数组转换为最大堆。建堆的过程：对直接顺序存储的堆元素从最后一个内部节点开始，也就是从下标为(size-2)/2 的节点开始，向前调用 MAX-HEAPIFY 依次调整堆元素使其满足堆的性质，从而完成最大堆的建立。

BUILD-MAX-HEAP(A)

```
1    A.heap-size=A.length
2    for i=[A.length/2] downto 1
3        MAX-HEAPIFY（A，i）
```

在 BUILD-MAX-HEAP 中，需要调用 n 次 MAX-HEAPIFY 过程，所以算法的时间复杂度为 $O(n\lg n)$。这不是一个紧致的上界，因为 MAX-HEAPIFY 的时间跟高度 h 有关，h 的范围是 $(0,\lg n)$，而且高度为 h 的元素个数最多为 $n/2^{h+1}$。所以，实际上 BUILD-MAX-HEAP 的时间复杂度为 $O(n)$。

3）堆排序

利用最大堆进行排序的算法 HEAPSORT 的基本思想是：

先利用 BUILD-MAX-HEAP 算法将一个包括 n 个元素数组转换为最大堆，此时该数组的最大元素就是 A[0]，所以交换 A[0]和 A[n-1]。堆的长度减 1，将数组 A[0···n-2]看成新的堆，该堆中除了根节点之外，其他左右子树依然满足最大堆的性质，只是根节点因为发生了交换可能不满足最大堆性质，所以，对根节点调用 MAX-HEAPIFY 即可。重复以上这个过程直到堆的大小变为 1 为止。

HEAPSORT(A)

```
1    BUILD-MAX-HEAP(A)
2    for i=A.length downto 2
3        exchange A[1] with A[i]
4        A.heap-size=A.heap-size-1
5        MAX-HEAPIFY(A，1)
```

该算法的时间复杂度为 $O(n\lg n)$。

2. 类

面向对象的程序设计中经常会遇到"类"的概念，那什么是类呢？类是现实世界或思维世界中的实体在计算机中的反映，它将数据以及这些数据上的操作封装在一起[1]。

对象是具有类的类型变量。类是对象的抽象，而对象是类的具体实例。类是抽象的，不占用内存，而对象是具体的，占用存储空间。类是用于创建对象的蓝图，它是一个定义包括在特定类型对象中的方法和变量的软件模板。

1）类的声明

class 类名

{

　　public：

　　公用的数据和成员函数

　　protected：

　　保护的数据和成员函数

　　private：

　　私有的数据和成员函数

}

2）定义对象方法

（1）先声明类的类型，然后再定义对象。

例如：Student stud1,stud2;　//Student 是已经声明的类的类型

（2）在声明类的同时定义对象。

例如：

class Student　　//声明类类型

{

　　public:　　//先声明公用部分

　　void display()

　　{

　　　　cout<<"num:"<<num<<endl;

　　　　cout<<"name:"<<name<<endl;

　　　　cout<<"sex:"<<sex<<endl;

　　}

　　private:　　//后声明私有部分

　　int num;

　　char name[20];

　　char sex;

}stud1，stud2;　//定义了两个 Student 类的对象

在定义 Student 类的同时，定义了两个 Student 类的对象。

（3）不出现类名，直接定义对象。

例如：

Class　//无类名

{

---

① 张桂珠、张平、陈爱国. Java 面向对象程序设计[M]. 3 版. 北京：北京邮电大学出版社，2005.

    private: //声明以下部分为私有的

    ⋮

    public: //声明以下部分为公用的

    ⋮

}stud1，stud2;   //定义了两个无类名的类对象

3）成员函数

类的成员函数（简称类函数）是函数的一种，它与一般函数的区别为：

（1）它是一个类的成员，出现在类体中。

（2）它可以被指定为 private（私有的）、public（公用的）或 protected（受保护的）。

（3）在使用类函数时，要注意调用它的权限（能否被调用）以及它的作用域（函数能使用什么范围中的数据和函数）。私有的成员函数只能被本类中的其他成员函数所调用，而不能在类外调用。

成员函数可以访问本类中任何成员（包括私有、公用），可以引用本作用域中有效的数据。

一般的做法是将需要被外界调用的成员函数指定为 public，它们是类的对外接口。但并非要求把所有成员函数都指定为 public，有的函数并不是准备为外界调用的，而是为本类中的成员函数所调用的，就应该将它们指定为 private。

类的成员函数是类体中十分重要的部分。如果一个类中不包含成员函数，就等同于 C 语言的结构体了，体现不出类在面向对象程序设计中的作用。

例如：

Class Student

{

    public:

    void display();

    //公用成员函数原型声明

    private:

    int num;

    string name;

    char sex;

    //以上 3 行是私有数据成员

};

Void Student∷display()

//在类外定义 display 类函数

{**cout**<<″num:″<<num<<endl;

//函数体

cout<<″name:″<<name<<endl;

cout<<″sex:″<<sex<<endl;

}Student stud1,stud2;   //定义两个类对象

在类体中直接定义函数时，不需要在函数名前面加上类名，因为函数属于该类是明确的；但成员函数在类外定义时，必须在函数名前面加上类名，予以限定(qualifed)。"∷"是作用域限定符(field qualifier)，或称作用域运算符，它被用来声明函数是属于哪个类的。

如果在作用域运算符"∷"的前面没有类名，或者函数名前面既无类名又无作用域运算符"∷"，如 ∷display( ) 或 display( )，则表示 display 函数不属于任何类，这个函数不是成员函数，而是全局函数，即非成员函数的一般普通函数。

类函数必须先在类体中作原型声明，然后才能在类外定义，也就是说类体的位置应在函数定义之前，否则编译时会出错。虽然函数在类的外部定义，但在调用成员函数时会根据类中声明的函数原型找到函数的定义（函数代码），从而执行该函数。

4）成员引用

（1）运算访问成员。

访问对象中成员的一般形式为：

对象名.成员名

例如：在程序中可以写出以下语句：

stud1.num=1001；　　//假设 num 已定义为公用的整型数据成员。

该语句表示将整数 1001 赋给对象 stud1 中的数据成员 num。其中，"."是成员运算符，用来对成员进行限定，指明所访问的是具体一个对象中的成员。

不仅可以在类外引用对象的公用数据成员，而且还可以调用对象的公用成员函数，但同样必须指出对象名，例如：

stud1.display( )；　　//正确，调用对象 stud1 的公用成员函数。

display( )；　　//错误，没有指明是哪一个对象的 display 函数。

上面由于没有指明对象名，编译时把 display 作为普通函数处理。

应该注意只能访问 public 成员，而不能访问 private 成员，如果已定义 num 为私有数据成员，下面的语句是错误的：

stud1.num=10101；　　//num 是私有数据成员，不能被外界引用。

在类外只能调用公用的成员函数。在一个类中应当至少有一个公用的成员函数，作为对外的接口，否则就无法对对象进行任何操作。

（2）指向访问成员。

例如：

class Time

{

　　public：//数据成员是公用的

　　int hour；

　　int minute；

}；

Time t，*p；　　//定义对象 t 和指针变量 p。

p=&t；　　//使 p 指向对象 t。

cout<<p->hour；　　//输出 p 指向的对象中的成员 hour。

在 p 指向 t 的前提下，p->hour，(*p).hour 和 t.hour 三者等价。

（3）对象访问成员。

如果为一个对象定义了一个引用变量，实际上它们是同一个对象，它们是共占同一段存储单元的，只是用不同的名字表示而已。因此完全可以通过引用变量来访问对象中的成员。

例如：

如果已声明了 Time 类，并有以下定义语句：

Time t1；　　//定义对象 t1。

Time &t2=t1；　　//定义 Time 类引用变量 t2，并使之初始化为 t1。

cout<<t2.hour；　　//输出对象 t1 中的成员 hour。

由于 t2 与 t1 共占同一段存储单元(即 t2 是 t1 的别名)，因此 t2.hour 就是 t1.hour。

3. 基于对话框的 MFC 应用程序

1）MFC 概述

MFC（Microsoft Foundation Classes，微软基础类库）[①]，是微软公司实现的一个 C++类库，主要封装了大部分的 Windows API 函数。MFC 除了是一个类库外，还是一个框架，在 Visual C++（VC++）里新建一个 MFC 的工程，开发环境会自动帮你产生许多文件，同时它使用了 mfcxx.dll（xx 是版本），该动态链接库封装了 MFC 内核，所以在代码中看不到原本的 SDK（软件开发包）编程中的消息循环等内容，因为其已经被 MFC 框架封装好了。

一个 MFC 窗口对象是一个 C++ CWnd 类（或派生类）的实例，是由程序直接创建的。在程序执行中它随着窗口类构造函数的调用而生成，随着析构函数的调用而消失。

2）MFC 对话框类

使用 VC++工具的 MFC AppWizard（MFC 应用程序向导）可以生成一个基于对话框的 MFC 应用程序，其中包含了 3 个内容：头文件、源文件、资源文件。以下假设工程名为"MyDialog"。[②]

头文件中包含 MyDialog.h，MyDialogDlg.h，Resource.h，stdafx.h，targetver.h。

源文件中包含 MyDialog.cpp，MyDialogDlg.cpp，stdafx.cpp。

（1）MyDialog.h 文件的主要内容是：

① #pragma once+非活动预处理+各种包含（resource.h +后续各种类的头文件）；

② CMyDialogApp 类的定义（构造函数、重写 InitInstance 函数，声明消息映射表）；

③ **extern** CMyDialogApp theApp（声明了一个应用程序对象）。

MyDialog.h 以及 MyDialog.cpp 是关于应用程序类的定义和实现文件。在 MyDialog.h 代码中首先是一个宏"#pragma once"，这个宏的意思是在一个文件中多次引用该头文件时该宏指示编译器只包含一次。

接下来又是一个宏：

"#ifndef __AFXWIN_H__

　　#error "在包含此文件之前包含"stdafx.h"以生成 PCH 文件"

#endif" 123

也就是说在其他文件中引用该文件时，必须在 "#**include** "MyDialog.h"" 前加上 "#**include** "stdafx.h"" 的文件包含，并且应该位于所有文件的最开始处，否则编译器将提示错误。

然后是包含头文件 Resource.h。

接着是 CMyDialogApp 类的声明：在"CMyDialogApp()；"中声明了无参构造函数；"virtual BOOL InitInstance()"中声明了重载 CWinApp 类的 InitInstance()函数；"DECLARE_MESSAGE_MAP()"中声明了消息映射声明宏。

在类的声明之后有一句 "**extern** CMyDialogExp3App theApp"，该语句声明了一个全局的 CMyDialogApp 对象。

（2）MyDialog.cpp 文件的主要内容是：

① 包含各种头文件（stdafx.h + Test.h + TestDlg.h）+活动预处理；

② 消息映射表（BEGIN~END）；

③ 应用程序类构造函数：CTestApp()；

④ 声明唯一的一个 CTestApp 对象；

⑤ CTestApp 初始化函数 InitInstance()。

① 王健伟. C++新经典[M]. 北京：清华大学出版社，2020.
② 基于对话框的 MFC 应用程序基本结构[EB/OL]. https://www.cnblogs.com/thestral-rebirth/p/5362912.html.

（3）MyDialogDlg.h 文件的主要内容是：

① #pragma once、各种包含（afxwin.h +后续的各种类的头文件）；

② MyDialogDlg 类定义（关联的对话框 ID、HICON m_hIcon、构造、DoDataExchange、声明消息映射函数 OnInitDialog、OnSysCommand、OnPaint、OnQueryDragIcon、声明消息映射表）；

（4）MyDialogDlg.cpp 文件的主要内容是：

① 包含各种头文件（stdafx.h + afxdialogex.h + Test.h + TestDlg.h）+活动预处理；

② CAboutDlg 类的定义（关联的对话框 ID、构造、DoDataExchange、声明消息映射表）和实现（构造、DoDataExchange、消息映射表 BEGIN~END）；

③ MyDialogDlg 类的实现（构造+ DoDataExchange +消息映射表 BEGIN~END）；

表中有 3 个消息：ON_WM_SYSCOMMAND、ON_WM_PAINT、 ON_WM_QUERYDRAGICON；

④ MyDialogtDlg 消息处理程序：OnInitDialog、OnSysCommand、OnPaint、OnQueryDragIcon。

（5）Resource.h 文件中定义了资源 ID，通过使用宏定义，使得程序中使用的是便于理解的标识符 ID。

（6）targetver.h 头文件定义了版本宏，即宏定义要求的最低平台。

（7）stdafx.h 以及 stdafx.cpp 文件用于实现预编译。由于使用 VC++生成的文件一般都比较多，但是一些文件比较稳定（如 afxwin.h、afxext.h 等），可以确定它们在建立项目后一般不会被修改，所以为了提高编译速度，VC++中提出了预编译头文件，即默认使用 stdafx.h 文件包含那些比较稳定文件的头文件，然后结合 stdafx.cpp 文件在第一次编译项目的时候生成 PCH 文件。

4. CFileDialog

CFileDialog[①]类封装了 Windows 常用的文件对话框。这些常用的文件对话框提供了一种简单的与 Windows 标准相一致的文件打开和文件保存对话框的功能。

语法如下[②]：

CFileDialog::CFileDialog

(

    BOOL bOpenFileDialog,

    LPCTSTR lpszDefExt = NULL,

    LPCTSTR lpszFileName = NULL,

    DWORD dwFlags = OFN_HIDEREADONLY |OFN_OVERWRITEPROMPT,

    LPCTSTR lpszFilter = NULL,

    CWnd* pParentWnd = NULL

);

参数说明：

bOpenFileDialog：当为 TRUE 时显示打开文件对话框，FALSE 时显示保存文件对话框；

lpszDefExt：指定默认的文件扩展名；

lpszFileName：指定默认的文件名；

dwFlags：指明一些特定风格；

lpszFilter：是最重要的一个参数，它指明可供选择的文件类型和相应的扩展名；

pParentWnd：为父窗口指针。

可以用构造函数提供的方式使用 CFileDialog，也可以从 CFileDialog 派生出用户自己的对话类并编写一个构造函数来适应其需要。该类是 CCommonDialog 类的派生类。

---

① Herb Sutter. Exceptional C++ Style 中文版[M]. 刘未鹏，译. 北京：人民邮电出版社，2006.

② 明日科技.Visual C++编程全能词典[M]. 北京：电子工业出版社，2010.

使用 CFileDialog 时先用 CFileDialog 构造函数构造一个对象，当创建了一个对话框后，可以设置或修改 m_ofn 结构中的任何值，用于初始化对话框控件的值或状态。初始化对话框控件后，调用 DoModal 成员函数显示对话框并使用户输入路径和文件。DoModal 返回用户选择的"OK"（IDOK）或"取消"（IDCANCEL）按钮。

当 DoModal 返回 IDOK 时，可以使用某一个 CFileDialog 的公共成员函数获取用户输入的信息。CFileDIalog 包含许多保护成员，使用户可以处理经常遇到的共享冲突、文件名合法性检查、列表框改变通知等。

例如：

```
{
    CString FilePathName;
    CFileDialog dlg(TRUE);      //TRUE 为 OPEN 对话框，FALSE 为 SAVE AS 对话框。
    if(dlg.DoModal()==IDOK)
        FilePathName=dlg.GetPathName();
}
```

7.2.2　算法思想

按照以上的理论设计的算法思想如下：

（1）从文本中读取全藏字集，并进行构件识别，将读取的音节和识别构件的结果存入结构体数组 TibetFull[18785]中。

（2）按照堆排序的思想对结构体数组中的数据进行排序。

堆排序的算法思想是：Heap_Sort()函数是排序的入口，执行时先调用 Build_Max_Heap()将无序的数组构造为一个最大堆，构造的过程中会不停地调用 Max_Heapify()以维护最大堆性质。构造完成后从根结点开始，将当前结点与最后一个结点交换，并使这个结点从堆中脱离，此时，因为交换操作，堆的性质被破坏，因此又调用 Max_Heapify()进行维护。如此循环操作，直至堆中只剩一个元素。此时，数组中的数据是有序的，排序过程完成。其中有以下几个关键函数：

① int Max_Heapify(TibetWord (&A)[TibetNum], int i, int heapsize)：排序过程中的一些交换操作会破坏最大堆的性质，需要调用 Max_Heapify()来维护，它是维护最大堆性质的关键。

② int Build_Max_Heap(TibetWord (&A)[TibetNum])：将无序的输入数据构造成一个大根堆。

③ int Heap_Sort(TibetWord (&A)[TibetNum])：对数据进行排序。

（3）输出排序结果。

7.3　算法设计

7.3.1　存储空间

存储空间主要用来存放音节及构件，结构体数组定义如下：

```
struct TibetWord{
    wstring s;       //存储音节本身，长度为 1~8 个宽字节
    wstring result;  //存储构件识别结果，长度为 8 个宽字节
}
TibetWord TibetFull[18785];
```

7.3.2　流程图

主函数流程如图 7-1 所示。

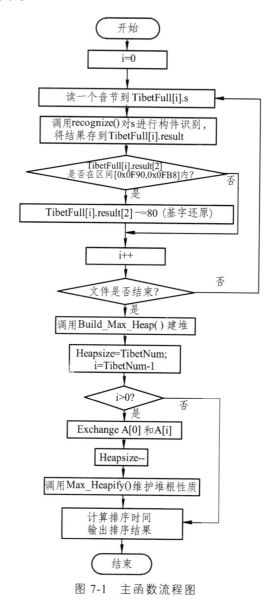

图 7-1　主函数流程图

7.3.3　伪代码

1. 维护堆根性质算法的伪代码

int Max_Heapify(TibetWord (&A)[TibetNum],**int i,int** heapsize) //堆调整函数
1　　**int** l,r,largest;
2　　l=(i+1)*2-1;
3　　r=(i+1)*2;
4　　**if**((l<heapsize)&&(TiWord::TiCompare(A[l].result,A[i].result)))
5　　　largest=l;
6　　**else**

```
7        largest=i;
8    if((r<heapsize)&&(TiWord::TiCompare(A[r].result,A[largest].result)))
9        largest=r;
10   if(largest!=i)
11       exchange A[i] and A[largest]
12       Max_Heapify(A,largest,heapsize);
```

2．建堆的伪代码

```
int Build_Max_Heap(TibetWord (&A)[TibetNum])        //建堆函数
1    int i;
2    for(i=TibetNum/2;i>=0;i--)
3        Max_Heapify(A,i,TibetNum);
```

3．堆排序的伪代码

```
int CHeapSortDlg::Heap_Sort(TibetWord (&A)[TibetNum])        //堆排序函数
1    Build_Max_Heap(A);
2    for(i=TibetNum-1;i>0;i--)
3        exchange A[i] and A[0]
4        heapsize=heapsize-1;
5        Max_Heapify(A,0,heapsize);
```

7.4 程序实现

7.4.1 代 码

（1）新建 MFC 项目。
① 新建一个"MFC 应用程序"，如图 7-2 所示。

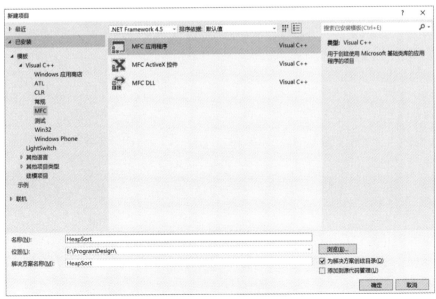

图 7-2 新建项目

②　在"MFC 应用程序向导"中选择"基于对话框"和"在静态库中使用 MFC"，如图 7-3 所示。

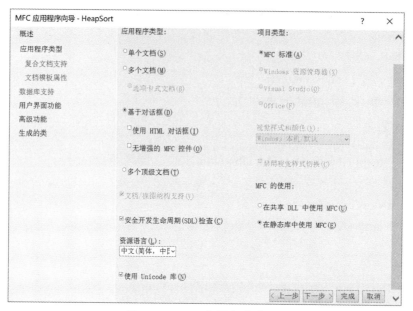

图 7-3　MFC 应用程序向导

（2）对话框窗口设计。

①　增加 1 个"Edit Control"控件，设置属性"Multiline""Horizontal Scroll""Vertical Scroll"为"True"。

②　增加 4 个"Button Control"按钮控件，四个按钮属性中的"Caption"分别改为"打开""排序""保存""退出"；对应的 ID 分别改为"IDC_OPEN""IDC_SORT""IDC_SAVE""IDC_EXIT"。

③　增加一个"Progress Bar Control"控件，设 ID 为"IDC_PROGRESS1"。

④　在进度条上方正中央增加一个"Static Text"静态文本框，设 ID 为"IDC_STATIC"，"Caption"设置为"进度"。

设计的对话框窗口如图 7-4 所示。

图 7-4　主程序的对话框

（3）关联变量。

对话框上点击右键，选择"类向导"，选择"成员变量窗口"，把"ID_EDIT1"的类别选择为"Value"，变量名设为"m_ContextEdit"；同样为"IDC_PROGRESS1"关联一个 CProgressCtrl 类中名为"m_Progress"的变量，如图 7-5 所示。

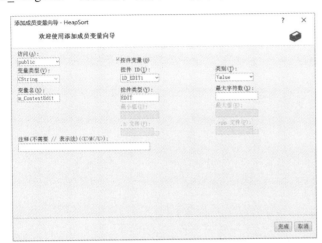

图 7-5　关联变量

（4）增加一个头文件 TiWord.h。

把有关的宏定义、数据结构体定义、TiWord 类定义的程序放在其中，代码如下：

```cpp
#pragma once
#include "afxwin.h"
#include <stdio.h>
#include <stdlib.h>
#include <wchar.h>
#include <string>
#include <iostream>
#include <windows.h>
#include "afxcmn.h"
using namespace std;
//结构体定义
struct TibetWord{
    wstring s;
    wstring result;
};
class TiWord
{
public:
    TiWord(void);
    ~TiWord(void);
    static wstring recognize(wstring s);
    static bool TiCompare(wstring s1,wstring s2);
};
```

（5）增加一个 cpp 源文件 TiWord.ccp。

把藏文构件识别、藏文字符比较、TiWord 类的构建、析构放在其中，具体代码如下：

```
#include "stdafx.h"
#include "TiWord.h"
```

说明：以下与第 5 章"全藏字的插入排序"中"InsertSort.h"的代码相同。

```
const wchar_t *shang_ji[] = {L"ཀ",L"ཁ",L"ག",L"ང",L"ཅ",L"ཆ",L"ཇ",L"ཉ",L"ཏ",L"ཐ",L"ད",L"ན",
L"པ",L"ཕ",L"བ",L"མ",L"ཙ",L"ཚ",L"ཛ",L"ཝ",L"ཞ",L"ཟ",L"འ",L"ཡ",L"ར",L"ལ",L"ཤ",L"ས",L"ཧ",L"ཨ"};
```

......

```
bool TiWord::TiCompare(wstring s1,wstring s2){
    if(s1[2]==s2[2])                                    //比较基字
        {if(s1[1]==s2[1])                               //基字相同的情况下，比较上加字
            {if(s1[0]==s2[0])                           //上加字相同的情况下，比较前加字
                {if(s1[3]==s2[3])                       //前加字相同的情况下，比较下加字
                    {if(s1[4]==s2[4])                   //下加字相同的情况下，比较再下加字
                        {if(s1[5]==s2[5])               //再下加字相同的情况下，比较元音
                            {if(s1[6]==s2[6])           //元音相同的情况下，比较后加字
                                return(s1[7]>s2[7]);    //后加字相同的情况下,比较再后加字
                            else return(s1[6]>s2[6]);}
                        else return(s1[5]>s2[5]);}
                    else return(s1[4]>s2[4]);}
                else return(s1[3]>s2[3]);}
            else return(s1[0]>s2[0]);}
        else return(s1[1]>s2[1]);}
    else return(s1[2]>s2[2]);
}
TiWord::TiWord(void)
{
}
TiWord::~TiWord(void)
{
}
```

（6）在 HeapSortDlg.h 头文件中添加代码。

① 包含和宏定义：

```
#include "TiWord.h"
#include "HeapSort.h"
#define TibetNum 18785
```

② 在 CHeapSortDlg 类的 public 中声明函数：

```
int Heap_Sort(TibetWord (&A)[TibetNum]);   //堆排序函数
```

（7）在 HeapSortDlgc.cpp 文档中添加有关代码。

① 声明：

```
static TibetWord TibetFull[TibetNum];   //静态结构体数组，用于存储音节及音节构件
static int num;
```

② 在 CHeapSortDlg::OnInitDialog()函数中增加一些需要初始化的代码：

```
m_ContextEdit = _T("单击打开按钮，选择一个 txt 文件\r\n");
UpdateData(false);
m_Progress.SetRange32(0,18785);
m_Progress.SetStep(1);
```

③ 添加维护堆性质、建堆、堆排序的实现函数：

```
/*************************************数组合并*******************************/
int Max_Heapify(TibetWord (&A)[TibetNum],int i,int heapsize)      //堆调整函数
{
    int l,r,largest;
    TibetWord temp;                //exchange 临时变量
    l=(i+1)*2-1;
    r=(i+1)*2;
    if((l<heapsize)&&(TiWord::TiCompare(A[l].result,A[i].result)))
    largest=l;
    else
    largest=i;
    if((r<heapsize)&&(TiWord::TiCompare(A[r].result,A[largest].result)))
    largest=r;
    if(largest!=i)
    {
        temp=A[i];            //exchange A[i]and A[largest]
        A[i]=A[largest];
        A[largest]=temp;
        Max_Heapify(A,largest,heapsize);
    }
    return 0;
}
int Build_Max_Heap(TibetWord (&A)[TibetNum])        //建堆函数
{
    int i;
    for(i=TibetNum/2;i>=0;i--)
        Max_Heapify(A,i,TibetNum);
    return 0;
}
int CHeapSortDlg::Heap_Sort(TibetWord (&A)[TibetNum])        //堆排序函数
{
    int i;
    TibetWord temp;
    Build_Max_Heap(A);
    int heapsize=TibetNum;
```

```
    for(i=TibetNum-1;i>0;i--)
    {
        temp=A[0];
         A[0]=A[i];
         A[i]=temp;
         heapsize=heapsize-1;
         Max_Heapify(A,0,heapsize);
         m_Progress.StepIt();
         UpdateData(false);
         num++;
         CString percent;
         percent.Format(_T("%d%%"),num*100/18784);
         (GetDlgItem(IDC_STATIC))->SetWindowText(percent);
    }
    return 0;
}
```

（8）添接"打开"模块的代码。

打开"类向导"，选择"打开"按钮的 ID "IDC_OPEN"，选择消息"BN_CLICKED"后，点击【添加处理程序】，如图 7-6 所示。

图 7-6　"打开"类向导

点击【编辑代码】后录入如下代码：

```
void CHeapSortDlg::OnClickedOpen()
{
    // TODO: 在此添加控件通知处理程序代码
    int i=0,j=0;
    CFile file;
    wchar_t ch;
    CFileDialog dlg(true);
```

```
if(dlg.DoModal()==IDOK){
    CString path = dlg.GetPathName();
    m_ContextEdit=(_T("文件"))+path+(_T(":\r\n"));
    UpdateData(false);
    file.Open(path,CFile::modeRead);
    file.Read(&ch,2);
    while(j<TibetNum){
        file.Read(&ch,2);
        CString s=L"";
        while((j<TibetNum)&&(ch!='\n')&&(ch!='\r')){
            s+=ch;
            file.Read(&ch,2);
        }
        if(s!=L""){
            TibetFull[j].s=s.GetString();
            TibetFull[j].result=TiWord::recognize(TibetFull[j].s);
            //调用构件识别函数，将识别结果返回字符串 result
            if((TibetFull[j].result[2]>=0x0F90)&&(TibetFull[j].result[2]<=0x0FB8)&&
            (TibetFull[j].result[2]!=0x0FAD)&&(TibetFull[j].result[2]!=0x0FB1)&&
             (TibetFull[j].result[2]!=0x0FB2)&& (TibetFull[j].result[2]!=0x0FB3))
            TibetFull[j].result[2]=wchar_t((int)TibetFull[j].result[2]-80);    //基字还原
            for(int n=TibetFull[j].result.length();n<8;n++)    //末尾补 0
                TibetFull[j].result+=L'0';
            m_ContextEdit+=TibetFull[j].s.c_str();
            m_ContextEdit+=(_T("\r\n"));
            j++;
        }
    }
    file.Close();
}
m_ContextEdit+=(_T("加载完成！"));
UpdateData(false);
}
```

（9）与"打开"模块的"添加处理程序"类似，添加"排序"按钮的代码如下：

```
void CHeapSortDlg::OnBnClickedButton2()
{
    // TODO: 在此添加控件通知处理程序代码
    m_ContextEdit=(_T("正在排序..."));
    UpdateData(false);
    num=0;
```

```
LARGE_INTEGER Freq, start_time,finish_time;
QueryPerformanceFrequency(&Freq);
QueryPerformanceCounter(&start_time);
Heap_Sort(TibetFull);
QueryPerformanceCounter(&finish_time);
CString runtime;    //运行时间
runtime.Format(_T("%u"),(finish_time.QuadPart-start_time.QuadPart)*1000/Freq.QuadPart);
m_ContextEdit=(_T("\r\n 排序完成，排序时间为：" ))+runtime+(_T("毫秒。"));
UpdateData(false);
}
```

（10）与"打开"模块的"添加处理程序"类似，添加"保存"代码：

```
void CHeapSortDlg::OnBnClickedSave()
{
    // TODO: 在此添加控件通知处理程序代码
    CFile wfile;
    int i=1;
    CFileDialog dlg2(false);
    WORD unicode = 0xFEFF;
    if(dlg2.DoModal()==IDOK){
        CString path = dlg2.GetPathName();
        if(path.Right(4)!=".txt")
            path+=".txt";
        wfile.Open(path,CFile::modeCreate|CFile::modeWrite);
        wfile.Write(&unicode,sizeof(wchar_t));
        for(int i=0;i<TibetNum;i++){        //排序结果输出
            CString s = TibetFull[i].s.c_str();
            CString result = TibetFull[i].result.c_str();
            wfile.Write(s,s.GetLength()*sizeof(wchar_t));
            wfile.Write(_T("\r\n"),2*sizeof(wchar_t));
        }
        wfile.Close();
        m_ContextEdit=(_T("\r\n 排序结果已保存在"))+path+(_T("中。\r\n"));
        UpdateData(false);
    }
}
```

（11）添加"退出"按钮的代码：

```
void CHeapSortDlg::OnBnClickedExit()
{
    // TODO: 在此添加控件通知处理程序代码
    CDialogEx::OnCancel();
}
```

7.4.2　代码使用说明

（1）运行程序后弹出如图 7-7 所示对话框。

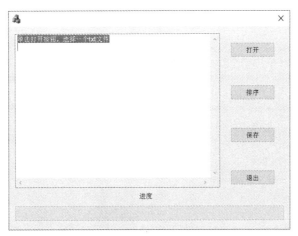

图 7-7　程序界面

（2）点击【打开】按钮，弹出打开文件选择窗口，如图 7-8 所示。选择需要排序的文件后点击【打开】按钮即可打开待排序的文件。

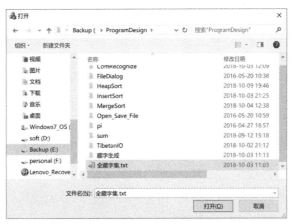

图 7-8　"打开"对话框

（3）点击【排序】按钮则开始排序，排序结束后显示排序所用时间，如图 7-9 所示。

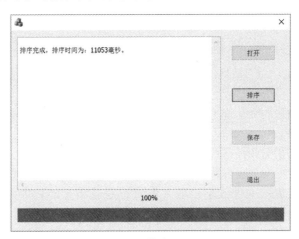

图 7-9　"排序"界面

（4）点击【保存】按钮弹出"另存为"对话框，选择存储位置，填写文件名后点击【保存】按钮即可保存排序结果，如图 7-10 所示。

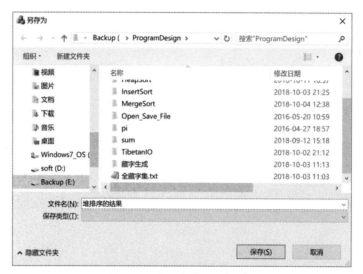

图 7-10 "另存为"对话框

7.5 运行结果

按照以上程序，对 18 785 个现代藏字按照字典序进行排序，结果如图 7-11 所示。

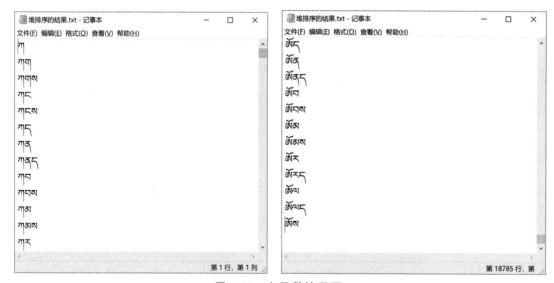

图 7-11 主函数流程图

7.6 算法分析

7.6.1 时间复杂度分析

堆排序方法对记录数较少的文件效果一般，但对记录较多（n 较大）的文件还是很有效的。堆排序的运行时间主要耗费在建堆、反复调用"维护堆的性质"的算法上。堆排序在最坏的情况下，其时间复杂度为 $O(n\log n)$。

7.6.2　空间复杂度分析

堆排序最大的优点在于仅需一个数据大小的交换用的辅助存储空间。

1. 数据存储空间

算法中使用的藏字全集音节数量为 18 785。因此，需要的存储空间为 $n = 18\,785$ 个 TibetWord 的大小，即 $2 \times 8 \times 18\,785$，及 $O(cn)$。

2. 辅助存储空间（临时空间）

临时变量 key 占用 2 个 TibetWord 的大小，即 $2(\text{wstring}) \times 8(\text{wchar})$。

7.6.3　堆排序总体性能分析

插入排序额外空间只需要一个临时变量 key 作为额外空间，空间复杂度为 $O(1)$，但最坏和平均时间复杂度都是 $O(n^2)$。归并排序的时间复杂度是 $O(n\lg n)$，但需要 $O(n)$ 空间。堆排序集兼具两者的优点，时间复杂度是 $O(n\lg n)$，空间上仅需 1 个数据大小的辅助存储空间 $O(1)$。

❖ 第 8 章 藏文字符的快速排序

8.1 问题描述

排序算法多种多样，为了比较各排序算法的性能，本章将快速排序的思想应用到现代藏文字符的排序中，编写程序从文本中读取藏文及其他数据，再按照藏文音节、词等更大的单位作为排序对象实现对藏文文本的排序。

8.2 问题分析

8.2.1 理论依据

本章待排序的文本内容是某一本藏汉词典的文本内容，如图 8-1 所示。该文本的每一行是一个独立的词条。一个词条由两部分组成，第一部分是藏文词语，藏字之间通过 "·" 隔开；第二部分是藏文词语的解释，由汉文或汉藏及特殊符号组成。藏文词语和解释部分之间用制表符隔开。前几章是以全藏字符集中的单独藏字进行排序的，而针对藏文词语等较大单位的排序以藏字的排序为基础，其基本思想为：逐个比较排序藏文词语中每一个藏字的大小，如果第一个藏字相同，则比较第二个，直到确定出大小或词语结束。

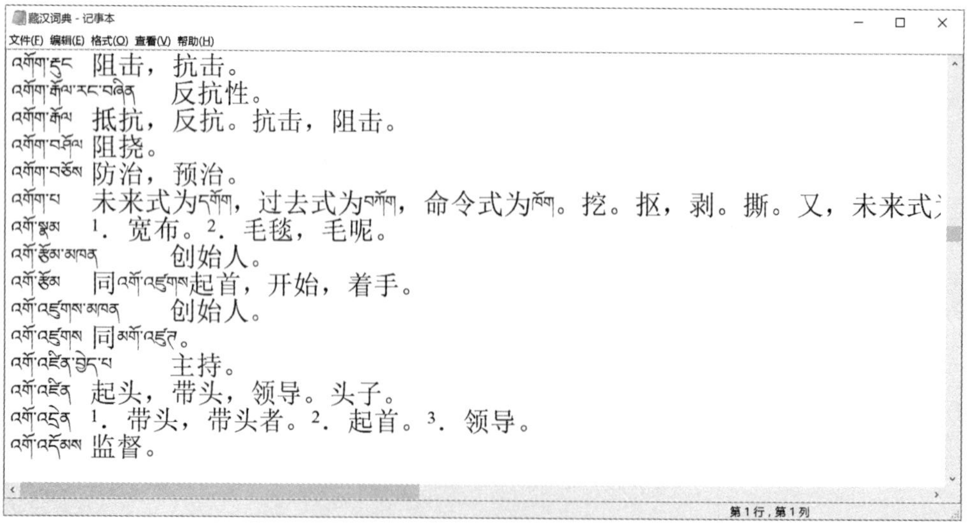

图 8-1 待排序的藏汉词典文本

8.2.2　算法思想

1. 快速排序步骤

快速排序是一种基于分治模式的排序方法。对一个典型的子数组 A[p⋯r]进行排序的 3 个步骤为：

分解：数组 A[p⋯r]被划分为两个子数组 A[p⋯q-1]和 A[q+1⋯r]，使得 A[q]大于等于 A[p⋯q-1]中的每个元素，并且小于 A[q+1⋯r]中的每个元素。该划分过程中计算划分点下标 q。

解决：通过递归调用快速排序，对子数组进行排序。

合并：因为两个子数组是就地排序的，不需要进行合并操作。

2. 快速排序应用在藏文排序上的思想

按照以上的理论依据，可以设计如下的对藏文词等较大单位的排序算法：

（1）遍历文本，获取文本的行数。

（2）从文本中读取藏文词条并存储到一个结构体中。为了便于输出，需要将藏文词语以及解释（即卫星数据）都进行存储。每次读取文本中的一行数据，将'\t'之前的藏文部分存储到 T[i].sentence 中，将'\t'之后的解释部分存储到 T[i].data 中。

（3）按照快速排序的方法对结构体数组中的数据进行排序。

（4）输出排序结果。

8.3　算法设计

8.3.1　存储空间

存储空间主要用来存放藏文词语及其卫星数据（解释部分），结构体数组定义如下：

```
struct tibetSentence{
    wstring sentence;        //存储藏文词语
    wstring data;            //存储卫星数据
};
static tibetSentence* T;    //定义结构体数组指针
T=new tibetSentence[lineNum];    //lineNum 为文本行数，即数组的长度
```

8.3.2　流程图

1. 主函数流程图

主函数流程如图 8-2 所示。

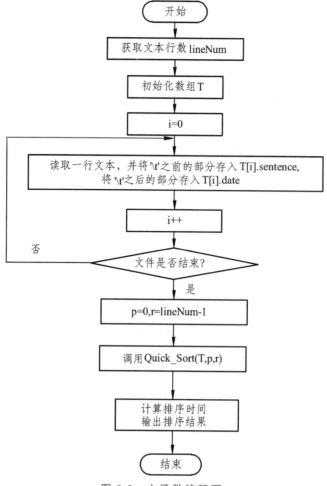

图 8-2　主函数流程图

2. 分解函数的流程图

分解函数（Partition）的流程如图 8-3 所示。

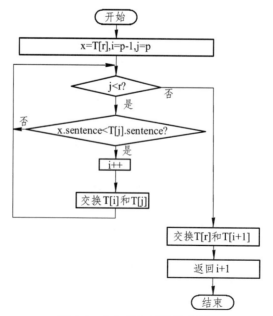

图 8-3　"分解"函数流程图

8.3.3 伪代码

1. 快速排序算法的伪代码

int QuickSort::Quick_Sort(tibetSentence* A,**int** p,**int** r)　　//快速排序函数

1　　**if** p<r
2　　　　q=Partition(A,p,r);　　//分段调用，求 q 的值
3　　　　Quick_Sort(A,p,q-1);　　//前半段递归调用快速排序
4　　　　Quick_Sort(A,q+1,r);　　//后半段递归调用快速排序

2. 划分算法的伪代码

int Partition(tibetSentence* A,**int** p,**int** r)　　//分段函数

1　　tibetSentence x=A[r];
2　　tibetSentence temp;
3　　**for**(j=p;j<r;j++)
4　　　　**if** x.sentence>A[j].sentence　　//A[j]<=x
5　　　　　　i++;
6　　　　　　exchange A[i] **and** A[j];　　//交换 A[i] and A[j]
7　　exchange A[r] **and** A[i+1];　　//交换 A[r] and A[i+1]
8　　**return** i+1;　　//返回 q 的值

8.4 程序实现

8.4.1 代　码

（1）新建一个名为"TibetanSort"的"基于对话框"MFC 项目。
（2）设计对话框窗口，如图 8-4 所示。

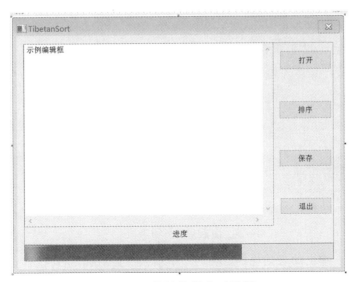

图 8-4　设计的程序对话框

① 增加 1 个"Edit Control"控件，设置属性"Multiline""Horizontal Scroll""Vertical Scroll"为"True"。

② 增加 4 个"Button Control"按钮控件，四个按钮属性中的"Caption"分别改为"打开""排序""保存""退出"；对应的 ID 分别改为"IDC_OPEN""IDC_SORT""IDC_SAVE""IDC_EXIT"。

③ 增加一个"Progress Control"控件，设 ID 为"IDC_PROGRESS1"。

④ 在进度条上方正中央增加一个"Static Text"静态文本框，设 ID 为"IDC_STATIC"，"Caption"设置为"进度"。

（3）关联变量。

对话框上点击右键，选择【类向导】，选择"成员变量窗口"，把"ID_EDIT1"的类别选择为"Value"，变量名设为"m_ContextEdit"，如图 8-5 所示；同样为"IDC_PROGRESS1"关联一个 CProgressCtrl 类型名为"m_Progress"的变量。

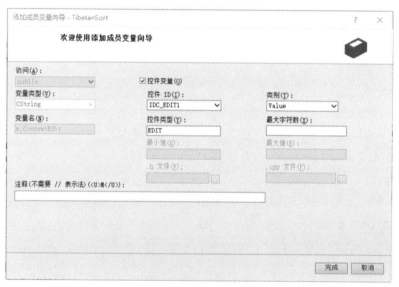

图 8-5 关联变量

（4）增加一个类 TiWord。

① 右击【类视图】的"TibetanSort"，在弹出的菜单中选择添加的类，如图 8-6 所示。

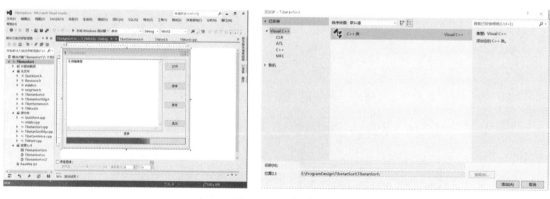

图 8-6 添加类

② 点击【添加】，在弹出的对话框的"类名"中输入"TiWord"，勾选"虚析构函数"，点击"完成"，如图 8-7 所示。

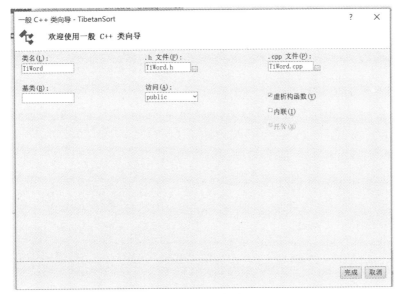

图 8-7 添加类

（5）同上，添加"QuickSort"和"TibetSentence"两个类。

（6）在"TiWord.h"中增加代码，把有关的宏定义、数据结构体定义、TiWord类定义的程序放在其中，代码如下：

```cpp
#pragma once
#include "afxwin.h"
#include <stdio.h>
#include <stdlib.h>
#include <wchar.h>
#include <string>
#include <iostream>
#include <windows.h>
#include "afxcmn.h"
#define TibetNum 18785
using namespace std;
 //结构体定义
 struct TibetWord{
     wstring s;
     wstring result;
 };
class TiWord
{
public:
    TiWord(void);
    ~TiWord(void);
    static wstring recognize(wstring s);
    static wstring jizi_renew(wstring s);
 };
```

（7）增加一个 cpp 源文件 TiWord.ccp，把藏文构件识别、藏文字符比较、TiWord 类的构建、析构等放在其中，具体代码如下：

```cpp
#include "stdafx.h"
#include "TiWord.h"
const wchar_t *shang_ji[] = {L"ཀ",L"ཁ",L"ག",L"ང",L"ཅ",L"ཆ",L"ཇ",L"ཉ",L"ཏ",L"ཐ",L"ད",L"ན",L"པ",
L"ཕ",L"བ",L"མ",L"ཙ",L"ཚ",L"ཛ",L"ཝ",L"ཞ",L"ཟ",L"འ",L"ཡ",L"ར",L"ལ",L"ཤ",L"ས",L"ཧ",L"ཨ"};
const wchar_t *ji_xia[] = {L"ྐ",L"ྑ",L"ྒ",L"ྔ",L"ྕ",L"ྖ",L"ྗ",L"ྙ",L"ྟ",L"ྠ",L"ྡ",L"ྣ",L"ྤ",L"ྥ",
L"ྦ",L"ྨ",L"ྩ",L"ྪ",L"ྫ",L"ྭ",L"ྮ",L"ྯ",L"ྰ",L"ྱ",L"ྲ",L"ླ",L"ྶ",L"ྷ",L"ྐ",L"ྒ",L"ྒ",L"ྔ",L"ྕ",L"ྗ",L"ྙ",L"ྟ",L"ྣ",
L"ྥ",L"ྦ"};
const wchar_t *shang_ji_xia[] = {L"ཀ",L"ཁ",L"ག",L"ང",L"ཅ",L"ཆ",L"ཇ",L"ཉ",L"ཏ",L"ཐ",L"ད",L"ན",L"པ",
L"ཕ",L"བ",L"མ"};
const wchar_t *special[] = {L"བགས",L"དངས",L"མངས",L"གངས",L"ངངས",L"ངངས",L"གནས",L"བནས",L"མནས",
L"གམས",L"བམས", L"འམས",L"འནས",L"གནས"};
int contains(const wchar_t *array[],wstring s,int len){
    int flag=0;
    wchar_t temp[8]=L"";
    for(unsigned i=0;i<s.length();i++)
        temp[i]=s[i];
    for(int j=0;j<len;j++)
        if(wcscmp(array[j],temp)==0){
            flag=1;break;}
    return(flag);
}
```

说明：该处代码同第 5 章"全藏字的插入排序"中"InsertSort.h"的代码。

……

```cpp
wstring TiWord::jizi_renew(wstring s)
{
    if((s[2]>=0x0F90)&&(s[2]<=0x0FB8)&&(s[2]!=0x0FAD)&&(s[2]!=0x0FB1)&&(s[2]!=0x0FB2)&& (s[2]!=0x0FB3))
        s[2]=wchar_t((int)s[2]-80);     //基字还原
    for(int n=s.length();n<8;n++)     //末尾补 0
        s+=L'0';
    return s;
}
TiWord::TiWord(void)
{
}
TiWord::~TiWord(void)
{
}
```

（8）在"TibetSentence.h"中增加如下代码：

#pragma once

```
#include "afxwin.h"
#include <stdio.h>
#include <stdlib.h>
#include <wchar.h>
#include <string>
#include <iostream>
#include <windows.h>
#include "afxcmn.h"
#include "TiWord.h"
using namespace std;
typedef struct tibetSentence{
    wstring sentence;
    wstring data;
};
class TibetSentence
{
public:
    TibetSentence(void);
    virtual ~TibetSentence(void);
    static bool TiSenCompare(wstring s1,wstring s2);
};
```

（9）在"TibetSentence.cpp"中添加比较藏文字符、藏文句子的函数，其代码如下：

```
#include "stdafx.h"
#include "TibetSentence.h"


TibetSentence::TibetSentence(void)
{
}


TibetSentence::~TibetSentence(void)
{
}
int WordCompare(wstring s1,wstring s2){
    if(s1[2]==s2[2])                                //比较基字
        {if(s1[1]==s2[1])                           //基字相同的情况下，比较上加字
            {if(s1[0]==s2[0])                       //上加字相同的情况下，比较前加字
                {if(s1[3]==s2[3])                   //前加字相同的情况下，比较下加字
                    {if(s1[4]==s2[4])               //下加字相同的情况下，比较再下加字
                        {if(s1[5]==s2[5])           //再下加字相同的情况下，比较元音
                            {if(s1[6]==s2[6])       //元音相同的情况下，比较后加字
```

```
                        return(s1[7]-s2[7]);    //后加字相同的情况下，比较再后加字
                  else return(s1[6]-s2[6]);}
             else return(s1[5]-s2[5]);}
        else return(s1[4]-s2[4]);}
     else return(s1[3]-s2[3]);}
   else return(s1[0]-s2[0]);}
   else return(s1[1]-s2[1]);}
   else return(s1[2]-s2[2]);
}


bool TibetSentence::TiSenCompare(wstring s1,wstring s2)
{
    int comp=0;
    int i=0,j=0;
    while(i<s1.length()&&j<s2.length()){
        comp=0;
        wstring word1,word2;
        while(i<s1.length()&&s1[i]!=L'·')
        {   word1+=s1[i];
            i++;
        }
        while(j<s2.length()&&s2[j]!=L'·')
        {   word2+=s2[j];
            j++;
        }

comp=WordCompare(TiWord::jizi_renew(TiWord::recognize(word1)),TiWord::recognize(word2)));
        if(comp!=0)
            break;
        i++;j++;
    }
    if(comp==0&&i>=s1.length())
        return false;
    else if(comp==0&&j>=s2.length())
        return true;
    else{
    if(comp>=0)
    return true;
    else
    return false;}
}
```

（10）在 TibetanSortDlg.h 头文件中添加如下代码：

① 包含头文件：

```
#include "TibetanSort.h"
#include "QuickSort.h"
#include "TiWord.h"
#include "TibetSentence.h"
extern int lineNum;
```

② 在函数的 public 中增加一个函数的声明：

```
void displayResult(void);
```

（11）在 HeapSortDlgc.cpp 中添加有关代码：

① 声明：

```
#include "stdafx.h"
#include "TibetSentenceSort.h"
#include "TibetSentenceSortDlg.h"
#include "afxdialogex.h"
static tibetSentence* T;       //定义结构体指针
int lineNum;
int num;
#define new DEBUG_NEW
CTibetanSortDlg *pdlg;   //指向对话框的指针，全局变量，排序执行过程中通过该指针向进度条
                         //发送消息
#ifdef _DEBUG
#endif
```

② 在 BOOL CTibetanSortDlg::OnInitDialog()函数中增加一些需要初始化的代码：

```
// TODO: 在此添加额外的初始化代码
pdlg=this;
m_ContextEdit = _T("单击打开按钮，选择一个 txt 文件\r\n");
UpdateData(false);
```

③ 声明两个全局变量：

```
int flag;   //用于确定打开的文件是否排序
int flag1=0;   //用于确定文件是否打开
```

④ 实现一个函数：

```
void CTibetanSortDlg::displayResult(void)
{
    for(int n=0;n<lineNum;n++)
    {
        m_ContextEdit+=T[n].sentence.c_str();
        m_ContextEdit+=_T("\t");
        m_ContextEdit+=T[n].data.c_str();
        m_ContextEdit+=_T("\r\n");
    }
    flag=1;
}
```

（12）在"QuickSort.h"中添加如下代码：

```
#include "TibetanSortDlg.h"
#include "TiWord.h"
#include "TibetSentence.h"
class QuickSort
{
public:
    QuickSort(tibetSentence* A);
    virtual ~QuickSort(void);
    static int Quick_Sort(tibetSentence* A,int p,int r);    //快速排序函数
};
```

（13）在"QuickSort.cpp"中添加如下代码：

```
#include "stdafx.h"
#include "QuickSort.h"
extern CTibetanSortDlg *pdlg;
static int num=0;

QuickSort::QuickSort(tibetSentence* A)
{
    num=0;
    Quick_Sort(A,0,lineNum-1);
}


QuickSort::~QuickSort(void)
{
}
int Partition(tibetSentence* A,int p,int r)    //分段函数
{
    tibetSentence x=A[r];
    int i=p-1;
    tibetSentence temp;
    int j;
    for(j=p;j<r;j++)
    {
        if(TibetSentence::TiSenCompare(x.sentence,A[j].sentence))    //A[j]<=x
        {
            i=i+1;
            temp=A[i];    //exchange A[i] and A[j]
            A[i]=A[j];
            A[j]=temp;
        }
```

```
        }
        temp=A[i+1];          //exchange A[r] and A[i+1]
        A[i+1]=A[r];
        A[r]=temp;
        return i+1;       //返回 q 的值
        }
int QuickSort::Quick_Sort(tibetSentence* A,int p,int r)        //快速排序函数
{
        int q;
        if(p<r)
        {
            q=Partition(A,p,r);        //分段调用，求 q 的值
            if(q==r||q==p)
            num++;
            else
            num=num+2;
            pdlg->m_Progress.SetPos(num);
            //pdlg->m_Progress.StepIt();
            CString percent;
            percent.Format(_T("%d%%"),num*100/(lineNum-1));
            (pdlg->GetDlgItem(IDC_STATIC))->SetWindowText(percent);
            Quick_Sort(A,p,q-1);        //前半段快速排序调用
            Quick_Sort(A,q+1,r);        //后半段快速排序调用
            }
        return 0;
        }
```

（14）添接"打开"模块的代码。

打开"类向导"，选择"打开"按钮的 ID "IDC_OPEN"，选择消息"BN_CLICKED"后，点击【添加处理程序】，如图 8-8 所示。

图 8-8 添加"打开"模块的代码

点击【编辑代码】，录入如下代码：

```cpp
void CTibetanSortDlg::OnClickedOpen()
{
    // TODO: 在此添加控件通知处理程序代码
    int n;
    lineNum=0;
    num=0;
    flag=0;
    CString s;
    CFile file;
    wchar_t ch;
    CFileDialog dlg(true);
    if(dlg.DoModal()==IDOK){
        CString path = dlg.GetPathName();
        if(path.Right(4)!=".txt")
            m_ContextEdit=_T("文件不是.txt 格式，请重新打开！");
        else{
            m_ContextEdit=(_T("文件"))+path+(_T(":\r\n"));
            file.Open(path,CFile::modeRead);
            n=file.Read(&ch,2);
            wchar_t temp;
            n=file.Read(&ch,2);
            if(ch>0x0FFF||ch<0x0F00)
                m_ContextEdit+=_T("不是藏文文本，请重新打开！");
            else{
                while(n>0){
                    temp=ch;
                    m_ContextEdit+=ch;
                    if(ch==L'\r')
                        lineNum++;   //得到文本的行数
                    n=file.Read(&ch,2);
                }
                if((temp!='\r')&&(temp!='\n'))
                    lineNum++;
                file.Close();
                m_Progress.SetRange32(0,lineNum-1);   //进度条
                m_Progress.SetStep(1);
                T=new tibetSentence[lineNum];
                file.Open(path,CFile::modeRead);
                file.Read(&ch,2);
                while(n=file.Read(&ch,2)>0){
```

```
                    s=_T("");
                    while((n>0)&&(ch!=L'\n')&&(ch!=L'\r')&&(ch!=L'\t')){
                            s+=ch;
                            n=file.Read(&ch,2);
                    }
                    if(s!=_T(""))
                    {
                            if((ch=='\t')&&(s[0]>=0x0F00)&&(s[0]<=0x0FFF))
                                T[num].sentence+=s.GetString();
                            else if((ch=='\r')&&(s[0]>=0x0F00)&&(s[0]<=0x0FFF))
                                {T[num].sentence+=s.GetString();num++;}
                            else if(((s[0]<0x0F00)||(s[0]>0x0FFF)))//(ch=='\r')&&
                                {T[num].data+=s.GetString();num++;}
                            else
                                {}
                    }
                    if(s==_T("")&&ch=='\r')
                            num++;
                }
                file.Close();
                m_ContextEdit+=(_T("加载完成！"));
            }
        }
    }
    UpdateData(false);
    if(num>0)
    flag1=1;
}
```

（15）同第（14）步，添加"排序"按钮的代码：

```
void CTibetanSortDlg::OnClickedSort()
{
    // TODO: 在此添加控件通知处理程序代码
    if(flag1==0)
        m_ContextEdit=_T("请先打开要排序的数据！");
    else{
    LARGE_INTEGER Freq, start_time,finish_time;
    QueryPerformanceFrequency(&Freq);
    QueryPerformanceCounter(&start_time);
    QuickSort::QuickSort(T);
    QueryPerformanceCounter(&finish_time);
    CString runtime; //运行时间
```

```
runtime.Format(_T("%u"),(finish_time.QuadPart-start_time.QuadPart)*1000/Freq.QuadPart);
m_ContextEdit=(_T("排序完成，排序时间为："))+runtime+(_T("毫秒。"));
m_ContextEdit+=(_T("\r\n 排序结果如下:\r\n"));
displayResult();
flag=1;}
UpdateData(false);
```

（16）同第（14）步，添加"保存"代码：

```
void CTibetanSortDlg::OnClickedSave()
{
    // TODO: 在此添加控件通知处理程序代码
    if(flag==0)
        m_ContextEdit=_T("尚未进行排序，不能进行保存！请先排序！");
    else{
    CFile wfile;
    int i=0;
    CFileDialog dlg2(false);
    WORD unicode = 0xFEFF;
    if(dlg2.DoModal()==IDOK){
        CString path = dlg2.GetPathName();
        if(path.Right(4)!=".txt")
            path+=".txt";
        wfile.Open(path,CFile::modeCreate|CFile::modeWrite);
        wfile.Write(&unicode,sizeof(wchar_t));
        while(i<lineNum){
            CString s;
            s+=T[i].sentence.c_str();
            s+=_T("\t");
            s+=T[i].data.c_str();
            s+=_T("\r\n");
            m_ContextEdit+=s;
            wfile.Write(s,s.GetLength()*sizeof(wchar_t));
            i++;
        }
        wfile.Close();
        m_ContextEdit=(_T("\r\n 文件已保存在"))+path+(_T("中。\r\n"));
    }
    }
    UpdateData(false);
}
```

8.4.2　代码使用说明

（1）运行程序，用【打开】按钮打开对话框，在对话框中选择待排序的 txt 文件，文件加载完成后，单击【排序】按钮，即可开始排序，如图 8-9 所示。排序完成后，点击【保存】按钮，选择保存位置及为文件命名，点击"确定"进行保存。

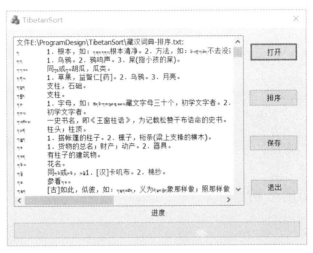

图 8-9　运行界面

（2）程序读取文件时以藏文词语、解释两部分进行读取，所以要求待排序的数据分为藏文词语和解释两列，中间用"制表符"隔开。

8.5　运行结果

8.5.1　运行结果展示

运用以上程序，对 25 241 行藏文按照字典序进行排序，打开结果文档，如图 8-10 所示。

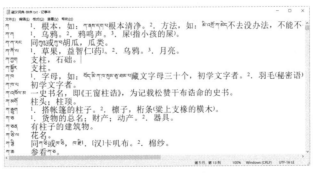

图 8-10　运行结果截图

8.5.2　讨　论

（1）可以考虑另一种存储方式：读取文件时，将每一行数据存入一个 wstring 字符串中（包括藏文词语和解释部分）。排序时，每次从待比较排序的两个字符串中分别取一个藏字，进行构件识别和比较，如果这两个藏字相同，则分别提取下一个藏字，直到遇到 '\t' 制表符、非藏文字符或字符串结束符。这种方法使得数据的存储变得简单，不需要用结构体存储数据。

（2）本程序实现了对藏文字符构件的拆分，其中不包括黏着词，但实际词条中有很多黏着词，所以实际运用时应先对黏着词进行特殊处理，不然黏着词排序放置的位置是不正确的，如图 8-11 所示。

图 8-11　没处理黏着词导致的排序错误

8.6　算法分析

8.6.1　时间复杂度分析

排序时间截图如图 8-12 所示。

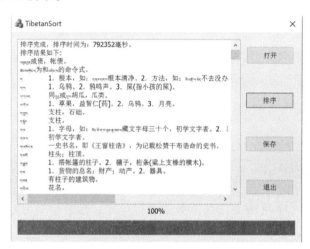

图 8-12　排序时间

理论上，快速排序算法的时间复杂度为：$T(n)=O(n\lg n)$

8.6.2　空间复杂度分析

额外占用空间复杂度：$O(1)$，用于交换数据时作临时存储。
数据存储占用空间是待排序的数据的大小 n，空间复杂度为：$O(n)$。

8.6.3　算法稳定性分析

排序算法的稳定性是指假定在待排序的记录序列中存在多个具有相同关键字的记录，经过排序，这些记录的相对次序保持不变。即在原序列中，r[i]=r[j]且 r[i]在 r[j]之前，而在排序后的序列中 r[i]仍在 r[j]之前，则称这种排序算法是稳定的；否则称为不稳定的[①]。
快速排序是不稳定的排序。

---

① 严蔚敏，吴伟民. 数据结构（C 语言版）[M]. 北京：清华大学出版社，2017.

本篇小结

排序属于计算机程序的基本操作。插入排序、归并排序、堆排序和快速排序是 4 种常用的排序算法。为了更好地理解和掌握排序算法，本篇把 4 种常用排序算法应用到具体的实例中并进行研究，阐述了每种算法的基本思想，详细分析了每种排序算法实现的过程。在此基础上统计了每种算法操作的实际运行时间，分析了每种算法的时间复杂度和稳定性，对排序算法进行了总结。

1. 算法的时空分析

本篇实现了用 4 种排序算法对全藏字集的排序，对比总结 4 种不同的排序算法运行时间的理论值和实际值，如表 1 所示。

表 1　4 种不同的排序算法运行时间的理论值和对全藏字集进行排序的测试值

算法分析		最坏情况运行时间	最好情况运行时间	平均情况运行时间	空间复杂度
插入排序	理论值	$O(n^2)$	$O(n)$	$O(n^2)$	$O(1)$
	测试值	37.071 172 952 651 98 s	0.066 826 343 536 376 95 s	18.103 617 906 570 435 s	
归并排序	理论值	$O(n\log_2 n)$	$O(n\log_2 n)$	$O(n\log_2 n)$	$O(n)$
	测试值	0.187 353 513 663 506 50 s	0.136 635 065 078 735 35 s	0.159 573 554 992 675 78 s	
堆排序	理论值	$O(n\log_2 n)$	$O(n\log_2 n)$	$O(n\log_2 n)$	$O(1)$
	测试值	0.196 520 832 528 215 4 s	0.169 639 110 565 185 55 s	0.182 546 615 600 585 94 s	
快速排序	理论值	$O(n^2)$	$O(n\log_2 n)$	$O(n\log_2 n)$	$O(1)$
	测试值	0.781 274 328 231 811 5 s	0.140 623 807 907 104 5 s	0.249 334 096 908 569 34 s	

插入排序的时间复杂度与元素的比较、移动次数有关，而比较、移动的次数与待排序数组的初始顺序有关。当待排序数列有序时，比较 $n-1$ 次，没有移动操作，此时复杂度为 $O(n)$；当待排序数组逆序时，比较次数达到最大值。对于下标 i 处的元素，需要比较 $i-1$ 次。总的比较次数为：$1+2+3+\cdots+(n-1)$，故时间复杂度为 $O(n^2)$。

归并排序是一种分治法，由分解、求解和合并 3 个过程组成。分解是把一个待排序序列分解成两个序列，时间复杂度为 $O(1)$；求解是将一个规模为 n 的问题分成两个规模为 $n/2$ 的子问题，时间复杂度为 $2T(n/2)$；合并是把两个有序序列合为一个有序序列，时间复杂度为 $O(n)$。归并排序的时间复杂度表示为：$T(n)=2T(n/2)+O(n)$，因此，归并排序的时间复杂度为 $O(n\log_2 n)$。

堆排序过程中建初始堆的时间复杂度为 $O(n)$，调整堆的时间复杂度为 $O(n\log_2 n)$，所以堆排序的时间复杂度为 $O(n\log_2 n)$。

快速排序的时间复杂度最坏的情况就是每一次取到的元素就是数组中最大或最小值，递归的深度近似 n，此时时间复杂度为 $O(n^2)$；最好的情况是每次取到的划分元素刚好能对序列进行二分，递归的深度近似 n 个结点的完全二叉树的高度 $\log_2 n$。此时的时间复杂度表示为：$T(n)=2T(n/2)+f(n)$；其中，$2T(n/2)$ 为平分后的子数组的时间复杂度，$f(n)$ 为平分这个数组所花销的时间，所以快速排序的平均时间复杂度是 $O(n\log_2 n)$。

2. 稳定性分析

插入排序算法在有序序列元素和待插入元素相等的时候，算法将待插入的元素放在后面，所以插入排序是稳定的。

归并排序算法在交换元素时，可以在相等的情况下做出不移动的限制，所以归并排序也是一种稳定的排序方法。

对于一个长为 n 的序列，堆排序的过程是从第 $n/2$ 个节点开始和其子节点共 3 个值中选择最大值(大根堆)或者最小值(小根堆)，这 3 个元素之间的选择不会破坏稳定性，但当 $n/2-1$，$n/2-2$，…1 等作为父节点调用维护堆根性质算法时，一个节点与另一个节点进行交换时有可能就会破坏稳定性。所以，堆排序不是稳定的排序算法。

快速排序有两个方向：当 a[i] <= a[center_index]时，左边的 i 下标一直往右移，其中 center_index 是中枢元素的数组下标，一般取为数组第 0 个元素；当 a[j] > a[center_index]时，右边的 j 下标一直往左移。如果 i 和 j 都不移动了，当 i <= j 时，交换 a[i]和 a[j]，重复上面的过程直到满足 i>j，交换 a[j]和 a[center_index]，完成一趟快速排序。在中枢元素和 a[j]交换的时候，很有可能打破前面元素的稳定性，所以快速排序是一个不稳定的排序算法，不稳定发生在中枢元素和 a[j]交换的时刻。

3. 总　结

通过比较各种排序算法可以知道：归并排序、堆排序、快速排序的时间复杂度都是 $O(n\log_2 n)$，插入排序的平均时间复杂度是 $O(n^2)$；插入排序、堆排序、快速排序的空间复杂度为 $O(1)$，而归并排序的空间复杂度为 $O(n)$；在这四种算法当中插入排序和归并排序是稳定的，堆排序和快速排序则是不稳定的。

在实际的排序过程中，影响排序效率的因素较多，主要有记录序列的规模、记录关键字的分布状况及对稳定性是否有要求等。当待排序记录序列的规模较大时，应采用时间复杂度为 $O(n\log_2 n)$ 的归并排序、快速排序或堆排序。目前，在内部排序算法中，快速排序是基于比较的最好的一种排序方法。当待排序记录序列的关键字随机分布时，快速排序的平均时间最短，若对稳定性不作要求，则使用快速排序算法。若待排序记录序列可能出现按关键字基本有序(正序或反序) 的情况，快速排序的时间性能不如堆排序和归并排序。当待排序记录序列规模较大时，归并排序所需时间比堆排序少，但它所需的辅助存储空间最多，若对稳定性不作要求，则采用堆排序法；若内存空间允许且要求稳定，则采用归并排序法。另外，归并排序有一定数量的数据移动，可与插入排序结合，先获得一定长度的序列，然后再合并，其效率会有所提高。

因此，在进行排序操作时，用户应当根据不同的情况选择不同的排序算法，从而达到高效的目的。

第 3 篇　　藏文字符查找

❖ 第 9 章 藏文编码转换

9.1 问题描述

藏文信息处理技术在发展过程中产生了不同的编码方案，即同一个藏文字符在不同的编码方案中有不同的编码。《信息技术 信息交换用藏文编码字符集 基本集》（GB 16959—1997）（简称为藏文基本集）以藏字中的每一个字符作为编码的对象，编码流的顺序规定为藏文的书写顺序，也就是藏字在键盘上的输入顺序。基本集采用国际标准，把藏文当作完全的拼音性文字来处理，其编码数量少，也是现在应用最广泛的藏文编码。但是在实际应用中，藏文字符的打印和显示都需要通过进行动态组合来完成，而这种动态组合的技术对软硬件的要求较高，加之实现难度较大，所以颁布基本集标准后，很长一段时间内无法按此标准实现藏文字符的处理，于是研究者就制定了《信息技术 藏文编码字符集 扩充集 A》（GB/T 20542—2006）和《信息技术 藏文编码字符集 扩充集 B》（GB/T 22238—2008）（两个一起简称为藏文扩充集）。扩充集与基本集最大的区别在于，它不是对每一个字符进行编码，而是对每一个纵向叠加的字符组合块进行编码，非纵向叠加的字符又用基本集的编码，使得藏文字符的处理从基本集的"二维平面"转化为"一维线性"。基本集的编码范围为：0F00 ~ 0FFF，扩充集的编码范围为：F300 ~ F8FF。扩充集在社会上也使用了一段时间，所以也有很多基于扩充集的藏文文本。

在实际应用中，经常需要将两种不同编码的文档进行转换。实现基本集与扩充集编码转换的一个基本方法就是查找两个编码的对照表，将扩充集中叠加字符组合块与基本集的编码进行相互替换，从而达到编码转换的目的。本章利用堆栈作为存储结构，编写程序实现藏文基本集和扩充集编码的相互转换。

9.2 问题分析

9.2.1 理论依据

1. 栈

栈（stack）又名堆栈，作为一种数据结构，是一种只能在一端进行插入和删除操作的特殊线性表。允许进行插入和删除操作的一端称为栈顶（top），另一端为栈底（bottom）。

栈中元素个数为零的栈称为空栈。插入操作一般称为进栈（push），删除操作则称为退栈（pop）。栈按照先进后出的原则存储数据，先进入的数据被压入栈底，最后的数据在栈顶，需要读数据时从栈顶开始弹出数据（最后一个数据被第一个读出来），所以其具有后进先出（LIFO）的特点。

2. 不同藏文编码间转换的原理

同一个藏文字符采用不同的编码方式时就会产生不同的编码。例如：ཀྲ在基本集中的编码是0F40 0F72，在扩充集 A 中的编码是 F305。所以，同一藏文字符在不同藏文编码之间有唯一的编码对照关系，如表 9-1 所示。编码转换就是把源藏文编码对应转换为目标藏文编码。

表 9-1　藏文扩 A 编码和基本集编码的对照关系[①]

序号	字丁	基本集	扩 A 编码
1	ཨཱ	0F68 0F80	F300
2	ཨུ	0F68 0F74	F301
3	ཨེ	0F68 0F7A	F302
4	ཨོ	0F68 0F7C	F303
5	ཀཱ	0F40 0F71	F304
6	ཀི	0F40 0F72	F305
7	ཀཱ	0F40 0F80	F306
8	ཀུ	0F40 0F74	F307
9	ཀེ	0F40 0F7A	F308
10	ཀོ	0F40 0F7C	F309

3. 不同藏文编码间的转换方式

通过对不同藏文编码方式的分析，可以总结出不同藏文编码间进行编码转换的方式如下：

1）一对一的替换

一些非标准藏文编码和扩充集的藏文编码把纵向叠加的组合块和非叠加的藏文字符都作为编码的对象。这些编码之间进行相应的转换时，要把源藏文编码中的一个编码转换为目标藏文编码中的一个编码。

2）一对多的替换

一些非标准藏文编码和扩充集的藏文编码把纵向叠加的组合块作为编码的对象，纵向组合字符不管有多少个字符都只有一个编码，但藏文基本集中把每个字符作为编码的对象，纵向组合有几个字符就会有几个编码，所以，将这类编码转换到藏文基本集编码，也就是将一个字丁分解成构件的过程。具体实现时，顺序读入每一个字丁的编码，查找该藏文字丁对应的基本集编码，进行一对多的转换。例如：藏文字符ཀོ由扩充集 A 转化为藏文基本集时，把它的编码从 F304 转换为 0F68（ས）和 0F7C（ོ），如表 9-2 所示。

表 9-2　藏文扩 A 编码和基本集编码的实例说明表

序号	扩 A 码	字丁	基本集编码
1	F300	ཨི	0F68 + 0F72
2	F301	ཨཱ	0F68 + 0F80
3	F302	ཨུ	0F68 + 0F74
4	F303	ཨེ	0F68 + 0F7A
5	F304	ཨོ	0F68 + 0F7C
……	……	……	……
10	F309	ཀེ	0F40 + 0F7A
……	……	……	……
50	F331	ཤྐྲ	0F66 + 0F90 + 0F72
……	……	……	……

---

① 李永宏，何向真，艾金勇，等. 藏文编码方式及其相互转换[J]. 计算机应用. 2009，29（7）.

序号	扩 A 码	字丁	基本集编码
100	F363	ꍏ	0F42 + 0FB1 + 0F74
……	……	……	……
200	F3C7	ꍏ	0F45 + 0FAD + 0F72
……	……	……	……
1000	F6E7	ꍏ	0F4B + 0FB1

3）多对一的替换

藏文基本集把每个字符作为编码的对象，纵向组合时有几个字符就会有几个编码。要把藏文基本集的编码转换为一些非标准藏文编码和扩充集等将纵向叠加作为整体进行编码的藏文编码时，需要把前导字符与组合用字符作为一个整体，把源编码中的前导字符和组合用字符的多个编码按照多对一的方式转换为目标编码中的一个组合字符。

4）不转换

扩充集中非叠加藏文字符仍然使用了基本集的字符，故不用转换。另外，藏文文本中的英文、汉文等非藏文字符也不用转换。

9.2.2　算法思想

如果编码是从基本集转换为扩充集，需要将基本集的几个叠加字符编码转换为扩充集的一个编码，非叠加字符是不需要进行转换的，因此，算法实现的一个关键问题就是如何识别叠加字符部分。一般情况下，叠加部分的第一个字符是不确定的，但是从第二个字符开始到最后一个叠加字符可以通过编码来确定，这一部分字符的编码范围为 0F70 ~ 0F87 或 0F8D ~ 0FBC。当读取一个字符时，程序还不能确定该字符是否用于叠加或叠加是否结束，要待读入其后的字符才能确定，所以可以用一个栈临时存储当前读入的字符，直到确定是否用于叠加或叠加结束为止。

1. 基本集转扩充集

基本集转换为扩充集时，通过一个堆栈来提取待转换文本中的叠加字符，具体方法如下：

第 1 步：初始化堆栈 S。

第 2 步：判读待转文档是否结束，如果结束则处理栈中的字符，程序结束；否则读一个字符。

第 3 步：如果该字符为非藏文或藏文分隔符等时，处理当前字符和栈中的数据，转到第 2 步。

第 4 步：如果该字符用于叠加，则入栈，转到第 2 步；否则出栈，处理栈中的字符，将当前字符入栈，转到第 2 步。

处理栈中字符时，将栈中数据提取到一个字符串 exString 中，判读栈中元素的数量，如果为 1 时直接追加到结果中（不需要转换），否则查 Table 表，将表中的每一项的 basic 项与 exString 比较，用查找结果替换该项的 extension 并输出。

2. 扩充集转基本集

第 1 步：读一个字符。

第 2 步：如果当前字符编码范围不在 F300~F8FF，则其不需要转换，将其输出；如果当前字符编码范围在 F300 ~ F8FF，则需要查表转换。查找成功，将其替换为对应的基本集编码并输出；查找失败，将其原样输出。

第 3 步：转到第 1 步直到文本结束。

9.3   算法设计

9.3.1   存储空间

1. 编码对照表的存储结构

程序中会加载基本集到扩充集的对照表，该表为 txt 格式，每行为一个基本集字符到扩充集的对照，基本集与扩充集之间用 '\t' 隔开。对照表的存储格式采用了一个 Table 结构体，如下：

```
struct Table{
    CString basic;          //基本集
    CString extension;      //扩充集
};
```

存储空间主要用来存放对照表，其占用空间为：2×8（wchar_t）$\times N$，N 为项数。

2. 文本存储空间

```
CString m_basic;           //存储基本集藏文文本
CString m_extension;       //存储扩充集藏文文本
```

每个空间的大小是文件字数的大小 $O(n)$，两个存储空间的大小为 $O(2n)$。

9.3.2   流程图

基本集转换为扩充集较为复杂，其主函数流程图如图 9-1 所示。

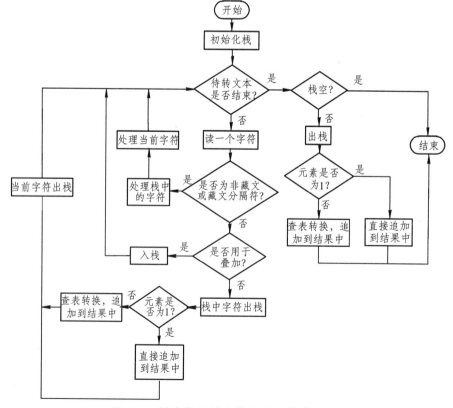

图 9-1   基本集转扩充集的主函数流程图

9.3.3　伪代码

基本集转扩充集的伪代码如下：

1 **while**(n<m_basic.GetLength())

2 　SeqStack::Push(S,m_basic[n]);　//第一个字符入栈

3 　n++;

4 **while**(n<m_basic.GetLength()&&(!IsOverlay(m_basic[n])))

5 　　temp=SeqStack::Pop(S,temp);　//前一个字符出栈，当前字符入栈

6 　　m_extension+=temp;

7 　　SeqStack::Push(S,m_basic[n]);

8 　　n++;

9 　　//直到 m_basic 遍历结束或遇到带圈的叠加字符，循环结束

10 　　**if**(n==m_basic.GetLength()&&S.top!=-1)　//遍历结束，将栈中的字符输出

11 　　　　temp=SeqStack::Pop(S,temp);

12 　　　　m_extension+=temp;

13 　　**else**　//遇到叠加字符

14 　　　　**while**(n<m_basic.GetLength()&&IsOverlay(m_basic[n])&&S.top<STACK_SIZE){

15 　　　　　SeqStack::Push(S,m_basic[n]);

16 　　　　　n++;

17 　　　　　//结束时，栈里的数据是叠加部分，等待转换为扩充编码

18 　　　　　取出栈中的数据

19 　　　　　查表转换

20 　　　　　查表不成功，原样输出

9.4　程序实现

9.4.1　代　码

（1）新建一个"基于对话框"的工程。

（2）设计对话框窗口，如图 9-2 所示。

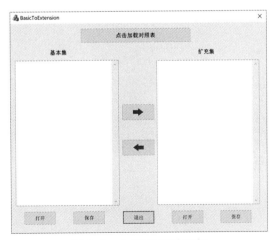

图 9-2　主程序的对话框

（3）关联变量：

```
DDX_Text(pDX, IDC_EDIT1, m_basic);
DDX_Text(pDX, IDC_EDIT2, m_extension);
DDX_Control(pDX, IDC_BUTTON1, m_button1);
DDX_Control(pDX, IDC_BUTTON3, m_button2);
DDX_Control(pDX, IDC_LOAD, m_button);
```

（4）添加名为 SeqStack 的类，用于定义和存储与栈相关的操作。

① 在 SeqStack.h 头文件中定义栈及声明栈的操作代码：

```
#define STACK_SIZE 4
struct Stack{
    wchar_t elem[STACK_SIZE];
    int top;
};

class SeqStack
{
public:
    SeqStack(void);
    ~SeqStack(void);
    static void InitStack(Stack &S);
    static int Push(Stack &S,wchar_t ch);
    static wchar_t Pop(Stack &S,wchar_t ch);
};
```

② 在 SeqStack.cpp 中添加有关栈操作的实现代码：

```
#include "SeqStack.h"
void SeqStack::InitStack(Stack &S){
    S.top=-1;
}
int SeqStack::Push(Stack &S,wchar_t ch){
    if(S.top==STACK_SIZE)
        return FALSE;
    S.top++;
    S.elem[S.top]=ch;
    return TRUE;
}

wchar_t SeqStack::Pop(Stack &S,wchar_t ch){
    if(S.top==-1)
        return FALSE;
    ch=S.elem[S.top];
    S.top--;
    return ch;
}
```

（5）在 BasicToExtension.h 中定义码表的结构体：

```
#include "SeqStack.h"
struct Table{
    CString basic;
    CString extension;
};
```

（6）在 BasicToExtensionDlg.h 中添加如下代码：

① 包含头文件：

```
#include "SeqStack.h"
```

② 在 CBasicToExtensionDlg : public CDialogEx 的 public 中增加：

```
CFont basicFont;
CFont extensionFont;
CFont loadFont;
CString m_basic;
CString m_extension;


CButton m_button1;
CButton m_button2;
CButton m_button;
```

（7）在 BasicToExtensionDlg.cpp 中添加如下代码：

① 申明变量：

```
static Table *T;
static int lineNum=0;
```

② 在 CBasicToExtensionDlg::OnInitDialog()中增加初始化代码：

```
// TODO: 在此添加额外的初始化代码
//设置显示字体
basicFont.CreatePointFont(240,L"Microsoft Himalaya");    //设置基本集文本框的字体
extensionFont.CreatePointFont(240,L"藏文吾坚琼体");    //设置扩充集文本框的字体
GetDlgItem(IDC_EDIT1)->SetFont(&basicFont);
GetDlgItem(IDC_EDIT2)->SetFont(&extensionFont);


loadFont.CreatePointFont(100,L"黑体");
GetDlgItem(IDC_LOAD)->SetFont(&loadFont);
GetDlgItem(IDC_STATIC1)->SetFont(&loadFont);
GetDlgItem(IDC_STATIC2)->SetFont(&loadFont);
GetDlgItem(IDC_STATIC)->SetFont(&loadFont);


HBITMAP hBmp1=::LoadBitmap(AfxGetInstanceHandle(),MAKEINTRESOURCE(IDB_BITMAP1));
m_button1.SetBitmap(hBmp1); //转换按钮变为箭头


HBITMAP hBmp2=::LoadBitmap(AfxGetInstanceHandle(),MAKEINTRESOURCE(IDB_BITMAP2));
m_button2.SetBitmap(hBmp2);
```

③ 增加一个判断是否是组合用字符的函数：

```
bool IsOverlay(wchar_t ch){
    if(ch>0x0F70&&ch<0x0F87)
        return true;
    else if(ch>0x0F8D&&ch<0x0FBC)
        return true;
    else
        return false;
}
```

（8）添加"加载对照表"模块的代码：

```
void CBasicToExtensionDlg::OnBnClickedLoad()
{
    // TODO: 在此添加控件通知处理程序代码
    //加载对照表
    int n;
    lineNum=0;
    CString s;
    CFile file;
    wchar_t ch;
    CFileDialog dlg(true);
    if(dlg.DoModal()==IDOK){
        CString path = dlg.GetPathName();
        file.Open(path,CFile::modeRead);
        n=file.Read(&ch,2);
        wchar_t temp;
        n=file.Read(&ch,2);
        if(ch>0x0FFF||ch<0x0F00)
            GetDlgItem(IDC_LOAD)->SetWindowTextW(_T("文件错误！"));
        else{
            while(n>0){
                temp=ch;
                if(ch==L'\r')
                    lineNum++;   //得到文本的行数
                n=file.Read(&ch,2);
            }
            if((temp!='\r')&&(temp!='\n'))
                lineNum++;
            if(lineNum==0)
                GetDlgItem(IDC_LOAD)->SetWindowTextW(_T("文件为空！"));
```

```
                    file.Close();
                    T=new Table[lineNum];
                    file.Open(path,CFile::modeRead);
                    file.Read(&ch,2);
                    int i=0;
                    while(n=file.Read(&ch,2)>0){
                        s=_T("");
                        while((n>0)&&(ch!=L'\n')&&(ch!=L'\r')&&(ch!=L'\t')){
                            s+=ch;
                            n=file.Read(&ch,2);
                        }
                        if(ch=='\t')
                            T[i].basic=s;
                        else if(s!=_T("")){
                            T[i].extension=s;
                            i++;
                        }
                    }
                    file.Close();
                    GetDlgItem(IDC_LOAD)->SetWindowTextW(_T("加载完成！"));
                    GetDlgItem(IDC_STATIC)->SetWindowTextW(_T(""));
                }
            }
        }
```

（9）添加"基本集转扩充集"模块的代码：

void CBasicToExtensionDlg::OnBnClickedButton1()

{

    // TODO: 在此添加控件通知处理程序代码

```
    CString caption;
    GetDlgItemTextW(IDC_LOAD,caption);
    if(caption!=_T("加载完成！"))
        GetDlgItem(IDC_STATIC)->SetWindowTextW(_T("请先加载对照表！"));
    else if(m_basic==L"")
        GetDlgItem(IDC_STATIC)->SetWindowTextW(_T("请在左侧输入要转换的文本！"));
    else{
        GetDlgItem(IDC_STATIC)->SetWindowTextW(_T(""));
        m_extension=L"";
        //定义堆栈
        Stack S;
```

```
S.top=-1;
wchar_t temp=L";
int n=0;
while(n<m_basic.GetLength())
{
    SeqStack::Push(S,m_basic[n]);   //第一个字符入栈
    n++;
    while(n<m_basic.GetLength()&&(!IsOverlay(m_basic[n]))){
        temp=SeqStack::Pop(S,temp);   //前一个字符出栈，当前字符入栈
        m_extension+=temp;
        SeqStack::Push(S,m_basic[n]);
        n++;
    }   //直到 m_basic 遍历结束或遇到带圈的叠加字符，循环结束
    if(n==m_basic.GetLength()&&S.top!=-1){   //遍历结束，将栈中的字符输出
        temp=SeqStack::Pop(S,temp);
        m_extension+=temp;
    }
    else{       //遇到叠加字符
        while(n<m_basic.GetLength()&&IsOverlay(m_basic[n])&&S.top<STACK_SIZE){
            SeqStack::Push(S,m_basic[n]);
            n++;
        }//结束时，栈里的数据是叠加部分，等待转换为扩充编码
        CString exString;   //将栈中的数据取出，存入 exString 中
        Stack Temp;   //临时栈，为了使取出的数据变为正序
        Temp.top=-1;
        while(S.top!=-1){
            temp=SeqStack::Pop(S,temp);
            SeqStack::Push(Temp,temp);
        }
        while(Temp.top!=-1){
            temp=SeqStack::Pop(Temp,temp);
            exString+=temp;
        }//结束时，exString 为待转换为扩充编码的字符
        int i=0;//查表
        while(i<lineNum){
            if(T[i].basic==exString){
                m_extension+=T[i].extension;
                break;
            }
            i++;
```

```
                    }
                if(i==lineNum){
                    // GetDlgItem(IDC_STATIC)->SetWindowTextW(_T("查找失败，输入错误！"));
                    m_extension+=exString;   //无法转换，原样输出
                }
            }
        }
    }
    UpdateData(false);
}
```

（10）添加"扩充集转基本集"模块的代码：

```
void CBasicToExtensionDlg::OnBnClickedButton3()
{
    // TODO: 在此添加控件通知处理程序代码
    CString caption;
    GetDlgItemTextW(IDC_LOAD,caption);
    if(caption!=_T("加载完成！"))
        GetDlgItem(IDC_STATIC)->SetWindowTextW(_T("请先加载对照表！"));
    else if(m_extension==L"")
        GetDlgItem(IDC_STATIC)->SetWindowTextW(_T("请在右侧输入要转换的文本！"));
    else{
        GetDlgItem(IDC_STATIC)->SetWindowTextW(_T(""));
        m_basic=L"";
        int i=0;
        while(i<m_extension.GetLength()){
            while(i<m_extension.GetLength()&&m_extension[i]<0x0FFF&&m_extension[i]>0x0F00){
                m_basic+=m_extension[i];
                i++;
            }
            if(i<m_extension.GetLength()){
                //查对照表
                int j=0;
                while(j<lineNum){
                    if(T[j].extension==m_extension[i]){
                        m_basic+=T[j].basic;
                        break;
                    }
                    j++;
```

```
                }
            if(j==lineNum){
                //GetDlgItem(IDC_STATIC)->SetWindowTextW(_T("查找失败，输入错误！"));
                    m_basic+=m_extension[i];    //无法转换，原样输出
                }
            i++;
            }
        }
    }
    UpdateData(false);
}
```

（11）添加"打开"基本集模块的代码：

void CBasicToExtensionDlg::OnClickedOpenbs()

{

    // TODO: 在此添加控件通知处理程序代码

```
    int n;
    CString s;
    CFile file;
    wchar_t ch;
    CFileDialog dlg(true);
    if(dlg.DoModal()==IDOK){
        CString path = dlg.GetPathName();
        if(path.Right(4)!=".txt")
            m_basic=_T("文件不是.txt 格式，请重新打开！");
        else{
            file.Open(path,CFile::modeRead);
            n=file.Read(&ch,2);
            wchar_t temp;
            n=file.Read(&ch,2);
            if(ch>0x0FFF||ch<0x0F00)
                m_basic+=_T("不是藏文文本，请重新打开！");
            else{
                while(n>0){
                    temp=ch;
                    m_basic+=ch;
                    n=file.Read(&ch,2);
                }
                file.Close();
            }
        }
```

```
        }
    }
    UpdateData(false);
}
```

（12）添加"保存"基本集模块的代码：

void CBasicToExtensionDlg::OnClickedSavebs()

```
{
    // TODO: 在此添加控件通知处理程序代码
    CFile wfile;
    int i=0;

    CFileDialog dlg2(false);
    WORD unicode = 0xFEFF;
    if(dlg2.DoModal()==IDOK){
        CString path = dlg2.GetPathName();
        if(path.Right(4)!=".txt")
            path+=".txt";
        wfile.Open(path,CFile::modeCreate|CFile::modeWrite);
        wfile.Write(&unicode,sizeof(wchar_t));

        CString s=_T("");
        s=m_basic;
        wfile.Write(s,s.GetLength()*sizeof(wchar_t));
        wfile.Close();
    }
    UpdateData(false);
}
```

（13）添加"打开"扩充集模块的代码：

void CBasicToExtensionDlg::OnClickedOpenext()

```
{
    // TODO: 在此添加控件通知处理程序代码
    int n;
    CString s;
    CFile file;
    wchar_t ch;
    CFileDialog dlg(true);
    if(dlg.DoModal()==IDOK){
        CString path = dlg.GetPathName();
        if(path.Right(4)!=".txt")
```

```
                m_extension=_T("文件不是.txt 格式，请重新打开！");
            else{
                file.Open(path,CFile::modeRead);
                n=file.Read(&ch,2);
                wchar_t temp;
                n=file.Read(&ch,2);
                if(ch>0xF8FF||ch<0x0F00)
                    m_extension+=_T("不是藏文文本，请重新打开！");
                else{
                    while(n>0){
                        temp=ch;
                        m_extension+=ch;
                        n=file.Read(&ch,2);
                    }
                    file.Close();
                }
            }
        }
        UpdateData(false);
}
```

（14）添加"保存"扩充集模块的代码：

```
void CBasicToExtensionDlg::OnClickedSaveext()
{
    // TODO: 在此添加控件通知处理程序代码
    CFile wfile;
    int i=0;

    CFileDialog dlg2(false);
    WORD unicode = 0xFEFF;
    if(dlg2.DoModal()==IDOK){
        CString path = dlg2.GetPathName();
        if(path.Right(4)!=".txt")
            path+=".txt";
        wfile.Open(path,CFile::modeCreate|CFile::modeWrite);
        wfile.Write(&unicode,sizeof(wchar_t));

        CString s=_T("");
```

```
        s=m_extension;
        wfile.Write(s,s.GetLength()*sizeof(wchar_t));
        wfile.Close();
    }
    UpdateData(false);
}
```

9.4.2 代码使用说明

程序在运行时会先加载对照表。程序窗口分为左、右两部分文本框，左边为"基本集"文本框，右边为"扩充集"文本框，待转文本为什么编码，就用其对应编码集的"打开"按钮来打开文本，再点击中间的【向左】或【向右】的按钮进行转换。最后点击需要存储文件所在的窗口下的【保存】按钮进行保存。

9.5 运行结果

程序转换编码的结果如图 9-3 所示。

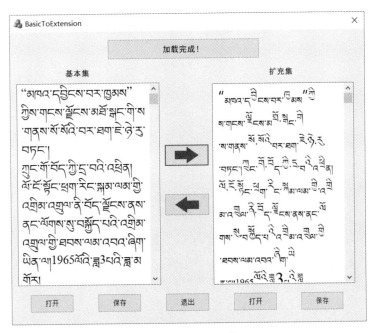

图 9-3 运行结果截图

9.6 算法分析

9.6.1 时间复杂度分析

设待处理的文本长度为 n，统计文本发现在藏文文本中叠加字符约占总字符的 1/4，即有 $n/4$ 个叠加字符。叠加字符转换时间复杂度主要体现在查表中，若表长为 n_2，则等概论情况下，平均查表时

间复杂度为 $O\left(\dfrac{n_2+1}{2}\right)$。处理非叠加字符的时间复杂度为 $O(3n/4)$。总的时间复杂度为 $O\left(\dfrac{n_2+1}{2}\times\dfrac{n}{4}+\dfrac{3n}{4}\right)$，当 $n_2 \leqslant n$ 时，总时间复杂度为 $O\left(\dfrac{n}{4}+\dfrac{3n}{4}\right)$，即 $O(n)$。

9.6.2 空间复杂度分析

1. 存储空间

用于存储码表的空间为 $2\times8\times N$，其中 N 表示码表的长度，即 $O(cn)$。

2. 临时空间

（1）堆栈 S 和 Temp 的存储空间为 2×4 个 wchar_t 的长度。

（2）存储待转文本和转换后的文本空间复杂度为 $O(2n)$。

✤　第 10 章　藏文的拉丁转写

10.1　问题描述

藏文属于拼音文字，由辅音字母和元音符号组成，组成音节的字符是非常有限的。由于技术条件有限，以前的计算机不能很好地处理藏文字符，所以在藏学研究等领域中就用拉丁字母来表示藏文字符，该方法称为藏文的拉丁字母转写。藏文拉丁字母转写是指将藏文字母转换成拉丁字母，从而使藏文罗马字符化的文字转写方法。这种转写是可逆的，能把拉丁字母还原为藏文字符，并且具有阅读功能。藏文的拉丁转写把二维平面的藏文字符转化为一维线形的拉丁字母，这不仅有利于在不支持二维复杂文字处理的软硬件上通过转换表示藏文字符，也有利于通过对藏文进行转换来加密，同时在藏文信息化程度较低的一段时间中支持了藏学等研究的发展。

目前国内外有较多的藏文拉丁转写方案，本章以国内外较通用的威利(Wylie)转写方案为例，通过分析藏文字符与拉丁字母的转换对应关系，用计算机实现藏文字符与拉丁字母之间的相互转换，为类似的研究奠定基础。

10.2　问题分析

10.2.1　理论依据

1. 藏文拉丁转写的原理

藏文拉丁字符转写本质上是罗马字符化的一套文字转写系统，是按照藏语书面语字符对照的方式来描述的。国内外关于藏文拉丁字母转写系统有十多种，比较完善和流行的是美国华盛顿大学学者威利(Turrell Wylie)于 1959 年提出的转写方案，以威利的姓氏命名，简称威利转写。后来经很多学者的不断完善，该方案已经成为藏学界通用的转写方案。

2. 藏文字符与拉丁字符的对应关系

目前最新的 Unicode 10.0 版本中，共收录了 211 个藏文字符编码，能表示所有的藏文字符和符号，包括梵音藏字，但现代藏文只由 30 个辅音字母和 4 个元音符号构成，在此只考虑这种情况，如果需要对 Unicode 中所有的字符进行拉丁转写，原理是一致的。要实现藏文的拉丁转写，就要用拉丁字符表示每个藏文字符的构件，Wylie 转写方案中藏文字符与拉丁字符的对照关系如表 10-1 所示。

表 10-1　藏文字符与拉丁字符的对照关系

藏文字符	转写的拉丁字符	藏文字符	转写的拉丁字符	藏文字符	转写的拉丁字符	藏文字符	转写的拉丁字符
ཀ	k	ཚ	th	ཛ	dz	ས	s
ཁ	kh	ད	d	ཝ	w	ཧ	h
ག	g	ན	n	ཞ	zh	ཨ	a
ང	ng	པ	p	ཟ	z	ི	i
ཅ	c	ཕ	ph	འ	v	ུ	u
ཆ	ch	བ	b	ཡ	y	ེ	e
ཇ	j	མ	m	ར	r	ོ	o
ཉ	ny	ཙ	ts	ལ	l		
ཏ	t	ཚ	tsh	ཤ	sh		

3. 藏文字符转写的方法

藏文字符转写的方法总结如下：

（1）从连续藏文文本中分隔出藏文音节，以藏文音节为单位进行转写。

（2）将藏文音节中的字符按照藏文音节的书写顺序（即前加字、上加字、基字、下加字、元音、后加字、再后加字）进行一个藏文字符对应一或多个拉丁字符的转换。音节中藏文字符的顺序也是藏文音节在计算机中各字符的编码顺序，即一个音节按照计算机中的编码流转换为对应的拉丁字符序列。

（3）如果一个音节没有显示元音符号（即 ི ུ ེ ོ ），在其元音符号的位置处添加一个表示隐形元音符号的拉丁字符 a，所以这里需要识别藏文音节的构件。

（4）按照每个藏文对应一个或多个拉丁字符的转换规则，"གཡ"和"གྱ"经过拉丁转换都会变成"gy"，为了不混淆，将"གཡ"转换为"g-y"用于区别。

（5）字与字之间的隔音符点（tsheg）用空格来代替，而用一个点（.）来代表一个垂形符（shad），以此类推，多个垂形符用多个点来表示。

4. 拉丁字符转回藏文字符的方法

按照藏文字符转写逆过程，通过查表将表示藏文字符的拉丁字母对应转换为相应的藏文字符。

5. 藏文音节分隔

在进行藏文拉丁字母转写、藏文音节统计、藏文音节构件统计等操作时，都要从连续的藏文文本中分隔藏文音节。为此，首先要确定藏文音节分隔字符。

1）藏文音节分隔字符的筛选

藏文是一种拼音型文字，一般一个音节表示一个藏字。在藏文文本中，藏文的音节主要以"་"（0x0F0B）、"།"（0x0F0D）和一些特殊符号来分隔。对藏文文本分析发现，分隔藏文音节的特殊符号有藏文的分隔符、标点符号、藏文的特殊符号和藏文的数字符号。参照 Unicode 藏文字符编码集，本章共整理了 90 个藏文的分隔符、数字和特殊符号。表 10-2 所示是藏文的 37 个音节分隔符、标点符号（不包括 0F05、0F7F），表 10-3 所示是藏文的 33 个特殊符号和特殊字符，表 10-4 所示是藏文的 20 个数字符号。这些字符在文本中起到分隔音节的作用，因此在设计中作为音节分隔符进行处理。

表 10-2 藏文的分隔符、标点符号

编码	符号	编码	符号	编码	符号	编码	符号	编码	符号
0F01		0F0A		0F12		0F3A		0FD2	
0F02		0F0B		0F13		0F3B		0FD3	
0F03		0F0C		0F14		0F3C		0FD4	
0F04		0F0D		0F34		0F3D		0FD9	
0F06		0F0E		0F35		0F3E		0FDA	
0F07		0F0F		0F36		0F3F			
0F08		0F10		0F37		0FBE			
0F09		0F11		0F38		0FBF			

表 10-3 藏文的特殊符号

编码	符号	编码	符号	编码	符号	编码	符号	编码	符号
0F00		0F1B		0FC2		0FC9		0FD1	
0F15		0F1C		0FC3		0FCA		0FD5	
0F16		0F1D		0FC4		0FCB		0FD6	
0F17		0F1E		0FC5		0FCC		0FD7	
0F18		0F1F		0FC6		0FCE		0FD8	
0F19		0FC0		0FC7		0FCF			
0F1A		0FC1		0FC8		0FD0			

表 10-4 藏文的数字符号

编码	符号	编码	符号	编码	符号	编码	符号	编码	符号
0F20		0F24		0F28		0F2C		0F30	
0F21		0F25		0F29		0F2D		0F31	
0F22		0F26		0F2A		0F2E		0F32	
0F23		0F27		0F2B		0F2F		0F33	

2）藏文音节分隔字符的编码

按照以上的分析，程序中用来分隔藏文音节的 90 个分隔符、数字、特殊符号编码如下：

0x0F00，0x0F01，0x0F02，0x0F03，0x0F04，0x0F06，0x0F07，0x0F08，0x0F09，
0x0F0A，0x0F0B，0x0F0C，0x0F0D，0x0F0E，0x0F0F，0x0F10，0x0F11，0x0F12，
0x0F13，0x0F14，0x0F15，0x0F16，0x0F17，0x0F18，0x0F19，0x0F1A，0x0F1B，
0x0F1C，0x0F1D，0x0F1E，0x0F1F，0x0F20，0x0F21，0x0F22，0x0F23，0x0F24，
0x0F25，0x0F26，0x0F27，0x0F28，0x0F29，0x0F2A，0x0F2B，0x0F2C，0x0F2D，
0x0F2E，0x0F2F，0x0F30，0x0F31，0x0F32，0x0F33，0x0F34，0x0F35，0x0F36，
0x0F37，0x0F38，0x0F3A，0x0F3B，0x0F3C，0x0F3D，0x0F3E，0x0F3F，0x0FBE，
0x0FBF，0x0FC0，0x0FC1，0x0FC2，0x0FC3，0x0FC4，0x0FC5，0x0FC6，0x0FC7，
0x0FC8，0x0FC9，0x0FCA，0x0FCB，0x0FCC，0x0FCE，0x0FCF，0x0FD0，0x0FD1，
0x0FD2，0x0FD3，0x0FD4，0x0FD5，0x0FD6，0x0FD7，0x0FD8，0x0FD9，0x0FDA

10.2.2 算法思想

藏文字符转为拉丁字符和拉丁字符转回藏文字符是互逆的两个过程，下面分别实现。

1. 藏文字符转换为拉丁字符的算法思想

藏文字符转换为拉丁字母时，以藏文的一个音节为单位，从连续藏文文本中分隔出藏文音节，还要建立藏文字符中能作为藏文音节分隔的字符表。转换时，如果藏文音节中没有显示的元音符号，则需要添加一个表示隐形的元音符号“a”，所以为了确定隐形元音符号的位置，对藏文音节要进行构件的识别。在识别藏文音节的构件时，还要处理藏文音节的 3 个黏着词“འི”“འུ”“འོ”。具体方法如下：

第 1 步：从连续藏文文本中读一个字符到 ch 中。

第 2 步：判断 ch 是否是藏文分隔符和非藏文字符，如果不是，则把 ch 中的字符加入藏文音节 s 中；如果是，则处理 s 和 ch。

第 3 步：判断 s 中是否有黏着的情况，如果有则处理黏着词。

第 4 步：调用识别藏文构件的函数对 s 中的音节进行构件识别。

第 5 步：根据构件查找对应的表进行转换。

第 6 步：转到第 1 步直到文本结束。

2. 拉丁字符转回藏文字符的思想

拉丁字符转回藏文字符时，以藏文音节为单位，最简单的方法就是用最大匹配法进行匹配，一旦匹配不成功，则从末尾减掉一个字符，直到匹配成功。但该算法的效率较低，为了提升效率，经过分析发现，每个藏文音节中都有一个表示元音的字符，包括隐形元音，所以转换时可以不以音节为单位，用藏文元音、分隔符、非表示藏文的拉丁符号等为单位把表示藏文辅音的字符分隔出来，用最大匹配法在辅音字表中进行匹配，减少匹配循环的次数，提高算法的效率。具体方法如下：

第 1 步：从表示藏文的连续拉丁字符文本中读一个字符到 ch 中；

第 2 步：判断 ch 是否是表示藏文辅音的拉丁字符，如果是则把 ch 中的字符加入表示辅音的 s 中，否则转第 3 步；

第 3 步：用最大匹配方法查表，把 s 转回藏文字符，ch 中的字符按照元音、分隔符和非表示藏文字符的拉丁符号分别单独处理；

第 4 步：转到第 1 步直到文本结束。

10.3 算法设计

10.3.1 存储空间

1. 藏文与拉丁字符对照表的存储结构

算法中需要建立一个藏文字符与拉丁字符的对照表，该表为 txt 格式，每行为一个藏文字符与拉丁字符的对照，藏文字符与拉丁字符之间用 '\t' 隔开；对照表每一行在程序中的存储格式为一个 Table 结构体，具体如下：

```
struct Table{
    CString TiBasic;
    CString Latin;
};
```

存储空间主要用来存放对照表，每个表项占用 2CString 空间大小。

2. 藏文与拉丁字符对照表占用的空间

（1）为了便于查找，基于 Table 结构定义了 5 个前加字、5 个元音符号、10 个后加字和 2 个再后加字的对照表数组：

```
Table frttabl[5];
Table vowel[5];
Table rear[10];
Table rerear[2];
```

（2）现代藏文辅音虽只有 30 个字符，但在计算机中表示时把辅音字符又分为非叠加辅音和用于叠加的辅音，其编码也不同。为了查表简单，把上加字、基字、下加字、再下加字作为一个整体处理。在辅音字符表中 30 个辅音的基础上，增加纵向组合的辅音，故有 117 个字符，在程序中定义如下：

```
#define CodelineNum 117//码表的长度
```

```
static Table *T;
```

```
T=new Table[CodelineNum];
```

10.3.2　流程图

1. 藏文字符转拉丁字符的流程图

藏文字符转拉丁字符的流程如图 10-1 所示。

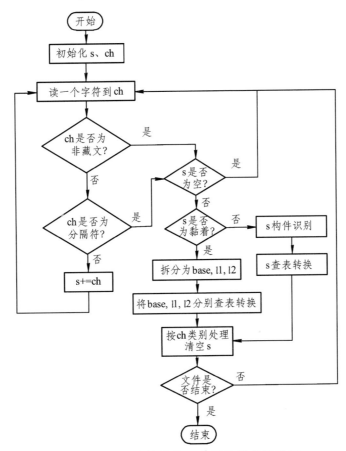

图 10-1　藏文字符转拉丁字符函数的流程图

2. 拉丁字符转藏文字符的流程图

拉丁字符转藏文字符的流程如图 10-2 所示。

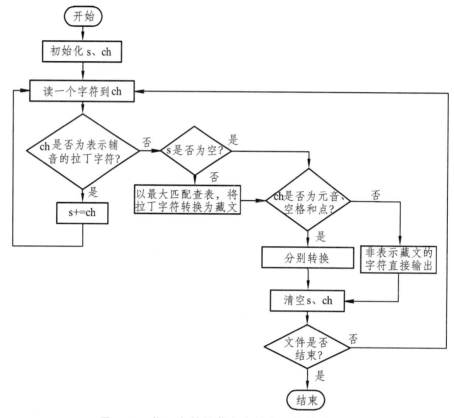

图 10-2 拉丁字符转藏文字符主函数的流程图

10.3.3 伪代码

1. 藏文字符转拉丁字符

藏文字符转拉丁的伪代码如下:

```
1    int TibetTextLength=m_Sources.GetLength();
2    for (int j=0;j<=TibetTextLength;j++){
3    ch=m_Sources[j];
4        if (ch>0x0FFF||ch<0x0F00)    //非藏文字符也作为分隔符
5        {
6            if (TibetSyllable!=_T(""))  {
7                //藏文音节中黏着划分
8                判读是否是黏着，是则划分为 base，l1，l2
9                }
10            //黏着词根的藏文拉丁转写
11            wstring comp=TiWord::recognize(TibetBase.GetString());
12            for(int n=comp.length();n<8;n++)    //末尾补 0
13                comp+=L'0';
14            TibetToLat(comp);
```

```
15              黏着词的拉丁转写}
16          m_Objectives+=ch;
17          TibetSyllable=_T("");
18       }      //非藏文字符作为分隔符时
19    if (TiWord::IsSeparate(ch)){     //ch 中是藏文分隔符
20     if (TibetSyllable!=_T("")){
21              //藏文音节中黏着划分
22                判读是否是黏着，是则划分为 base，l1，l2}
23              //黏着词根的藏文拉丁转写
24          wstring comp=TiWord::recognize(TibetBase.GetString());
25          for(int n=comp.length();n<8;n++)     //末尾补 0
26              comp+=L'0';
27          TibetToLat(comp);
28          黏着词的拉丁转写}
29          //对分隔进行处理
30          if (ch==0x0F0B){
31              m_Objectives+=L' ';     }
32          else{
33              if (ch==0x0F0D){
34                  m_Objectives+=L'.';     }
35              else{
36                  m_Objectives+=ch;     }
37          }
38          TibetSyllable=_T("");}
39    if (ch<0x0FFF&&ch>0x0F00&&(!TiWord::IsSeparate(ch))){
40        TibetSyllable+=ch;     }
41      }
42  }
```

2. 拉丁字符转藏文字符

拉丁字符转藏文字符的伪代码如下：

```
1   int TibetTextLength=m_Sources.GetLength();
2   for (int j=0;j<=TibetTextLength;j++){
3     ch=m_Sources[j];
4     if (ch>'a'&&ch<='z'&&ch!='i'&&ch!='u'&&ch!='e'&&ch!='o') {     //ch 表示辅音的字符
5              TibetConsonant+=ch;}
6     else{
7         if (TibetConsonant!=_T("")){
8             wstring SubConsonant=TibetConsonant.GetString();
9             int i=TibetConsonant.GetLength();
10            while (i>0){     //以最大匹配查找表示藏文辅音的拉丁表
11                int l=SubConsonant.length();
```

```
12                     int k=SearchTabl(1,T,SubConsonant);
13                     if (k!=-1){
14                         m_Objectives+=T[k].TiBasic;
15                         if (l<i){
16                             SubConsonant=TibetConsonant.Right(i-l);
17                             i=i-l;}
18                         else{
19                             TibetConsonant=_T("");
20                             break;}
21                     }
22                     else{SubConsonant=SubConsonant.substr(0,l-1);}
23                 }
24             }
25         switch (ch){      //表示非辅音的拉丁字符串的处理
26         case 'a': break;   //元音的处理
27         case 'i': m_Objectives+=_T("ི");
28         case 'u': m_Objectives+=_T("ུ");
29         case 'e': m_Objectives+=_T("ེ");
30         case 'o': m_Objectives+=_T("ོ");
31         case ' ': m_Objectives+=_T("་");    //藏文音节分隔符的处理
32         case '.': m_Objectives+=_T("།");    //藏文垂形符的处理
33         default:    //非表示藏文的拉丁符号直接保留
34             m_Objectives+=ch;
35         }
36     }
37 }
```

10.4　程序实现

10.4.1　代　码

（1）新建 MFC 项目。

① 新建一个名为"TibetanTransliteration"的"MFC 应用程序"。

② 在"MFC 应用程序向导"中选择"基于对话框"和"在静态库中使用 MFC"。

（2）对话框窗口设计。

① 增加两个"Edit Control"控件，设置其属性"Multiline""Horizontal Scroll""Vertical Scroll"为"True"。

② 增加 5 个"Button Control"按钮控件，将 5 个按钮属性中的"Caption"分别改为"打开""拉丁转写""转回藏文""保存""退出"；对应的 ID 分别改为"IDC_OPEN""IDC_LATTOTIBE""IDC_TIBETTOLAT""IDC_SAVE""IDCANCEL"。

③ 增加两个"Static Text"静态文本，将其属性中的"Caption"分别改为"源文件："和"目标文件："。

设计的主程序对话框如图 10-3 所示。

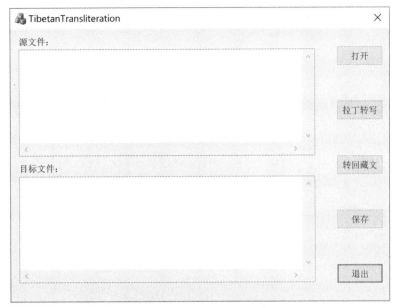

图 10-3 主程序的对话框

（3）关联变量。

在对话框上点击右键，选择【类向导】，选择"成员变量窗口"，选择"ID_EDIT1"的类别为"Value"，输入变量名"m_Sources"；选择"ID_EDIT2"的类别为"Value"，输入变量名"m_Objectives"。在 TibetanTransliterationDlg.cpp 中能看见如下代码：

```
DDX_Text(pDX, IDC_EDIT1, m_Sources);
DDX_Text(pDX, IDC_EDIT2, m_Objectives);
```

（4）添加名为 TiWord 的类，用于定义和存储藏文音节结构识别的相关操作，产生 TiWord.h、TiWord.cpp 两个文件。

① 在头文件 TiWord.h 中增加以下代码：

```
#pragma once
#include <stdio.h>
#include <stdlib.h>
#include <wchar.h>
#include <string>
#include <iostream>
#include <windows.h>
#include "afxcmn.h"
using namespace std;
```

基于 Tiword 增加一个成员函数：

```
static wstring recognize(wstring s)
```

② 在 TiWord.cpp 中添加如下代码：

```
#include "TiWord.h"
//按照"前+上+基+下+标+元+后+再"的顺序
const wchar_t *shang_ji[] = {L"ཀ",L"ཁ",L"ག",L"ང",L"ཅ",L"ཆ",L"ཇ",L"ཉ",L"ཏ",L"ཐ",L"ད",L"ན", L"པ",
L"ཕ",L"བ",L"མ",L"ཙ",L"ཚ",L"ཛ",L"ཝ",L"ཞ",L"ཟ",L"འ",L"ཡ",L"ར",L"ལ",L"ཤ",L"ས",L"ཧ",L"ཨ"};
```

说明：与第 5 章"全藏字的插入排序"中"InsertSort.h"的代码一致，加入藏文音节构件识别的代码。

```
wstring TiWord::recognize(wstring s)
{
    if((s.find(L"ཪ")!=std::wstring::npos)||(s.find(L"ཪ")!=std::wstring::npos))
        if((s.length()>3)&&(!(isyuanyin(s[3]))))
            //若当前音节长度大于 3，且没有元音，将前加字/上加字/元音位补为 0
                return(wstring(L"00")+s.substr(0,3)+wstring(L"0")+s.substr(3,s.length()-3));
        else    //若当前音节长度小于 3 或有元音，只需将前加字和上加字补 0
            return(wstring(L"00")+s);
    else{
        switch(s.length()){//根据音节长度跳转
        case 1:return(wstring(L"00")+s); //只有 1 个构件，该构件为基字
        case 2:return(rec_2(s)); //2 个构件，调用 rec_2()函数
        case 3:return(rec_3(s));
        case 4:return(rec_4(s));
        case 5:return(rec_5(s));
        case 6:return(rec_6(s));
        case 7:return(s.substr(0,4)+wstring(L"0")+s.substr(4,3));//7 个构件，将再下加字用 0 填充
        default:return(L"error");
        }
    }
    return wstring();
}
```

（5）添加"打开"模块的代码。

打开【类向导】，选择"打开"按钮的 ID "IDC_OPEN"，选择消息"BN_CLICKED"，点击【添加处理程序】，点击【编辑代码】，录入如下代码：

```
void CBasicToExtensionDlg::OnClickedOpenbs()
{
    // TODO: 在此添加控件通知处理程序代码
m_Sources=_T("");
    int n;
    CString s;
    CFile file;
    wchar_t ch;
    CFileDialog dlg(true);
    if(dlg.DoModal()==IDOK){
        CString path = dlg.GetPathName();
        if(path.Right(4)!=".txt")
            m_Sources=_T("文件不是.txt 格式，请重新打开！");
        else{
```

```
            file.Open(path,CFile::modeRead);
            n=file.Read(&ch,2);
            wchar_t temp;
            n=file.Read(&ch,2);
                while(n>0){
                    temp=ch;
                    m_Sources+=ch;
                    n=file.Read(&ch,2);
                }
                file.Close();
            }
        }
    UpdateData(false);
}
```

（6）在 TibetanTransliterationDlg.h 中包含文件和宏定义：

```
#include "TiWord.h"
#define CodelineNum 131    //码表的长度
```

（7）在 TibetanTransliterationDlg.h 中定义基字组合块码表的结构体：

```
struct Table{
    CString TiBasic;
    CString Latin;
};
```

（8）在 TibetanTransliterationDlg.cpp 前面增加如下定义：

```
static Table *T;
Table frttabl[5];
Table vowel[5];
Table rear[10];
Table rerear[2];
```

（9）在 TibetanTransliterationDlg.cpp 的 CTibetanTransliterationDlg::OnInitDialog()中增加读入码表的初始化代码：

// TODO: 在此添加额外的初始化代码

```
    //读入码表
    T=new Table[CodelineNum];
    wchar_t ch;
    FILE *fp=_wfopen(L"E:\\ProgramDesign\\TibetanTransliteration\\TibetTolatSyallcode.txt ",L"rt,ccs=
UNICODE");
    if(fp==NULL)    //读文本异常处理
    {
        m_Objectives+=_T("码表读取失败！");
        getwchar();
        exit(1);
```

```
    }
    ch=fgetwc(fp);      //ch 存储当前字符
    int i=0;        //i 控制当前音节在数组中的位置
    while(i<CodelineNum)     //初始化结构体数组 T
    {
        while(!feof(fp)&&(ch!=L'\n')&&(ch!=L'\r')&&(ch!=L'\t'))
        //读取藏文大丁（藏文字符纵向组合块）存入到码表的藏文部分
        {
            T[i].TiBasic+=ch;
            ch=fgetwc(fp);
        }
        while(!feof(fp)&&(ch!=L'\n'))
        //读取藏文大丁对应的拉丁转写存入到码表的拉丁部分
        {
            if (ch==L'\t')
            {
                ch=fgetwc(fp);
            }
            T[i].Latin+=ch;
            ch=fgetwc(fp);
        }
        i++;
        ch=fgetwc(fp);
    }
    fclose(fp);     //关闭文件指针
    //前加字对照表的初始化
    frttabl[0].TiBasic=L'ག';
    frttabl[0].Latin=L'g';
    frttabl[1].TiBasic=L'ད';
    frttabl[1].Latin=L'd';
    frttabl[2].TiBasic=L'བ';
    frttabl[2].Latin=L'b';
    frttabl[3].TiBasic=L'མ';
    frttabl[3].Latin=L'm';
    frttabl[4].TiBasic=L'འ';
    frttabl[4].Latin=L'v';

    //元音对照表的初始化
    vowel[0].TiBasic=L'ི';
    vowel[0].Latin=L'i';
    vowel[1].TiBasic=L'ུ';
```

```
vowel[1].Latin=L'u';
vowel[2].TiBasic=L'ཨེ';
vowel[2].Latin=L'e';
vowel[3].TiBasic=L'ཨོ';
vowel[3].Latin=L'o';
vowel[4].TiBasic=L'0';
vowel[4].Latin=L'a';

//后加字对照表的初始化
rear[0].TiBasic=L'ག';
rear[0].Latin=L'g';
rear[1].TiBasic=L'ང';
rear[1].Latin=L'n';
rear[1].Latin+=L'g';
rear[2].TiBasic=L'ད';
rear[2].Latin=L'd';
rear[3].TiBasic=L'ན';
rear[3].Latin=L'n';
rear[4].TiBasic=L'བ';
rear[4].Latin=L'b';
rear[5].TiBasic=L'མ';
rear[5].Latin=L'm';
rear[6].TiBasic=L'འ';
rear[6].Latin=L'v';
rear[7].TiBasic=L'ར';
rear[7].Latin=L'r';
rear[8].TiBasic=L'ལ';
rear[8].Latin=L'l';
rear[9].TiBasic=L'ས';
rear[9].Latin=L's';

//再加字对照表的初始化
rerear[0].TiBasic=L'ད';
rerear[0].Latin=L'd';
rerear[1].TiBasic=L'ས';
rerear[1].Latin=L's';
```

return TRUE;　//除非将焦点设置到控件，否则返回 TRUE

（10）增加一个查表的函数。

基于 TibetanTransliterationDlg 类增加一个查表的函数 SearchTabl，则：

① 在 **class** CTibetanTransliterationDlg : **public** CDialogEx 中生成函数的声明：

public:

```
        int SearchTabl(int i,Table Tab[],wstring comp);
```
② 在 TibetanTransliterationDlg.cpp 实现函数如下：

```
int CTibetanTransliterationDlg::SearchTabl(int i,Table Tab[],wstring comp)
{
    int TableLenth;
    TableLenth=(Tab==T)?131:((Tab==frttabl)?5:((Tab==vowel)?5:((Tab==rear)?10:2)));
    if (i==0){    //查藏文表，返回对应拉丁字母所在的位置
        CString str( comp.c_str() );
        for(int k=0;k<TableLenth;k++){
            if(str==Tab[k].TiBasic){
                return k;
            }
        }
    }
    if (i==1){    //查拉丁表，返回对应藏文字符所在的位置
        CString str( comp.c_str() );
        for(int k=0;k<TableLenth;k++){
            if(str==Tab[k].Latin){
                return k;
            }
        }
    }
    return -1;
}
```

（11）藏文音节分隔符的定义。

在 TiWord.cpp 中定义一个数组，把藏文音节分隔符存放其中，用于分隔藏文音节。

```
wchar_t Separate[90]={0x0F00,0x0F01,0x0F02,0x0F03,0x0F04,0x0F06,0x0F07,0x0F08,
0x0F09,0x0F0A,0x0F0B,0x0F0C,0x0F0D,0x0F0E,0x0F0F,0x0F10,0x0F11,0x0F12,
0x0F13,0x0F14,0x0F15,0x0F16,0x0F17,0x0F18,0x0F19,0x0F1A,0x0F1B,
0x0F1C,0x0F1D,0x0F1E,0x0F1F,0x0F20,0x0F21,0x0F22,0x0F23,0x0F24,
0x0F25,0x0F26,0x0F27,0x0F28,0x0F29,0x0F2A,0x0F2B,0x0F2C,0x0F2D,
0x0F2E,0x0F2F,0x0F30,0x0F31,0x0F32,0x0F33,0x0F34,0x0F35,0x0F36,
0x0F37,0x0F38,0x0F3A,0x0F3B,0x0F3C,0x0F3D,0x0F3E,0x0F3F,0x0FBE,
0x0FBF,0x0FC0,0x0FC1,0x0FC2,0x0FC3,0x0FC4,0x0FC5,0x0FC6,0x0FC7,
0x0FC8,0x0FC9,0x0FCA,0x0FCB,0x0FCC,0x0FCE,0x0FCF,0x0FD0,0x0FD1,
0x0FD2,0x0FD3,0x0FD4,0x0FD5,0x0FD6,0x0FD7,0x0FD8,0x0FD9,0x0FDA
};
```

（12）添加藏文分隔符的判断函数。

基于 TiWord 类添加一个判断是否是藏文分隔符的静态函数 static bool IsSeparate(wchar_t sp)，在 TiWord.cpp 中实现函数如下：

```
bool TiWord::IsSeparate(wchar_t sp)
{
    for (int k=0;k<90;k++)
    {
        if (Separate[k]==sp)
        {
            return true;
        }
    }
    return false;
}
```

（13）定义不同藏文构件转换为拉丁字符的函数。

① 基于 TibetanTransliterationDlg 声明查表函数：

```
bool TibetToLat(wstring comp);
```

② 在 TibetanTransliterationDlg.cpp 中实现函数如下：

```
bool CTibetanTransliterationDlg::TibetToLat(wstring comp)
{
    wstring frotcomp=comp.substr(0,1);
    if (frotcomp!=wstring(L"0"))
    {
        int i=SearchTabl(0,frttabl,frotcomp);
        m_Objectives+=frttabl[i].Latin;
    }
    wstring basecomp=_T("");
    for (int j=1;j<=4;j++)
    {
        if (comp.substr(j,1)!=wstring(L"0"))
        {
            basecomp+=comp.substr(j,1);
        }
    }
    m_Objectives+=T[SearchTabl(0,T,basecomp)].Latin;

    wstring vowelcomp=comp.substr(5,1);
    m_Objectives+=vowel[SearchTabl(0,vowel,vowelcomp)].Latin;

    wstring rearcomp=comp.substr(6,1);
    if (rearcomp!=wstring(L"0"))
    {
        m_Objectives+=rear[SearchTabl(0,rear,rearcomp)].Latin;
    }
```

```
    wstring rerearcomp=comp.substr(7,1);
    if (rerearcomp!=wstring(L"0"))
    {
        m_Objectives+=rerear[SearchTabl(0,rerear,rerearcomp)].Latin;
    }
    return false;
}
```

（14）与"打开"模块的"添加处理程序"类似，添加"拉丁转写"按钮的代码如下：

```
void CTibetanTransliterationDlg::OnClickedLattotibe()
{
    // TODO: 在此添加控件通知处理程序代码
    wchar_t ch;
    CString TibetSyllable=_T("");
    int TibetTextLength=m_Sources.GetLength();
    for (int j=0;j<=TibetTextLength;j++){
        ch=m_Sources[j];
        if (ch>0x0FFF||ch<0x0F00)    //非藏文字符也作为分隔符
        {
            if (TibetSyllable!=_T(""))   {
                //藏文音节中的黏着划分
                CString TibetBase=_T("");
                CString Adhesive1=_T("");
                CString Adhesive2=_T("");
                for (int k=0;k<=TibetSyllable.GetLength();k++)
                {
                    CString Syllable=TibetSyllable.Mid(k,3);
                    CString frt=Syllable.Left(1);
                    CString midle1=Syllable.Mid(1,1);
                    CString midle2=Syllable.Mid(2,1);
                    if (Adhesive1==_T("")&&Adhesive2==_T(""))
                    {
                        TibetBase+=frt;
                    }
                    if (frt!=0x0F0B&&midle1==0x0F60&&(midle2==0x0F72
                        ||midle2==0x0F74||midle2==0x0F7C)){
                            if (Adhesive1==_T(""))
                            {
                                Adhesive1+=midle1+midle2;
                            }
                            else
```

```
                    {
                        Adhesive2+=midle1+midle2;


                    }

                }

            }
//黏着词根的藏文拉丁转写
wstring comp=TiWord::recognize(TibetBase.GetString());
for(int n=comp.length();n<8;n++)      //末尾补 0
    comp+=L'0';
TibetToLat(comp);
//黏着词的拉丁转写
if (Adhesive1!=_T(""))
{
    wstring comp=TiWord::recognize(Adhesive1.GetString());
    for(int n=comp.length();n<8;n++)      //末尾补 0
        comp+=L'0';
    TibetToLat(comp);
}
if (Adhesive2!=_T(""))
{
    wstring comp=TiWord::recognize(Adhesive2.GetString());
    for(int n=comp.length();n<8;n++)      //末尾补 0
        comp+=L'0';
    TibetToLat(comp);
}


    }
    m_Objectives+=ch;
    TibetSyllable=_T("");


}    //非藏文字符作为分隔符时
if (TiWord::IsSeparate(ch)){    //ch 中是藏文分隔符
        if (TibetSyllable!=_T(""))   {
        //藏文音节中的黏着划分
        CString TibetBase=_T("");
        CString Adhesive1=_T("");
        CString Adhesive2=_T("");
        for (int k=0;k<=TibetSyllable.GetLength();k++)
        {
            CString Syllable=TibetSyllable.Mid(k,3);
```

```
        CString frt=Syllable.Left(1);
        CString midle1=Syllable.Mid(1,1);
        CString midle2=Syllable.Mid(2,1);
        if (Adhesive1==_T("")&&Adhesive2==_T(""))
        {
            TibetBase+=frt;
        }
        if (frt!=0x0F0B&&midle1==0x0F60&&(midle2==0x0F72
        ||midle2==0x0F74||midle2==0x0F7C)){
                if (Adhesive1==_T(""))
                {
                    Adhesive1+=midle1+midle2;
                }
                else
                {
                    Adhesive2+=midle1+midle2;
                }
        }
    }
    //黏着词根的藏文拉丁转写
    wstring comp=TiWord::recognize(TibetBase.GetString());
    for(int n=comp.length();n<8;n++)     //末尾补 0
        comp+=L'0';
    TibetToLat(comp);
    //黏着词的拉丁转写
    if (Adhesive1!=_T(""))
    {
        wstring comp=TiWord::recognize(Adhesive1.GetString());
        for(int n=comp.length();n<8;n++)     //末尾补 0
            comp+=L'0';
        TibetToLat(comp);
    }
    if (Adhesive2!=_T(""))
    {
        wstring comp=TiWord::recognize(Adhesive2.GetString());
        for(int n=comp.length();n<8;n++)     //末尾补 0
            comp+=L'0';
        TibetToLat(comp);
    }

}
```

```
                    //对分隔进行处理
                    if (ch==0x0F0B)
                    {
                            m_Objectives+=L' ';

                    }
                    else
                    {
                            if (ch==0x0F0D)
                            {
                                    m_Objectives+=L'.';
                            }
                            else
                            {
                                    m_Objectives+=ch;
                            }
                    }

                    TibetSyllable=_T("");
            }
            if (ch<0x0FFF&&ch>0x0F00&&(!TiWord::IsSeparate(ch))){
                TibetSyllable+=ch;

            }
        }
        UpdateData(false);

}
```

（15）与"打开"模块的"添加处理程序"类似，添加"保存"按钮的代码如下：

```
void CTibetanTransliterationDlg::OnClickedSave()
{
    // TODO: 在此添加控件通知处理程序代码
    CFile wfile;
    int i=0;

    CFileDialog dlg2(false);
    WORD unicode = 0xFEFF;
    if(dlg2.DoModal()==IDOK){
        CString path = dlg2.GetPathName();
        if(path.Right(4)!=".txt")
            path+=".txt";
        wfile.Open(path,CFile::modeCreate|CFile::modeWrite);
        wfile.Write(&unicode,sizeof(wchar_t));
```

```
        CString s=_T("");
        s=m_Objectives;
        wfile.Write(s,s.GetLength()*sizeof(wchar_t));
        wfile.Close();
    }
    UpdateData(false);
}
```

（16）对"转回藏文"按钮"添加处理程序"，代码如下：

```
void CTibetanTransliterationDlg::OnClickedTibettolat()
{
    // TODO: 在此添加控件通知处理程序代码
    wchar_t ch;
    CString TibetConsonant=_T("");
    m_Objectives=_T("");
    int TibetTextLength=m_Sources.GetLength();
    for (int j=0;j<=TibetTextLength;j++){
        ch=m_Sources[j];
        if (ch>'a'&&ch<='z'&&ch!='i'&&ch!='u'&&ch!='e'&&ch!='o')    //ch 表示辅音的字符
        {
            TibetConsonant+=ch;
        }
        else
        {
            if (TibetConsonant!=_T(""))
            {
                wstring SubConsonant=TibetConsonant.GetString();
                int i=TibetConsonant.GetLength();
                while (i>0)
                {
                    int l=SubConsonant.length();
                    int k=SearchTabl(1,T,SubConsonant);
                    if (k!=-1)
                    {   m_Objectives+=T[k].TiBasic;
                        if (l<i)
                        {
                            SubConsonant=TibetConsonant.Right(i-1);
                            i=i-1;
                        }
                        else
                        {
```

```
                            TibetConsonant=_T("");
                        break;
                    }

                }
            else{
                SubConsonant=SubConsonant.substr(0,l-1);
                }

            }
        }
    switch (ch)
    {
    case 'a':
        break;
    case 'i':
        m_Objectives+=_T("ི");
        break;
    case 'u':
        m_Objectives+=_T("ུ");
        break;
    case 'e':
        m_Objectives+=_T("ེ");
        break;
    case 'o':
        m_Objectives+=_T("ོ");
        break;
    case ' ':
        m_Objectives+=_T("·");
        break;
    case '.':
        m_Objectives+=_T("།");
        break;
    default:
        m_Objectives+=ch;

        }
    }
}
UpdateData(false);
}
```

10.4.2 代码使用说明

1. 编译可能的错误 1 说明

错误提示：error C4996: '_wfopen': This function or variable may be unsafe. Consider using _wfopen_s instead. To disable deprecation，use _CRT_SECURE_NO_WARNINGS. See online help for details.

解决方案：点击【项目】→【属性】→【c/c++】→【预处理器】→【预处理器定义】→【编辑】，加入"_CRT_SECURE_NO_WARNINGS"即可。

2. 编译可能的错误 2 说明

错误提示：

已加载"C:\Windows\SysWOW64\ntdll.dll"。无法查找或打开 PDB 文件。

已加载"C:\Windows\SysWOW64\kernel32.dll"。已加载符号。

已加载"C:\Windows\SysWOW64\KernelBase.dll"。无法查找或打开 PDB 文件。

……

解决方案：

（1）选择【调试】→【选项和设置】。

（2）右边勾"启用源服务器支持"。

（3）左边选择"符号"，再勾选"微软符号服务器"。

（4）点击【确定】后运行程序，第一次运行时，加载所需要的时间较长，请耐心等候，加载好后一切正常。

3. 码表地址说明

运行时，请按照用户自己计算机中码表的位置和文件名修改读文件的地址：

```
FILE  *fp=_wfopen(L"E:\\ProgramDesign\\TibetanTransliteration\\TibetTolatSyallcode.txt",L"rt,ccs=UNICODE");
```

10.5 运行结果

10.5.1 运行结果展示

（1）藏文拉丁转写的运行结果如图 10-4 所示。

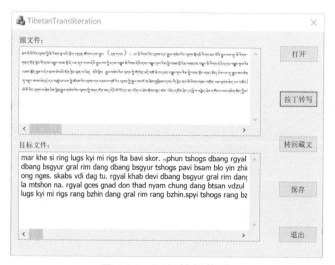

图 10-4 运行结果截图

（2）拉丁字符转回为藏文字符的运行结果如图 10-5 所示。

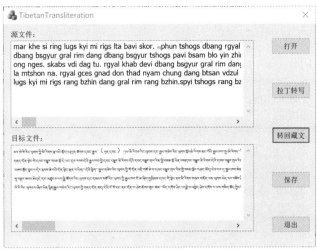

图 10-5　运行结果截图

10.5.2　讨　论

该算法基本上实现了藏文拉丁转写和拉丁转回藏文的简单功能，即把一个藏文文本转换为拉丁字符文本，再把拉丁字符文本转回藏文文本。通过与原文本进行对照、分析，发现：

（1）藏文拉丁转写时，计算机程序针对一个辅音字符按照非叠加辅音和叠加辅音分别用两个编码进行了表示，但拉丁转写时都只用一个拉丁字符表示。如："གངས"和"སྒ"中的"ག"都用"g"表示，这导致不同的藏文进行拉丁转换后得到相同的拉丁字符。类似的藏文有"བཛ"和"བྱལ"、"བཟ"和"བྱང"、"བད"和"བྱད"、"གྱང"和"གཡང"等。其中，本算法对"གྱང"和"གཡང"在藏文拉丁转写方式中进行了约束，在程序中要进行处理，而其他一些错误还需要完善藏文拉丁转写方案来纠正。

（2）拉丁字符转回藏文时，对辅音的处理采用了最大匹配的方式完成。测试发现：把"བཛ"的编码转回藏文后变成了"བཛ"。分析原因可知：由于既可以作为上加字又可以作为下加字的字符有"ར"和"ལ"，当一个音节既有前加字又有这两个字符作为上加字时，程序把该上加字作为那个前加字的下加字进行处理。按照文法理论，类似的字符还有：

བཀ བཁ བཇ བཊ བཉ བཌ བཏ བཊ བཛ བད བཔ བཕ བཕ བཕ

把这 14 个字符作为整体放入到辅音字表中即可解决问题，同时辅音字表的长度应修改为 131。

#define CodelineNum 131　//码表的长度

（3）藏文拉丁转写时，程序会把藏文音节的分隔符转换为空格，而对藏文文本原有的空格没有进行任何的处理，当该文本转回藏文时，原藏文文本中的空格就变成了藏文音节分隔符，空格处就多了一个藏文音节分隔符，这也是算法中需要优化之处。

10.6　算法分析

10.6.1　时间复杂度分析

1. 藏文拉丁转写时间复杂度

设待处理的文本长度为 n 个字符，藏文拉丁转写时以藏文音节为单位进行处理，读取 n 个字符，以 8 个字符为一个音节，则有 $n/8$ 个音节，对 "ཟེ་སུ་འི" 的黏着词会判读 2 次，故其运行 $n/8 \times 2 = n/4$ 次，再进行结构拆分，调用结构拆分的函数 $n/8 \times 3 = 3n/8$ 次。查表处理一个音节的过程以前加字、藏文辅音纵向组合块的字丁、元音、后加字、再后加字的顺序进行，最多次数分别是 5、131、4、10 和 2，即 152 次，总体次数是 $n/8 \times 152 = 19n$。比如，黏着情况把 1 个音节拆分为 1 个音节与 2 个黏着词时，查表次数为 $19n \times 3 = 57n$。总的时间复杂度为：$n + n/4 + 3n/8 + 57n$，即 $O(cn)$。

2. 拉丁字符转回藏文的时间复杂度

设待处理的文本长度为 n 个字符，处理查表的最长辅音为元音之前的 5 个辅音，以 $n/5$ 为单位进行最大匹配进行查表，每一组最多运行 $5! = 120$ 次，故运行 $n/5 \times 120 = 24n$ 次，即 $O(cn)$。

10.6.2　空间复杂度分析

1. 存储空间

用于存储码表的空间为 $5 + 131 + 5 + 10 + 2 = 153$ 个单位，每个单位是一个 Table 结构体，每个结构体为两个 CString 类型。

2. 临时空间

设文本为 n 个字符，进行转换时原文件占用 n 个空间，转换后的目标文件占 n 个空间，共占 $O(2n)$ 个空间。

❖ 第 11 章 《藏字数字编码方案》的实现

11.1 问题描述

　　"编码"既是动词也是名词，作动词时表示"信息从一种形式或格式转换为另一种形式的过程"[1]，具体来说就是"用预先规定的方法将文字、数字或其他对象编成数码，或将信息、数据转换成规定的电脉冲信号"。其逆过程称为"解码"。编码作为名词是指用数字、字母、特殊的符号或它们之间的组合来表示事物的记号，即编码产生的序列。编码技术广泛用于电子计算机、电视、遥控和通信等方面。毛尔盖·桑木旦设计了一套用数字对现代藏文字进行编码的方案，四川省阿坝州藏文编译局于 1993 年 10 月印制，称为《藏文编码表》[2]，如图 11-1 所示。

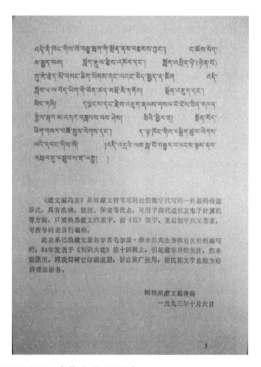

图 11-1　阿坝州藏文编译局印制的《藏文编码表》

　　该表不只是一个简单的"编码表"，而是一个完整的编码方案，其不仅有"编码"的表，同时也有编码、解码的方式和实用例子，编码对象是现代的藏文字，用十进制数字进行编码，故又称为《藏字数字编码方案》。分析发现该方案不仅具有很高的学术研究和参考价值，而且具有很重要的实际应用价值。本章用计算机实现《藏字数字编码方案》的编码和解码算法。

---

　　① 童应学，吴燕. 计算机应用基础教程[M]. 武汉：华中师范大学出版社，2010.
　　② 阿坝州编译局. 藏文编码表[M]. 马尔康：阿坝州编译局，1993.

11.2 问题分析

11.2.1 理论依据

1.《藏字数字编码方案》的编码表

《藏字数字编码方案》针对不同的编码点设计了 3 个不同的编码表，分别是前加字、基字、元音及后加字等的编码表。

1）前加字的编码表

前加字用 1 位十进制数进行编码，5 个前加字分别用 1 ~ 5 的 5 个数字编码，前加字在基字中的先后顺序对应数字的先后顺序，如图 11-2 所示。例如："ད" 的编码就是 "2"。

སྔོན་འཇུག	1	2	3	4	5
	ག	ད	བ	མ	འ

图 11-2 前加字的编码表

2）基字的编码表

基字采用两位十进制数进行编码，由横坐标 0 ~ 9 的 10 个值（藏文称为སྟེང་ཕྱུར།）和纵坐标 0 ~ 9 的 10 个值（藏文称为གཡས་ཕྱུར།）构成二维平面，其中基字的编码由横、竖两个十进制坐标值构成，即 "མིང་རྗེས་རེའུ་མིག་དང་པོ་སྟེང་ཕྱུར་དང་། །དེ་རྗེས་གཡས་ཕྱུར་འཛིན་ཚུལ་ཤེས་པར་བྱ། །"。基字的编码表如图 11-3 所示，表中按照 30 个辅音字母、上加字与基字的两层组合、基字与下加字的两层组合及上加字、基字与下加字的三层组合顺序排列，其先后顺序按照藏文辅音字母的顺序横向排布。例如，"ཏྲ" 的编码就是 "43"。

མིང་གཞི།										
སྟེང་ཕྱུར། / གཡས་ཕྱུར།	0	1	2	3	4	5	6	7	8	9
0	ཀ	ཁ	ག	ང	ཅ	ཆ	ཇ	ཉ	ཏ	ཐ
1	ད	ན	པ	ཕ	བ	མ	ཙ	ཚ	ཛ	ཝ
2	ཞ	ཟ	འ	ཡ	ར	ལ	ཤ	ས	ཧ	ཨ
3	རྐ	རྒ	རྔ	རྗ	རྙ	རྟ	རྡ	རྣ	རྦ	རྨ
4	རྩ	རྫ	ལྐ	ལྒ	ལྔ	ལྕ	ལྗ	ལྟ	ལྡ	ལྤ
5	ལྦ	སྐ	སྒ	སྔ	སྙ	སྟ	སྡ	སྣ	སྤ	སྦ
6	སྨ	སྩ	ཀྱ	ཁྱ	གྱ	པྱ	ཕྱ	བྱ	མྱ	ཀྲ
7	ཁྲ	གྲ	ཏྲ	ཐྲ	དྲ	པྲ	ཕྲ	བྲ	སྲ	ཧྲ
8	ཀླ	གླ	བླ	ཟླ	རླ	སླ	རྐྱ	རྒྱ	རྨྱ	སྐྱ
9	སྒྱ	སྤྱ	སྦྱ	སྨྱ	སྐྲ	སྒྲ	སྣྲ	སྤྲ	སྦྲ	སྨྲ

图 11-3 基字的编码表

3）元音及后加字等编码表

元音及后加字等的编码方式与基字的编码方式一致，顺序是 4 个元音、元音与后加字、再后加字的组合，如图 11-4 所示。例如，"ﾟབས" 的编码就是 "94"。

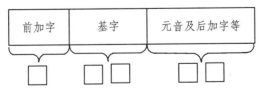

图 11-4 元音及后加字等编码表

2.《藏字数字编码方案》的编码方式

《藏字数字编码方案》中的编码方案是：首先是前加字、其次是基字、最后是元音和后加字；每个前加字用 1 位数字编码，每个基字、元音和后加字用 2 位数字编码；基字、元音和后加字以先行后列查编码表（即ཀ་ཁ་ག་ང་ཅ་ཆ་ཇ་ཉ་ཏ་ཐ་ད་ན་པ་ཕ་བ་མ་ཙ་ཚ་ཛ་ཝ་ཞ་ཟ་འ་ཡ་ར་ལ་ཤ་ས་ཧ་ཨ། གསལ་བྱེད་སུམ་ཅུ་ཚོ་འདུག་ལ་ཡང་རེ། ཤིང་གཞི་དབྱངས་རྗེས་ངེ་ལ་ཡང་གཟིགས་རེ། ། ཤིང་རྗེས་ཚེའུ་ཡིག་དང་པོ་ཤིང་བྱེད་དང་། །དེ་རྗེས་གསལ་བྱེད་འཛིན་ཚུལ་ཤེས་པར་བྱ།"）。一个藏文字符一般由 1 ~ 7 个字符构件构成，但该编码方案并不是以藏文字符构件为单位，而是按照藏文的组合，设计了 3 个不同的编码点：前加字、基字、元音及后加字等，前加字用 1 位十进制数字表示，基字、元音及后加字等用 2 位十进制数字表示，分别由编码表的横、纵两个坐标值构成。其编码示意图如图 11-5 所示。

前加字	基字		元音及后加字等	
□	□	□	□	□

图 11-5 《藏字数字编码方案》的编码示意图

从编码方式可以看出，该编码最少 2 位数，最多 5 位数，也可能会出现 3 位数或 4 位数的情况。例如："ཀ" 的编码是 "00"，"བརྒྱགས" 的编码是 "3 59 31"。

3.《藏字数字编码方案》的解码方式

解码是编码的逆过程，能够通过编了码的数字还原出藏文字符。《藏字数字编码方案》中的解码方案是：5 位数字则表示前加字、基字、元音和后加字齐全；4 位数字则表示基字、元音和后加字；3 位数字则表示前加字和基字；2 位数字则表示只有基字（即ཨང་ལ་ཡོད་ཚེ་སྟོན་མིང་དབུངས་རྗེས་ཚོད།｜ཨང་བཞི་ཡོད་ཚེ་མིང་དབུངས་རྗེས་གཉིས་ཡིན།｜ཨང་གསུམ་ཡོད་ཚེ་སྟོན་འཇུག་མིང་གཉི་ཚམ།｜ཨང་གཉིས་ཡོད་ཚེ་མིང་གཉི་རྐྱང་བའོ།｜｜）。

4.《藏字数字编码方案》的改进

1）藏文字符编码不完备

编码表缺少了"ཁྭ""ཧྭ"和"ཧྐ"的组合块，导致了以这些组合块为基字块的字符无法进行编码，虽然在"元音及后加字"表中添加了"ྲྀབས""ྲྀལ""ྲྀན" 3 个编码，能完成"ཧྲྀབས""ཧྲྀལ""ཧྲྀན"的编码，但还有很多其他以这两个字为基字的字符都无法编码。

对"基字表"的 2 位编码空间不足，则用 3 位表示基字，编码空间从 000 到 999，完全解决了基字编码空间不足的情况，也可以放置部分梵音藏字，则编码位数会出现 3 位、4 位、5 位和 6 位。如果是 3 位，则只有基字；如果是 4 位，则有前加字和基字；如果是 5 位，则有基字、元音及后加字部分；如果有 6 位，则表示所有构件都齐全。把已有的"基字表"中的字符的最高位设为"0"，则添加的最高位从"1"开始放置。

2）有少量编码歧义存在

由于"元音及后加字"表中添加了"ྲྀབས""ྲྀལ""ྲྀན" 3 个编码，导致了编码歧义的产生。例如："ཧྲྀལ"正常的编码应该是"4798"，但也可以编码为"0197"。在一个编码方案中，一个字符的编码不能出现多种，否则就要用规则限制，但那样又破坏了编码的简单易用性。

"元音及后加字"表仅仅只作为元音及后加字的字表，把带"ཧ"等有基字构件的字符"40""50""60""70""80""90""69""79""89"取掉，由于基字编码空间用 3 位数进行了扩充，这些字符的组合块可以放置到基字编码空间中。

虽然"元音及后加字"表中有较多的黏着词，但是仍然对"རྗེའུའི"等两次黏着的情况无法进行编码，所以程序中把黏着词进行拆分，再识别构件，分别查对应的表进行编码，可以在黏着词之间用"-"连接符号进行连接，而不用"元音及后加字"表中黏着词的编码。

3）符号的编码

藏文字符除了字以外，还有很多符号，这些符号出现频率非常高，也是不可缺少的，但在该编码中没有体现出来。本设计中可以用"空格"代替藏文音节隔音符"་"，用一个实心点"."代替垂形符"།"。

对《藏字数字编码方案》进行如上的改进后基本能实现对藏文的数字编码和解码，但此方案并非完备，仍有优化之处。

11.2.2　算法思想

藏文字符编码后用数字来表示和表示藏文的数字通过解码转回藏文字符是互逆的两个过程，要分别实现。

1. 编　码

藏文字符编码时，以藏文一个音节为单位。先从连续藏文文本中分隔出藏文音节，还要建立藏文字符中能作为藏文音节分隔的字符表（同第 10 章）。由于藏文音节转换为数字编码是按照构件进行的编码，所以在编码前要识别藏文音节的构件。在识别藏文音节构件时，还要处理 3 个藏文音节黏着词"ནི""ལ""ར"。具体思想如下：

第 1 步：从藏文连续文本中读一个字符到 ch 中。

第 2 步：判断 ch 是否是藏文分隔符和非藏文字符，如果不是，则把 ch 中的字符加入藏文音节 s 中；如果是，则处理 s 和 ch。

第 3 步：判断 s 中是否有黏着的情况，如果有则处理黏着。

第 4 步：调用识别藏文构件的函数对 s 中的音节进行构件识别。

第 5 步：根据识别后的构件查找前加字、基字、元音及后加字三个表，并进行转换；

第 6 步：转到第 1 步直到文本结束。

2. 解　码

表示藏文字符的数字转回藏文字符时，算法先按照数字的位数将数字划分为不同的构件数字组合，再查找对应的表来还原藏文字符。例如：编码"403683"是 6 位，按照"1 位、3 位、2 位"划分为"4""036""83"3 个表示构件的数字组合，分别对应于前加字的"ཨ"、基字的"ཁ"和元音及后加字的"ིན"，合起来就是"ཨཁིན"。具体思想如下：

第 1 步：从连续的表示藏文的数字字符文本中读一个字符到 ch 中。

第 2 步：判断 ch 是否是数字，如果是，则把 ch 中的数字加入 s 中；如果不是，则转到第 3 步。

第 3 步：判断 ch 中编码数字的位数，按照编码数字位数的多少进行不同的处理：

① 如果编码数字是 6 位，则按照"1、3、2"方式划分，对应于前加字、基字、元音及后加字等；

② 如果编码数字是 5 位，则按照"3、2"方式划分，对应于基字、元音及后加字等；

③ 如果编码数字是 4 位，则按照"1、3"方式划分，对应于前加字和基字；

④ 如果编码数字是 3 位，则直接对应于基字。

第 4 步：处理 ch 中的非数字。

第 5 步：转到第 1 步直到文本结束。

11.3　算法设计

11.3.1　存储空间

1. 藏文字符与数字字符对照表的存储结构

算法中需要建立一个藏文字符与数字字符的对照表，该对照表的存储格式采用一个 Table 结构体实现：

```
struct Table{
    CString tibet;
    CString Number;
};
```

其占用空间为：2CString 空间大小。

该表为 txt 格式，每行为一个藏文字符到数字的对照，藏文字符与数字字符之间用'\t'隔开。

2. 藏文字符与数字对照表存储空间

（1）为了便于查找，基于 Table 结构体定义前加字、基字、元音及后加字 3 个对照表数组结构：

Table TibtFront[5];

static Table *TibtBase;

static Table *TibtVowelRear;

（2）按照以上的《藏字数字编码方案》改进的思路，定义 102 个基字、72 个元音及后加字对照表的存储：

#define BaselineNum 102 //基字码表的长度

#define VowelandRear 72 //元音及后加字等表的长度

TibtBase=**new** Table[BaselineNum];

TibtVowelRear=**new** Table[VowelandRear];

11.3.2　流程图

1. 编码的流程图

藏文字符转数字的编码流程如图 11-6 所示。

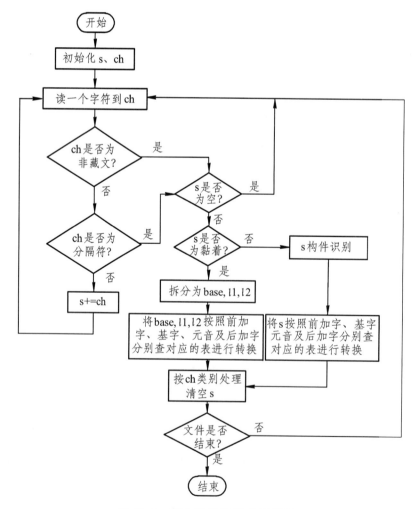

图 11-6　藏文编码函数的流程图

2. 解码的流程图

数字转回藏文字符的解码流程如图 11-7 所示。

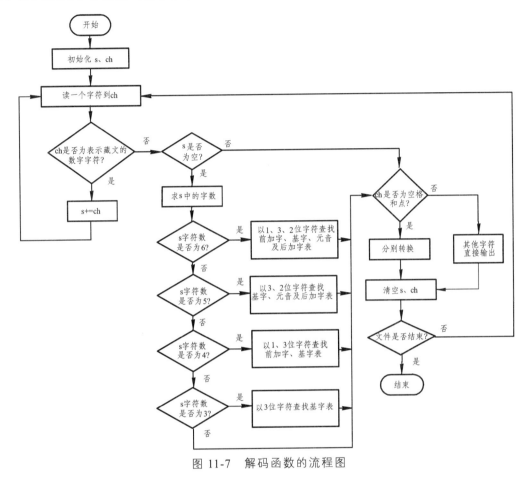

图 11-7　解码函数的流程图

11.3.3　伪代码

1. 编　码

对藏文字符进行编码，转换为数字的伪代码如下：

```
1    TibetTextLength=m_Sources.GetLength();
2    for (int j=0;j<=TibetTextLength;j++){
3        ch=m_Sources[j];
4        if (ch>0x0FFF||ch<0x0F00) {    //非藏文字符也作为分隔符
5                if (TibetSyllable!=_T(""))  {
6                判断藏文字符是否黏着
7                //黏着词根的编码
8                wstring comp=TiWord::recognize(TibetBase.GetString());
9                for(int n=comp.length();n<8;n++)    //末尾补 0
10                       comp+=L'0';
11               TibetToNumber(comp);
12               //黏着词的拉丁转写
```

```
13              if (Adhesive1!=_T("")){
14                  藏文黏着词 1 的编码}

15              if (Adhesive2!=_T("")){
16                      藏文黏着词 2 的编码}

17          }
18          m_Objectives+=ch;
19          TibetSyllable=_T("");
20      }//非藏文字符作为分隔符时
21      if (TiWord::IsSeparate(ch)){    //ch 中是藏文分隔符

22          if (TibetSyllable!=_T("")){
23              藏文音节中黏着划分}
24              //黏着词根的藏文编码
25              wstring comp=TiWord::recognize(TibetBase.GetString());
26              for(int n=comp.length();n<8;n++)      //末尾补 0
27                  comp+=L'0';
28              TibetToNumber(comp);
29              //黏着词的拉丁转写
30              if (Adhesive1!=_T("")){
31                  藏文黏着词根 1 的编码}
32              if (Adhesive2!=_T("")){
33                  藏文黏着词根 2 的编码}
34          }
35          //对分隔进行处理
36          if (ch==0x0F0B){    //音节分隔符编码为空格
37              m_Objectives+=L' ';}
38          else {
39              if (ch==0x0F0D){// 锤形符编码为实心点
40                  m_Objectives+=L'.';}
41              else {
42                  m_Objectives+=ch;}    //其他符号不处理
43          }
44          TibetSyllable=_T("");
45      }
46      if (ch<0x0FFF&&ch>0x0F00&&(!TiWord::IsSeparate(ch))){
47          TibetSyllable+=ch;    //非分隔符和非藏文字符不处理
48      }
49  }
```

2. 解　码

对数字进行解码，转回藏文的伪代码如下：

```
1    TibetTextLength=m_Sources.GetLength();
2    for (int j=0;j<=TibetTextLength;j++){
3        ch=m_Sources[j];
4        if (ch>='0'&&ch<='9') {   //ch 表示编码的数字
5            TibetCode+=ch;}
6        else {
7            if (TibetCode!=_T("")){
8                int i=TibetCode.GetLength();
9                CString frt,base,rear;
10               wstring w_frt,w_base,w_rear;
11               int k,l,m;
12               switch (i){
13               case 6:
14                   以 1、3、2 位字符查前加字、基字、元音及后加字表解码
15               case 5:
16                   以 3、2 位字符查基字、元音及后加字表解码
17               case 4:
18                   以 1、3 位字符查前加字、基字表解码
19               case 3:
20                   以 3 位字符查基字表解码
21               default:
22                   m_Objectives+=TibetCode;
23                   break;}
24           }   //当出现非数字符号且 TibetCode 非空
25           TibetCode=_T("");
26           switch (ch){
27           case '-':   //忽略藏文黏着词的连接符号
28               break;
29           case ' ':   //空格解码为藏文音节分隔符
30               m_Objectives+=_T("·");
31               break;
32           case '.':   //实心点解码为锤形符
33               m_Objectives+=_T("|");
34               break;
35           default:
36               m_Objectives+=ch;}   //其他符号不处理
37       }
38   }
```

11.4 程序实现

11.4.1 代 码

（1）新建 MFC 项目。

① 新建一个名为"TibetanCoding"的"MFC 应用程序"。

② 在"MFC 应用程序向导"中选择"基于对话框"和"在静态库中使用 MFC"。

（2）对话框窗口设计。

① 增加两个"Edit Control"控件，设置其属性"Multiline""Horizontal Scroll""Vertical Scroll"为"True"。

② 增加 5 个"Button Control"按钮控件，将 5 个按钮属性中的"Caption"分别改为"打开""编码""解码""保存""退出"；对应的 ID 分别改为"IDC_OPEN""IDC_CODING""IDC_DECODING""IDC_SAVE""IDCANCEL"。

③ 增加两个"Static Text"静态文本，将其属性中的"Caption"分别改为"源文件："和"编码或解码后的结果："。

设计的主程序对话框如图 11-8 所示。

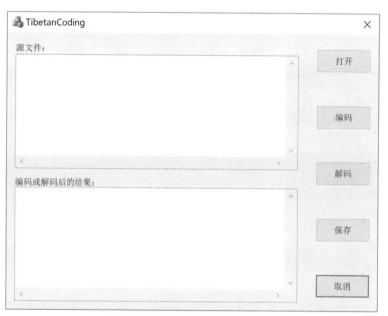

图 11-8 主程序对话框

（3）关联变量。

在对话框上点击右键，选择【类向导】，选择【成员变量窗口】，选择"ID_EDIT1"的类别为"Value"，输入变量名 "m_Sources"；选择"ID_EDIT2"的类别为"Value"，输入变量名"m_Objectives"。在"TibetanCodingDlg.cpp"中能看见如下代码：

```
DDX_Text(pDX, IDC_EDIT1, m_Sources);
DDX_Text(pDX, IDC_EDIT2, m_Objectives);
```

（4）添加名为 TiWord 的类，用于定义和存储藏文音节结构识别的相关操作，产生 TiWord.h、TiWord.cpp 两个文件。

① 在头文件 TiWord.h 中增加以下代码：

```
#pragma once
```

```
#include <stdio.h>
#include <stdlib.h>
#include <wchar.h>
#include <string>
#include <iostream>
#include <windows.h>
#include "afxcmn.h"
using namespace std;
```

基于 Tiword 增加一个成员函数：

```
static wstring recognize(wstring s)
```

② 在 TiWord.cpp 添加如下代码：

```
#include "TiWord.h"
//按照"前+上+基+下+标+元+后+再"的顺序
const wchar_t *shang_ji[] = {L"ཀ",L"ཁ",L"ག",L"ང",L"ཅ",L"ཆ",L"ཇ",L"ཉ",L"ཏ",L"ཐ",L"ད",L"ན",L"པ",L"ཕ",
L"བ",L"མ",L"ཙ",L"ཚ",L"ཛ",L"ཝ",L"ཞ",L"ཟ",L"འ",L"ཡ",L"ར",L"ལ",L"ཤ",L"ས",L"ཧ",L"ཨ"};
```

说明：此处与第 5 章 "全藏字的插入排序" 中 "InsertSort.h" 的代码一致，再加上藏文音节构件识别的代码。

③ 在 recognize 函数中增加如下代码：

```
wstring TiWord::recognize(wstring s)
{
    if((s.find(L"ག")!=std::wstring::npos)||(s.find(L"ད")!=std::wstring::npos))
        if((s.length()>3)&&(!(isyuanyin(s[3]))))
            //若当前音节长度大于 3，且没有元音，将前加字/上加字/元音位补上 0
                return(wstring(L"00")+s.substr(0,3)+wstring(L"0")+s.substr(3,s.length()-3));
        else    //若当前音节长度小于 3 或有元音，只需将前加字和上加字位补 0
            return(wstring(L"00")+s);
    else{
        switch(s.length()){//根据音节长度跳转
        case 1:return(wstring(L"00")+s); //只有 1 个构件，该构件为基字
        case 2:return(rec_2(s)); //2 个构件，调用 rec_2()函数
        case 3:return(rec_3(s));
        case 4:return(rec_4(s));
        case 5:return(rec_5(s));
        case 6:return(rec_6(s));
        case 7:return(s.substr(0,4)+wstring(L"0")+s.substr(4,3));//7 个构件,将再下加字位//用 0 填充
        default:return(L"error");
        }
    }
    return wstring();
}
```

（5）添加"打开"模块的代码。

打开【类向导】，选择"打开"按钮的 ID "IDC_OPEN"，选择消息"BN_CLICKED"，点击【添加处理程序】，点击【编辑代码】，录入如下代码：

```cpp
void CBasicToExtensionDlg::OnClickedOpenbs()
{
    // TODO: 在此添加控件通知处理程序代码
    m_Sources=_T("");
    int n;
    CString s;
    CFile file;
    wchar_t ch;
    CFileDialog dlg(true);
    if(dlg.DoModal()==IDOK){
        CString path = dlg.GetPathName();
        if(path.Right(4)!=".txt")
            m_Sources=_T("文件不是.txt 格式，请重新打开！");
        else{
            file.Open(path,CFile::modeRead);
            n=file.Read(&ch,2);
            wchar_t temp;
            n=file.Read(&ch,2);
                while(n>0){
                    temp=ch;
                    m_Sources+=ch;
                    n=file.Read(&ch,2);
                }
                file.Close();
        }
    }
    UpdateData(false);
}
```

（6）在 TibetanCodingDlg.h 中包含文件和宏定义：

```cpp
#include "TiWord.h"
#define BaselineNum 102    //基字码表的长度
#define VowelandRear 72    //元音及后加字等表的长度
```

（7）在 TibetanCodingDlg.h 中定义藏文与对应数字的结构体：

```cpp
struct Table{
    CString tibet;
    CString Number;
};
```

（8）在 TibetanCodingDlg.cpp 前面增加前加字、基字组合块、元音及后加字的存储空间定义：

```
Table TibtFront[5];
static Table *TibtBase;
static Table *TibtVowelRear;
```

（9）在 TibetanCodingDlg.cpp 的 CTibetanCodingDlg::OnInitDialog()中初始化读取码表。

① 增加读入码表的初始化代码：

```
// TODO: 在此添加额外的初始化代码
//读入码表
//读入基字的码表
TibtBase=new Table[BaselineNum];
wchar_t ch;
FILE *fp=_wfopen(L"E:\\ProgramDesign\\TibetanCoding\\TibtBase.txt ",L"rt,ccs=UNICODE");
if(fp==NULL)    //读文本异常处理
{
    m_Objectives+=_T("码表读取失败！ ");
    getwchar();
    exit(1);
}
ch=fgetwc(fp);     //ch 存储当前字符
int i=0;        //i 控制当前音节在数组中的位置
while(i<BaselineNum)     //初始化结构体数组 T
{
    while(!feof(fp)&&(ch!=L'\n'))     //读取藏文大丁存入到码表的藏文部分
    {
        TibtBase[i].tibet+=ch;
        ch=fgetwc(fp);
    }
    CString str0;
    int n=i/100;
    str0.Format(_T("%d"), n);
    TibtBase[i].Number=str0;
    CString str ;
    int k=i%10;
    str.Format(_T("%d"), k);
    TibtBase[i].Number+=str;
    CString str2 ;
    int j=i/10;
    str2.Format(_T("%d"), j);
    TibtBase[i].Number+=str2;
    i++;
    ch=fgetwc(fp);
```

```
    }
    fclose(fp);    //关闭文件指针

//读入元音及后加字等的码表
TibtVowelRear=new Table[VowelandRear];
wchar_t ch2;
FILE *fq=_wfopen(L"E:\\ProgramDesign\\TibetanCoding\\TibtVowelrear.txt ",L"rt,ccs=UNICODE");
if(fq==NULL)    //读文本异常处理
{
    m_Objectives+=_T("码表读取失败！");
    getwchar();
    exit(1);
}
ch2=fgetwc(fq);    //ch 存储当前字符
i=0;    //i 控制当前音节在数组中的位置
while(i<VowelandRear)    //初始化结构体数组
{
    while(!feof(fq)&&(ch2!=L'\n')&&(ch2!=L'\r')&&(ch2!=L'\t'))    //读取码表的藏文部分
    {
        TibtVowelRear[i].tibet+=ch2;
        ch2=fgetwc(fq);
    }
    while(!feof(fq)&&(ch2!=L'\n'))    //读取藏文大丁对应的数字转写存入到码表的数字部分
    {
        if (ch2==L'\t')
        {
            ch2=fgetwc(fq);
        }
        TibtVowelRear[i].Number+=ch2;
        ch2=fgetwc(fq);
    }
    i++;
    ch2=fgetwc(fq);
}
fclose(fq); //关闭文件指针

//前加字对照表的初始化
TibtFront[0].tibet=L'ག';
TibtFront[0].Number=L'1';
TibtFront[1].tibet=L'ད';
TibtFront[1].Number=L'2';
```

```
            TibtFront[2].tibet=L'ཉ';
            TibtFront[2].Number=L'3';
            TibtFront[3].tibet=L'ས';
            TibtFront[3].Number=L'4';
            TibtFront[4].tibet=L'ཕ';
            TibtFront[4].Number=L'5';
```

return TRUE; // 除非将焦点设置到控件，否则返回 TRUE

② 修改设置。

编译中可能出现会报错，参看"11.4.2 代码使用说明"的"1.编译可能的错误说明"来解决。

（10）增加一个查对照表的函数。

基于 TibetanCodingDlg.h 类增加一个查表的函数 SearchTabl，则：

① 在 **class** CTibetanCodingDlg : **public** CDialogEx 中生成函数的声明：

public:

```
    int SearchTabl(int i, Table Tab[], wstring comp);
```

② 在 TibetanCodingDlg.cpp 实现函数如下：

```
int CTibetanCodingDlg::SearchTabl(int i, Table Tab[], wstring comp)
{
    int TableLenth;
    TableLenth=(Tab==TibtFront)?5:((Tab==TibtBase)?102:72);
    if (i==0){    //查藏文表，返回对应数字所在的位置
        CString str(comp.c_str());
        for(int k=0;k<TableLenth;k++){
            if(str==Tab[k].tibet){
                return k;
            }
        }
    }
    if (i==1){    //查数字表，返回对应藏文字符所在的位置
        CString str(comp.c_str());
        for(int k=0;k<TableLenth;k++){
            if(str==Tab[k].Number){
                return k;
            }
        }
    }
    return -1;
}
```

（11）藏文音节分隔符的处理。

① 定义藏文音节分隔符。

与"第 10 章"一致，把藏文编码中能作为藏文音节分隔的字符提取出来，在 TiWord.cpp 中定义一个数组，把藏文音节分隔符存放在其中：

```
wchar_t Separate[90]={0x0F00,0x0F01,0x0F02,0x0F03,0x0F04,0x0F06,0x0F07,0x0F08,
0x0F09,0x0F0A,0x0F0B,0x0F0C,0x0F0D,0x0F0E,0x0F0F,0x0F10,0x0F11,0x0F12,
     0x0F13,0x0F14,0x0F15,0x0F16,0x0F17,0x0F18,0x0F19,0x0F1A,0x0F1B,
     0x0F1C,0x0F1D,0x0F1E,0x0F1F,0x0F20,0x0F21,0x0F22,0x0F23,0x0F24,
     0x0F25,0x0F26,0x0F27,0x0F28,0x0F29,0x0F2A,0x0F2B,0x0F2C,0x0F2D,
     0x0F2E,0x0F2F,0x0F30,0x0F31,0x0F32,0x0F33,0x0F34,0x0F35,0x0F36,
     0x0F37,0x0F38,0x0F3A,0x0F3B,0x0F3C,0x0F3D,0x0F3E,0x0F3F,0x0FBE,
     0x0FBF,0x0FC0,0x0FC1,0x0FC2,0x0FC3,0x0FC4,0x0FC5,0x0FC6,0x0FC7,
     0x0FC8,0x0FC9,0x0FCA,0x0FCB,0x0FCC,0x0FCE,0x0FCF,0x0FD0,0x0FD1,
     0x0FD2,0x0FD3,0x0FD4,0x0FD5,0x0FD6,0x0FD7,0x0FD8,0x0FD9,0x0FDA
};
```

② 基于 TiWord 类添加一个判断是否是藏文音节分隔符的静态函数 **static bool** IsSeparate(**wchar_t** sp)，则：

在 **class** TiWord 中有如下函数的声明：

public:

static bool IsSeparate(**wchar_t** sp);

在 TiWord.cpp 中实现函数如下：

bool TiWord::IsSeparate(**wchar_t** sp)

```
{
    for (int k=0;k<90;k++)
    {
        if (Separate[k]==sp)
        {
            return true;
        }
    }
    return false;
}
```

（12）定义不同藏文构件转换为数字的函数。

① 基于 TibetanCodingDlg 声明查表函数：

bool TibetToNumber(**wstring** comp);

② 在 TibetanCodingDlg.cpp 中实现函数如下：

bool CTibetanCodingDlg::TibetToNumber(**wstring** comp)

```
{
    wstring frotcomp=comp.substr(0,1);      //查前加字表
    if (frotcomp!=wstring(L"0"))
    {
        int i=SearchTabl(0,TibtFront,frotcomp);
        m_Objectives+=TibtFront[i].Number;
```

```
        }

        wstring basecomp=_T("");      //查基字表
        for (int j=1;j<=4;j++)
        {
            if (comp.substr(j,1)!=wstring(L"0"))
            {
                basecomp+=comp.substr(j,1);
            }
        }
        if (SearchTabl(0,TibtBase,basecomp)!=-1)
        {
            m_Objectives+=TibtBase[SearchTabl(0,TibtBase,basecomp)].Number;
        }


        wstring VowelRearcomp=_T("");      //查元音及后加字表
        for (int k=5;k<=7;k++)
        {
            if (comp.substr(k,1)!=wstring(L"0"))
            {
                VowelRearcomp+=comp.substr(k,1);
            }
        }
        if (SearchTabl(0,TibtVowelRear,VowelRearcomp)!=-1)
        {
         m_Objectives+=TibtVowelRear[SearchTabl(0,TibtVowelRear,VowelRearcomp)].Number;
        }
        return false;
}
```

（13）对"编码"模块"添加处理程序"，其代码如下：

```
void CTibetanCodingDlg::OnClickedCoding()
{
    // TODO: 在此添加控件通知处理程序代码
    wchar_t ch;
    CString TibetSyllable=_T("");
    m_Objectives=_T("");
    int TibetTextLength=m_Sources.GetLength();
    for (int j=0;j<=TibetTextLength;j++){
        ch=m_Sources[j];
```

```
    if (ch>0x0FFF||ch<0x0F00)      //非藏文字符也作为分隔符
    {
        if (TibetSyllable!=_T(""))    {
            //藏文音节中黏着划分
            CString TibetBase=_T("");
            CString Adhesive1=_T("");
            CString Adhesive2=_T("");
            for (int k=0;k<=TibetSyllable.GetLength();k++)
            {
                CString Syllable=TibetSyllable.Mid(k,3);
                CString frt=Syllable.Left(1);
                CString midle1=Syllable.Mid(1,1);
                CString midle2=Syllable.Mid(2,1);
                if (Adhesive1==_T("")&&Adhesive2==_T(""))
                {
                    TibetBase+=frt;
                }
                if(frt!=0x0F0B&&midle1==0x0F60&&
(midle2==0x0F72||midle2==0x0F74|| midle2==0x0F7C)){
                    if (Adhesive1==_T(""))
                    {
                        Adhesive1+=midle1+midle2;
                    }
                    else
                    {
                        Adhesive2+=midle1+midle2;

                    }
                }
            }
            //黏着词根的藏文拉丁转写
            wstring comp=TiWord::recognize(TibetBase.GetString());
            for(int n=comp.length();n<8;n++)      //末尾补 0
                comp+=L'0';
            TibetToNumber(comp);
            //黏着词的拉丁转写
            if (Adhesive1!=_T(""))
            {
                wstring comp=TiWord::recognize(Adhesive1.GetString());
```

```
                            for(int n=comp.length();n<8;n++)        //末尾补 0
                                comp+=L'0';
                        m_Objectives+=L'-';
                        TibetToNumber(comp);
                    }
                if (Adhesive2!=_T(""))
                {
                        wstring comp=TiWord::recognize(Adhesive2.GetString());
                        for(int n=comp.length();n<8;n++)        //末尾补 0
                            comp+=L'0';
                        m_Objectives+=L'-';
                        TibetToNumber(comp);
                }


                }
            m_Objectives+=ch;
            TibetSyllable=_T("");


        }    //非藏文字符作为分隔符时
        if (TiWord::IsSeparate(ch)){        //ch 中是藏文分隔符
            if (TibetSyllable!=_T("")){
                //藏文音节中黏着划分
                CString TibetBase=_T("");
                CString Adhesive1=_T("");
                CString Adhesive2=_T("");
                for (int k=0;k<=TibetSyllable.GetLength();k++)
                {
                    CString Syllable=TibetSyllable.Mid(k,3);
                    CString frt=Syllable.Left(1);
                    CString midle1=Syllable.Mid(1,1);
                    CString midle2=Syllable.Mid(2,1);
                    if (Adhesive1==_T("")&&Adhesive2==_T(""))
                    {
                        TibetBase+=frt;
                    }
                    if (frt!=0x0F0B&&midle1==0x0F60&&(midle2==0x0F72||midle2==
0x0F74||midle2==0x0F7C)){
                            if (Adhesive1==_T(""))
                            {
```

```
                              Adhesive1+=midle1+midle2;
                    }
                else
                {
                              Adhesive2+=midle1+midle2;

                }
        }
    }
    //黏着词根的藏文拉丁转写
    wstring comp=TiWord::recognize(TibetBase.GetString());
    for(int n=comp.length();n<8;n++)        //末尾补 0
        comp+=L'0';
    TibetToNumber(comp);
    //黏着词的拉丁转写
    if (Adhesive1!=_T(""))
    {
        wstring comp=TiWord::recognize(Adhesive1.GetString());
        for(int n=comp.length();n<8;n++)        //末尾补 0
            comp+=L'0';
        m_Objectives+=L'-';
        TibetToNumber(comp);
    }
    if (Adhesive2!=_T(""))
    {
        wstring comp=TiWord::recognize(Adhesive2.GetString());
        for(int n=comp.length();n<8;n++)        //末尾补 0
            comp+=L'0';
        m_Objectives+=L'-';
        TibetToNumber(comp);
    }

}
//对藏文音节分隔符进行处理
if (ch==0x0F0B)
{
    m_Objectives+=L' ';

}
else
{
```

```
                    if (ch==0x0F0D)
                    {
                        m_Objectives+=L'.';
                    }
                    else
                    {
                        m_Objectives+=ch;
                    }
                }

                TibetSyllable=_T("");
            }
            if (ch<0x0FFF&&ch>0x0F00&&(!TiWord::IsSeparate(ch))){
                TibetSyllable+=ch;
            }
        }
    }
    UpdateData(false);
}
```

（14）对"保存"模块"添加处理程序"，其代码如下：

```
void CTibetanCodingDlg::OnClickedSave()
{
    // TODO: 在此添加控件通知处理程序代码
    CFile wfile;
    int i=0;

    CFileDialog dlg2(false);
    WORD unicode = 0xFEFF;
    if(dlg2.DoModal()==IDOK){
        CString path = dlg2.GetPathName();
        if(path.Right(4)!=".txt")
            path+=".txt";
        wfile.Open(path,CFile::modeCreate|CFile::modeWrite);
        wfile.Write(&unicode,sizeof(wchar_t));

        CString s=_T("");
        s=m_Objectives;
        wfile.Write(s,s.GetLength()*sizeof(wchar_t));
        wfile.Close();
    }
    UpdateData(false);
}
```

（15）对"解码"按钮"添加处理程序"，代码如下：

```cpp
void CTibetanCodingDlg::OnClickedDecoding()
{
    // TODO: 在此添加控件通知处理程序代码
    wchar_t ch;
    CString TibetCode=_T("");
    m_Objectives=_T("");
    int TibetTextLength=m_Sources.GetLength();
    for (int j=0;j<=TibetTextLength;j++){
        ch=m_Sources[j];
        if (ch>='0'&&ch<='9')     //ch 表示编码的数字
        {
            TibetCode+=ch;
        }
        else
        {
            if (TibetCode!=_T(""))
            {
                int i=TibetCode.GetLength();
                CString frt,base,rear;
                wstring w_frt,w_base,w_rear;
                int k,l,m;
                switch (i)
                {
                case 6:
                    frt=TibetCode.Left(1);
                    base=TibetCode.Mid(1,3);
                    rear=TibetCode.Right(2);
                    w_frt=frt.GetString();
                    w_base=base.GetString();
                    w_rear=rear.GetString();
                    k=SearchTabl(1,TibtFront,w_frt);
                    if (k!=-1)m_Objectives+=TibtFront[k].tibet;
                    l=SearchTabl(1,TibtBase,w_base);
                    if (l!=-1)m_Objectives+=TibtBase[l].tibet;
                    m=SearchTabl(1,TibtVowelRear,w_rear);
                    if (m!=-1)m_Objectives+=TibtVowelRear[m].tibet;
                    break;
                case 5:
```

```
                base=TibetCode.Left(3);
                rear=TibetCode.Right(2);
                w_base=base.GetString();
                w_rear=rear.GetString();
                l=SearchTabl(1,TibtBase,w_base);
                if (l!=-1)m_Objectives+=TibtBase[l].tibet;
                m=SearchTabl(1,TibtVowelRear,w_rear);
                if (m!=-1)m_Objectives+=TibtVowelRear[m].tibet;
                break;
        case 4:
                frt=TibetCode.Left(1);
                base=TibetCode.Right(3);
                w_frt=frt.GetString();
                w_base=base.GetString();
                k=SearchTabl(1,TibtFront,w_frt);
                if (k!=-1)m_Objectives+=TibtFront[k].tibet;
                l=SearchTabl(1,TibtBase,w_base);
                if (l!=-1)m_Objectives+=TibtBase[l].tibet;
                break;
        case 3:
                w_base=TibetCode.GetString();
                l=SearchTabl(1,TibtBase,w_base);
                if (l!=-1)m_Objectives+=TibtBase[l].tibet;
                break;
        default:
                m_Objectives+=TibetCode;
                break;
        }
}   //当出现非数字符号且 TibetCode 非空
TibetCode=_T("");
switch (ch)
{
case '-':
    break;
case ' ':
    m_Objectives+=_T("·");
    break;
case '.':
    m_Objectives+=_T("|");
    break;
default:
```

```
                    m_Objectives+=ch;
                }
            }
        }
    UpdateData(false);
}
```

11.4.2 代码使用说明

1. 编译可能的错误说明

编译中出现错误提示：error C4996: '_wfopen': This function or variable may be unsafe. Consider using _wfopen_s instead. To disable deprecation, use _CRT_SECURE_NO_WARNINGS. See online help for details.

解决方案：点击【项目】→【属性】→【c/c++】→【预处理器】→【预处理器定义】→【编辑】，加入"_CRT_SECURE_NO_WARNINGS"，点击【应用】→【确定】即可。

2. 码表地址说明

运行时，请按照用户自己计算机中码表的位置和文件名修改读文件的地址：

FILE *fp=**_wfopen**(L"E:\\ProgramDesign\\TibetanCoding\\TibtBase.txt ",L"rt,ccs=UNICODE");
FILE *fq=**_wfopen**(L"E:\\ProgramDesign\\TibetanCoding\\TibtVowelrear.txt ",L"rt,ccs=UNICODE");

11.5 运行结果

11.5.1 运行结果展示

（1）编码结果如图 11-9 所示。

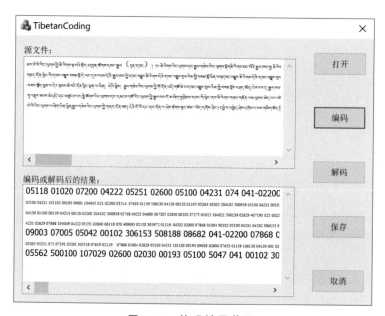

图 11-9 编码结果截图

（2）解码结果如图 11-10 所示。

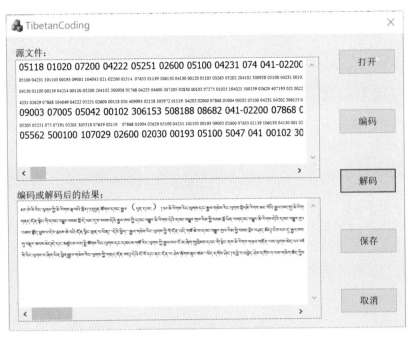

图 11-10　解码结果截图

11.5.2　讨　论

该算法在分析《藏字数字编码方案》的基础上，对原方案进行修改，基本上实现了藏文字符的数字编码、解码功能。分析编码、解码结果后发现：

（1）当原藏文文本中有数字字符时，在进行编码时不处理原数字字符，但在解码时对于数字位数大于 3 的情况并不能区分该数字是原文本中的数字还是表示藏文的数字，算法会对其进行解码，有可能解释为错误的藏文字符。

（2）本算法读取一个藏文音节，对音节构件进行分析，并查找对应的码表进行编码，但如果藏文文本中有错误的音节，识别构件时会出错，导致无法编码。

（3）藏文编码时，会把藏文音节的分隔符转换为空格，而对藏文文本原有的空格不进行任何的处理，导致该文本解码转回藏文字符时会发现原藏文文本的空格处多了一个藏文音节分隔符。

11.6　算法分析

11.6.1　时间复杂度分析

1. 编码的时间复杂度

设待处理的文本长度为 n 个字符，藏文编码时以藏文音节为单位进行处理，读取 n 个字符，以 8 个字符（考虑再下加字，拆分构件时需 8 位）为一个音节，则有 $n/8$ 个音节。对类似"ཇེའུའི"的黏着词会判断 2 次，故其运行 $n/8 \times 2 = n/4$ 次，再进行结构识别，调用结构识别的函数 $n/8 \times 3 = 3n/8$ 次。一个音节以前加字、基字、藏文元音及其后加字等分成三部分来查表，最多分别查 5 次、102 次和 72 次，即 179 次，总体次数是 $n/8 \times 179 \approx 22n$。如黏着情况把 1 个音节拆分为 1 个音节与 2 个黏着词时，查表次数为 $22n \times 3 = 66n$。总的时间复杂度为：$n + n/4 + 3n/8 + 66n$，即 $O(cn)$。

2. 解码的时间复杂度

设待处理的文本长度为 n 个表示音节的数字，每个音节最多分成前加字、基字、元音及其后加字等部分，分别查对应的表，最多分别查表 5 次、102 次和 72 次，共 179 次，则经 $179n$ 次的查表完成转换，即 $O(cn)$。

11.6.2　空间复杂度分析

1. 存储空间

用于存储码表的空间为 5+102+72=179 个单位，每个单位是一个 Table 结构体，每个结构体为两个 CString 类型。

2. 临时空间

设文本为 n 个字符，进行转换时原文件占用 n 个空间，转换后的目标文件占 n 个空间，共占 $O(2n)$ 个空间。

❖ 第 12 章 藏汉电子词典的设计

12.1 问题描述

电子词典是常用的软件之一，其最主要的功能就是实现词条的查询。本章设计一款藏汉电子词典，运用分块查找算法实现通过输入藏文词条查找对应的汉文等解释的功能。

12.2 问题分析

12.2.1 理论依据

1. 分块查找

分块查找[①]是对折半查找和顺序查找的一种改进方法。折半查找虽然具有很好的性能，但其前提条件是线性表顺序存储并按照关键码有序，这一前提条件在元素较多且要求动态变化时难以满足；顺序查找可以解决表元素动态变化的要求，但查找效率很低。如果既要保持线性表查找较快的优点，又要满足表中元素动态变化的要求，则可采用分块查找的方法。

分块查找的速度虽然不及折半查找算法，但比顺序查找算法快得多，同时又不需要对全部节点进行排序。当节点很多且块数很大时，对索引表可以采用折半查找，这样就可以进一步提高查找的速度。

由于分块查找只要求索引表是有序的，对块内节点没有排序要求，因此其特别适合于节点动态变化的情况。当节点的个数以及节点的关键码改变时，只需将该节点调整到所在的块即可。在空间复杂性上，分块查找的主要代价是增加了一个辅助数组。

分块查找要求把一个大的线性表分解成若干块，每块中的节点可以任意存放，但块与块之间必须有序。假设块与块之间满足关键码值非递减的排序要求，其实际上就是对于任意的 i，第 i 块中的所有节点的关键码值都必须小于第 $i+1$ 块中的所有节点的关键码值。此外，分块查找时还要建立一个索引表，把每块中的最大关键码值作为索引表的关键码值，按块的顺序存放到一个辅助数组中，显然这个辅助数组中的元素（索引表的关键码值）是按关键码值递减排列的。查找时，先在索引表中进行查找，确定要找的节点所在的块（由于索引表是有序，索引表的查找可以采用顺序查找或折半查找）；然后在相应的块中采用顺序查找，即可找到对应的节点。

分块查找的步骤如下：

步骤 1：选取各块中的最大关键字构成一个索引表。

步骤 2：先对索引表进行二分查找或顺序查找，以确定待查记录所在的块；然后在已确定的块中顺序查找元素。

本章所设计的藏汉电子词典要求在"输入框"中输入藏文字符时，在"列表框"中显示以输入

---

① Weiss M A. 数据结构与算法分析——C++语言描述[M]. 冯舜玺，译. 4 版. 北京：电子工业出版社，2016.

字符为前缀的可能的藏文输入词条。经分析，所有藏文字符的开头都是 30 个藏文辅音字符之一，这里用 30 个藏文辅音字符作为索引表值，把所有的词条分成 30 块，再通过当前输入词条的第一个字符索引到该字符作为开头的块中进行查找，所以藏汉词典适合用分块查找。

2. List Control 控件

为了满足当"输入框"中输入藏文字符时，能在"列表框"中显示以该字符作为前缀的可能的藏文输入词条，这里选择"List Control"作为"列表框"。

List Control[①]是 MFC 中经常用到的控件，用于显示数据列表。其基本操作有：

1）插入列

m_ErrorList.InsertColumn(0，"Amp Enable"，LVCFMT_CENTER，EnableListCtrlRect.Width() * 1 / 1，0)；

函数参数为（列位置 0、列标题为 Amp Enable、位置居中、列宽度、列索引号 0）。

2）插入行

m_Errorlist.InsertItem(0，"caption")；

函数参数为（行索引 0、行标题）。

3）插入子项

m_ListCtr.SetItemText(0，1，"content")；

函数参数为（行索引号、列索引号、子项内容）。

4）获取鼠标点击的行、列及文本

NM_LISTVIEW* pNMListView = (NM_LISTVIEW*)pNMHDR；

m_Row = pNMListView->iItem；//获得选中的行。

m_Col = pNMListView->iSubItem；//获得选中列。

m_ListControl.GetItemText(m_Row，m_Col)；//将该子项中的值放在 Edit 控件中。

12.2.2　算法思想

1. 分块查找算法的思想

（1）选取各块中的最大关键字构成一个索引表。

（2）查找分两步：先对索引表进行二分查找或顺序查找，以确定待查记录所在的块；然后在已确定的块中顺序查找元素。

算法将 n 个数据元素"按块有序"划分为 m 块（$m \leqslant n$），每一块中的节点不必有序，但块与块之间必须"按块有序"，每个块内的最大元素小于下一块的所有元素。所以，在查找一个给定的 key 值位置时，算法会先去索引表中利用顺序查找或者二分查找来找出 key 所在块的索引开始位置，然后再根据所在块的索引开始位置查找 key 所在的具体位置。

2. 分块查找在藏汉词典中的应用

按照以上的理论，设计藏汉词典中分块查找的算法设计思想：

（1）按照"分块查找"的需求建立藏汉词典。设计时以输入待查的藏文词条的第一个辅音作为索引表值，把所有藏汉词条按照第一个藏文辅音字符分成 30 块。程序初始化时读入该词典。

（2）建立分块查找的索引表。

① MFC---List Control 的用法总结 [EB/OL]. https://blog.csdn.net/qq_42281526/article/details/80774912.

（3）输入藏文词条时，用词条的第一个藏文字符查找索引表，通过索引表找到对应的块。

（4）块内顺序查找该藏文词条。

（5）显示查找结果。

12.3　算法设计

12.3.1　存储空间

1. 定义藏汉词条结构体

存储空间主要用来存放藏文（词条）及其卫星数据（汉文及解释部分），结构体定义如下：

```
//结构体定义
struct TibetWord{
    CString TibtData;
    CString ChineseData;
};
```

2. 定义藏汉词条存储数组

```
#define TibetNum 25239      //待读入的藏汉词条数
TibetWord TibtFile[TibetNum];
```

12.3.2　流程图

主函数流程如图 12-1 所示。

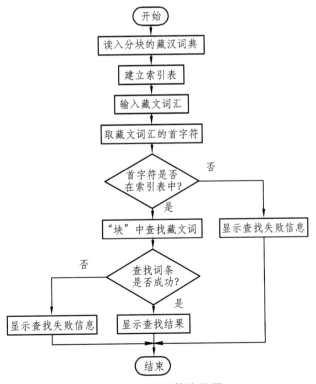

图 12-1　主函数流程图

12.3.3 伪代码

1. 建立索引表的伪代码

```
1 int CTHDictDlg::Index(CString firstword){
2     int n=int(firstword[0]);
3     switch (n){
4         case 0x0F40:   //ཀ་ཁ
5         return 0;
6         case 0x0F41:
7         return 503;
8         …
9         default:
10        return -1;
11        break;
12    }
13 }
```

2. 分块查找算法的伪代码

```
1 int CTHDictDlg::SearchTW(CString tw){
2     CString fw=tw.Left(1);
3     int k=Index(fw);
4     for (;(k<TibetNum)&&(TibtFile[k].TibtData.Left(1)==fw);k++){
5         if (wcscmp(tw,TibtFile[k].TibtData)==0) return k;
6     }
7     return -1;
8 }
```

12.4 程序实现

12.4.1 代 码

（1）新建一个名为"THDict"的"基于对话框"的 MFC 项目。

（2）设计对话框窗口，如图 12-2 所示。

① 增加两个"Edit Control"控件，分别作为输入待查找词典的输入框和显示查找结果的输出框。设置两个框属性"Modal Frame"为"True"，设置"输入框"的 ID 为"IDC_EDITINPUT"，设置"输出框"的 ID 为"IDC_EDITOUTPUT"。

② 增加两个"Button Control"按钮控件，两个按钮的"Caption"分别改为"查找""退出"；对应的 ID 分别改为"IDC_BUTTONSEARCH""IDCANCEL"。

③ 增加一个"Static Text"静态文本框，其"Caption"为"请在该框输入待查藏文词："，把"Align Text"设置为"Center"，把"Center Image"设置为"True"。

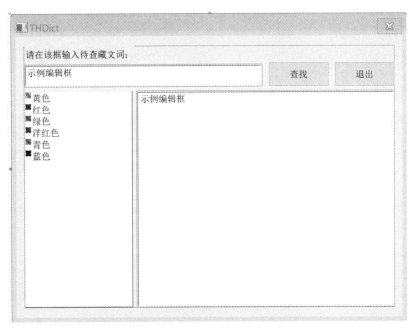

图 12-2 设计的程序对话框

④ 增加一个 "List Control" 控件，ID 设为 "IDC_LIST1"， "Alignment" 设为 "Left" "Border" "Modal Frame" "No Column Header" "No Label Wrap" "No Scroll" "No Sort Header"， "Single Selection" 设为 "True"， "View" 设为 "List"。

（3）关联变量。

在对话框上点击右键，选择【类向导】，选择 "成员变量窗口"，选择 "ID_EDITINPUT" 的类别为 "Value"，输入变量名 "m_Inputt"；选择 "ID_EDIOUTNPUT" 的类别为 "Value"，输入变量名 "m_Input"；同样为 "IDC_LIST1" 关联一个 CListCtrl 类型、名为 "m_ListControl" 的变量。

（4）增加一个类 TiWord。

① 右击 "类视图" 的 "THDict"，在弹出的菜单中选择添加的类，如图 12-3 所示。

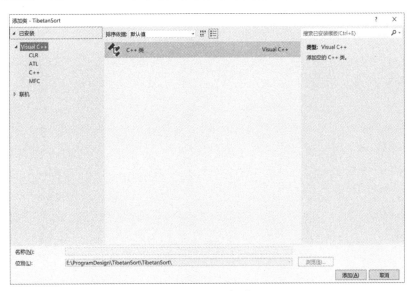

图 12-3 添加类

② 点击【添加】，在弹出的对话框的 "类名" 中输入 "TibtWord"，勾选 "虚析构函数"，点击【完成】，如图 12-4 所示。

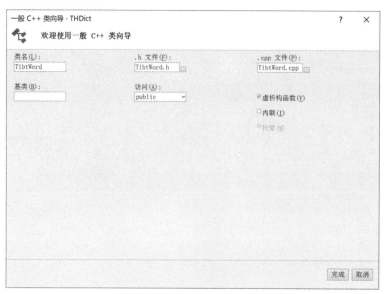

图 12-4　添加类

（5）在"TibtWord.h"中增加代码，把有关的宏定义、数据结构体定义、TibtWord 类定义的代码放在其中：

```cpp
#pragma once
#include "afxwin.h"
#include <stdio.h>
#include <stdlib.h>
#include <wchar.h>
#include <string>
#include <iostream>
#include <windows.h>
#include "afxcmn.h"
#define TibetNum 25239     //待读入的藏汉词条数

using namespace std;

//结构体定义
struct TibetWord{
    CString TibtData;
    CString ChineseData;
};
class TibtWord
{
public:
    TibtWord(void);
    virtual ~TibtWord(void);
};
```

（6）在"THDictDlg.h"中包含自定义类的头文件：

#include "TibtWord.h"

（7）在"THDictDlg.cpp"中定义词条的数组：

TibetWord TibtFile[TibetNum];

（8）基于 THDictDlg.h 增加一个设置文本框藏文字体的成员变量：

public:

 …

 CFont EditFont;

 CFont displayFont;

（9）在 THDictDlg.cpp 的 CTHDictDlg::OnInitDialog()中增加初始化的代码。

① 设置文本框的字体：

```
EditFont.CreatePointFont(180,L"Microsoft Himalaya");
displayFont.CreatePointFont(120,L"珠穆朗玛—乌金萨琼体");
GetDlgItem(IDC_EDITINPUT)->SetFont(&EditFont);
GetDlgItem(IDC_EDITOUTPUT)->SetFont(&displayFont);
GetDlgItem(IDC_LIST1)->SetFont(&EditFont);
```

② 读取词典：

```
FILE *fp=_wfopen(L"E:\\ProgramDesign\\THDict\\Tibt_Han_Dict.txt ",L"rt,ccs=UNICODE"); //读
文件指针
    wchar_t ch;
    if(fp==NULL){ //读文本异常处理
        MessageBox(L"读取词典错误",L"错误",MB_OK|MB_ICONWARNING);
        exit(1);}
    ch=fgetwc(fp);
    CString s=_T("");
    bool IsWord=true;
    for (int i=0;i<TibetNum;i++){
        while ((ch!='\n')&&(ch!=L'\r'))  {
            if (ch!=L'\t'&&IsWord==true){
                s+=ch;}
            else{
                if (ch==L'\t'){
                    TibtFile[i].TibtData=s;
                    s=_T("");
                    IsWord=false;
                }
                else{
                    s+=ch;}
            }
            ch=fgetwc(fp);
        }
```

```
            TibtFile[i].ChineseData=s;
            s=_T("");
            IsWord=true;
            ch=fgetwc(fp);        }
    fclose(fp);      //关闭文件指针
```

③ 临时增加检测词典存储正确性的代码：

```
    m_Output=_T("");
    for (int i=0;i<TibetNum;i++)
    {
        m_Output+=TibtFile[i].TibtData;
        m_Output+=_T("\t");
        m_Output+=TibtFile[i].ChineseData;
        m_Output+=_T("\r\n");
    }
    UpdateData(false);
```

说明：检测词典读入完成后，注释该部分代码。

  return TRUE; // 除非将焦点设置到控件，否则返回 TRUE。

（10）为输入窗口增加一个响应函数 OnChangeEditinput，如图 12-5 所示。

图 12-5　添加类

public:

  …

  afx_msg **void** OnChangeEditinput();

（11）基于 THDictDlg 类增加分段查找的索引函数：

public:

  …

  static int Index(**CString** firstword);

（12）实现分段查找的索引函数：

```
int CTHDictDlg::Index(CString firstword)
{
    int n=int(firstword[0]);
    switch (n)
    {
    case 0x0F40:   //ཀ་ཁ།
        return 0;
    case 0x0F41:
        return 503;
    case 0x0F42:
        return 1554;
    case 0x0F44:
        return 4025;

    case 0x0F45://ཅ་ཁ།
        return 4251;
    case 0x0F46:
        return 4385;
    case 0x0F47:
        return 5034;
    case 0x0F49:
        return 5132;

    case 0x0F4F://ཏ་ཁ།
        return 5500;
    case 0x0F50:
        return 5631;
    case 0x0F51:
        return 6217;
    case 0x0F53:
        return 8061;

    case 0x0F54://པ་ཁ།
        return 8463;
    case 0x0F55:
        return 8617;
    case 0x0F56:
        return 9309;
```

```
    case 0x0F58:
        return 11905;

    case 0x0F59://ཚ་ཞུ།
        return 13489;
    case 0x0F5A:
        return 13543;
    case 0x0F5B:
        return 13989;
    case 0x0F5D:
        return 14001;

    case 0x0F5E://ཞ་ཞུ།
        return 14034;
    case 0x0F5F:
        return 14399;
    case 0x0F60:
        return 14775;
    case 0x0F61:
        return 16687;

    case 0x0F62://ར་ཞུ།
        return 17099;
    case 0x0F63:
        return 19450;
    case 0x0F64:
        return 20702;
    case 0x0F66:
        return 21153;

    case 0x0F67://ཧ་ཞུ།
        return 24814;
    case 0x0F68:
        return 25025;
    default:
        return -1;
        break;
    }
}
```

（13）基于 THDictDlg 类增加判断字符前缀的函数。

当在文本框中输入藏文字符时，拟在候选列表框中显示以该输入字符为前缀的可能的藏文词汇。

public:

　　…

　　static bool Isprefix(**CString** prefix, **CString** allstring);

（14）实现判断字符前缀的函数：

bool CTHDictDlg::Isprefix(**CString** prefix, **CString** allstring){

　　int L1=prefix.GetLength();

　　int L=allstring.GetLength();

　　if (L1>L)　　{

　　　　return false;}

　　else {

　　　　CString substring=allstring.Left(L1);

　　　　if (wcscmp(prefix,substring)==0){

　　　　　　return true;}

　　　　else return false;

　　}

}

（15）实现 OnChangeEditinput 函数，随着输入框中字符的输入，把以该字符作为前缀的可能输入的词条更新在列表框中。

　　void CTHDictDlg::OnChangeEditinput()

　　{

　　　　// TODO:　如果该控件是 RICHEDIT 控件，它将不

　　　　// 发送此通知，除非重写 CDialogEx::OnInitDialog()

　　　　// 函数并调用 CRichEditCtrl().SetEventMask()，

　　　　// 同时将 ENM_CHANGE 标志"或"运算到掩码中。

　　　　// TODO:　在此添加控件通知处理程序代码

　　　　UpdateData(TRUE);

　　　　m_Output=_T("");

　　　　CString firstword=m_Input.Left(1);

　　　　int block_start=Index(firstword);

　　　　int WordLength=m_Input.GetLength();

　　　　int k=0,j=block_start;

　　　　m_ListControl.DeleteAllItems();

　　　　if (j!=-1)　　//当输入的字符是非藏文的 30 个开头字母时

　　　　{

　　　　　　for (int i=0;(i<10+k)&&(firstword==TibtFile[j].TibtData.Left(1));i++){

　　　　　　　　int totalstrleng=TibtFile[j].TibtData.GetLength();

　　　　　　　　if (WordLength>totalstrleng){

```
            j++;
            k++;}
        else{
            if (Isprefix(m_Input,TibtFile[j].TibtData)){
                m_ListControl.InsertItem(i,TibtFile[j].TibtData);
                j++; }
            else{
                j++;
                k++;}
            }
        }
    }
    else{
        if (m_Input!=_T(""))   {
            m_Output=_T("您所查找的词不存在！");}
        else{
            m_Output=_T("请输入待查找的藏文词汇");}
    }
    UpdateData(FALSE);
}
```

（16）基于 THDictDlg 类定义点击列表中词条的响应函数。

当鼠标单击候选列表中显示的藏文词条时，获取该词条在词典中的位置，把词条及对应的汉文、解释显示在输出框中，实现电子词典的查询功能。

```
public:
    …
    afx_msg void OnClickList1(NMHDR *pNMHDR, LRESULT *pResult);
```

（17）基于 THDictDlg 类定义词典中查找词条的查找函数 SearchTW：

```
public:
    …
    static int SearchTW(CString tw);
```

（18）实现词典中查找词条的函数：

```
int CTHDictDlg::SearchTW(CString tw){
    CString fw=tw.Left(1);
    int k=Index(fw);
    for (;(k<TibetNum)&&(TibtFile[k].TibtData.Left(1)==fw);k++){
        if (wcscmp(tw,TibtFile[k].TibtData)==0)  {
            return k;}
        }
    return -1;
}
```

该函数取出带查找词的第一个字符，把第一个字符作为词典中分段查找的索引字符只在该字符为首的词条段进行查找。

（19）实现点击列表中词条的响应函数：

```
void CTHDictDlg::OnClickList1(NMHDR *pNMHDR, LRESULT *pResult)
{
    LPNMITEMACTIVATE pNMItemActivate = reinterpret_cast<LPNMITEMACTIVATE> (pNMHDR);
    *pResult = 0;
    // TODO: 在此添加控件通知处理程序代码
        NM_LISTVIEW* pNMListView = (NM_LISTVIEW*)pNMHDR;
        int m_Row = pNMListView->iItem;        //获得选中的行
        //MessageBox(L"鼠标点击了",L"测试",MB_OK|MB_ICONWARNING);
        CString tibword=m_ListControl.GetItemText(m_Row,0);
        //m_Output=tibword;
        int i=SearchTW(tibword);
        m_Output=TibtFile[i].TibtData;
        m_Output+=_T("\r\n");
        m_Output+=TibtFile[i].ChineseData;
        UpdateData(FALSE);
    *pResult = 0;
}
```

（20）添加"查找"按钮的响应代码。

打开【类向导】，选择"查找"按钮的 ID "IDC_BUTTONSEARCH"，选择消息"BN_CLICKED"后，点击【添加处理程序】，如图 12-6 所示。

图 12-6　添加"查找"模块的代码

点击【编辑代码】后录入如下代码：

void CTHDictDlg::OnClickedButtonsearch()

{

    // TODO: 在此添加控件通知处理程序代码

    UpdateData(TRUE);

    m_Output=_T("");

    int i=SearchTW(m_Input);

    if (i!=-1){

        m_Output=TibtFile[i].TibtData;

        m_Output+=_T("\r\n");

        m_Output+=TibtFile[i].ChineseData;

    }

    else{

        m_Output=_T("您所查找的词不存在！");

    }

    UpdateData(FALSE);

}

12.4.2 代码使用说明

（1）初始化时，本程序从下面的地址读取名为"Tibt_Han_Dict.txt"的词典文本内容，请用户按照自己的存放地址修改词典所在的地址代码。

FILE *fp=_wfopen(L"E:\\ProgramDesign\\THDict\\Tibt_Han_Dict.txt ",L"rt,ccs=UNICODE");

该词典文本中一行放置一个藏文词条，以"藏文词典+Tab 按键+汉文及解释"格式存放，如图12-7 所示。

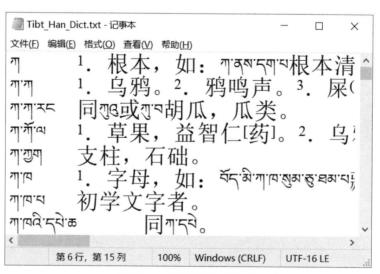

图 12-7 藏汉词典的格式

（2）编译中出现错误提示：error C4996: '_wfopen': This function or variable may be unsafe. Consider using _wfopen_s instead. To disable deprecation, use _CRT_SECURE_NO_WARNINGS. See online help for details.

解决方案：依次点击【项目】→【属性】→【c/c++】→【预处理器】→【预处理器定义】→【编辑】，加入 "_CRT_SECURE_NO_WARNINGS" 即可。

12.5　运行结果

（1）运行程序，在"输入框"中输入藏文词条，以该词条首字符作为前缀的 10 个词条显示在左边的列表框中，如图 12-8 所示。

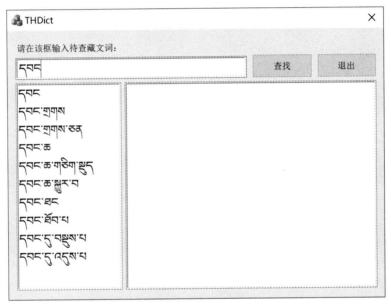

图 12-8　运行界面

（2）输入完藏文词条，点击【查找】按钮，查找成功则结果显示在"输出框"中，如图 12-9 所示。

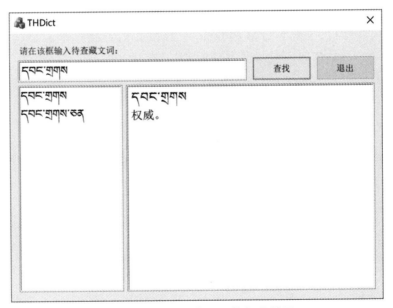

图 12-9　点击"查找"按钮的结果

（3）用鼠标点击列表框中的一个候选词条，系统在词典中查找该词条，并将结果显示在"输出框"中，如图 12-10 所示。

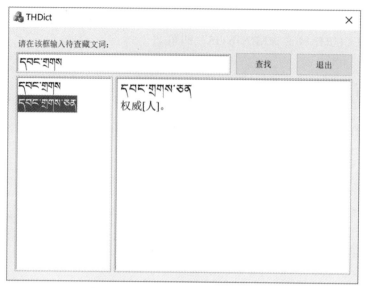

图 12-10　点击列表中词条的结果

12.6　算法分析

12.6.1　时间复杂度分析

使用电子词典时，算法先按照待查词条的首字符在索引表中顺序查找，时间复杂度为 $O(m)$，然后在待查词条所在块的位置开始顺序查找，时间复杂度为 $O(n/m)$。其中，m 为分块的数量，n 为总词条的数量，n/m 就是每块内词条的数量。

最好情况：m 个块中均匀分散 n/m 个词条，则查找一个词条的最好时间复杂度为 $O(m+n/m)$。

最坏情况：m 个块中 $m-1$ 个块为空，n 个数据都分散在一个块中，则查找一个数据的最坏时间复杂度为 $O(m+n)$。

平均情况：m 个块中比较均匀分散约 n/m 个数据，则查找一个数据的平均时间复杂度为 $O(m+n/m)$，一般 $m \ll n/m$，则时间复杂度为 $O(n/m)$。

12.6.2　空间复杂度分析

1. 数据存储空间

程序数据存储空间主要用于存储藏汉词典，定义了 n 个 TibetWord 结构体数组，每个结构体有两个 CString 成员，分别用于存储藏文词条和对应的汉文解释。算法中 n 代表词条的总数为 25 239 个，故程序的数据存储空间为 $O(n)$。

2. 辅助存储空间

程序定义了若干个 CString 类型的变量，用于临时存储输入的藏文词条、取出的词条等临时变量，故辅助空间复杂度为 $O(1)$。

第 4 篇 　　藏文字符统计

✦　第 13 章　全藏字字符构件静态统计

13.1　问题描述

藏字是拼音型文字，由 1~7 个不同数量的构件字符通过横向与纵向叠加组合而成。藏文文法对每个位置上的构件有严格的限制，每个构件构成藏字的能力不一样，所以每个构件在藏文字符中出现的频度也不一样。

按照藏文文法规则，对固定样本的统计称为"静态统计"，而以大量的真实藏文文本语料库为样本进行的统计称为"动态统计"。本章以生成的 18 785 个现代藏字全集为统计样本，统计藏字各个位置上每个构件出现的次数，并对统计数据进行分析，从而揭示出全藏字的结构和每个构件的构字能力。

13.2　问题分析

13.2.1　理论依据

现代藏字传统上认为由 30 个辅音字母和 4 个元音拼写组合而成，根据各字符出现的位置，分别命名为前加字（5 个）、上加字（3 个）、基字（30 个）、下加字（4 个）、再下加字（1 个）、元音符号（4 个）、后加字（10 个）、再后加字（2 个）八个构件。藏文文法不仅对藏字不同位置上的构件有严格的限制，而且使每个构成之间也有很强的相互制约作用，每个构件出现的频度也不同。

要统计每个构件的出现次数，首先要识别每个藏字的各个构件；其次要定义一个结构体，作为每个构件与构件出现次数的计数器，初始化时使每个构件的计数器归零；然后通过算法对出现的构件对应的计数器进行累加；最后输出各构件及对应的计数器的值。

13.2.2　算法思想

按照以上的理论分析，算法的设计思想如下：

（1）藏文构件统计首先要识别藏文音节及其构件，所以定义一个 TibetWord 结构体，用来存放音节和识别的构件；从文本中读取藏字并进行构件识别，把读取的音节和识别的构件作为一个整体存入到该结构体中。

（2）读入全藏字符集后，每一个藏字就是一个结构体，并存储于结构体数组中。

（3）要统计构件就需要定义一个结构体 TibetComponents，用来存放藏字的每个构件与其出现的次数。该结构体包括两个成员，一个用于存放构件，一个用于记录该构件出现的次数。

（4）初始化每个构件及计数器。

（5）遍历全藏字集，根据每个藏字相应的构件对其计数器进行累加。

（6）输出排序结果。

13.3 算法设计

13.3.1 存储空间

（1）定义一个 TibetWord 结构体，用于存储一个藏文音节及其构件：

```
struct TibetWord{
    wstring s;      //存储音节本身，长度为 1~8 个宽字节。
    wstring result;   //存储构件识别结果，长度为 8 个宽字节。
};
```

（2）定义一个结构体数组，用来存放 18 785 个藏字及其识别后的构件：

```
TibetWord TibetFull[18785];
```

（3）定义一个 TibetComponents 结构体，用来存放一个构件及构件出现的次数。

```
struct TibetComponents{
    wchar_t TibetComp; //定义一个宽字符，用于存放构件本身。
    int freq;                //该构件出现的次数。
};
```

（4）定义现代藏字结构中对应 8 个位置的构件存储数组，用于存放每个构件及其出现次数。除基字的数组以外，每个数组多定义一个存储空间，用于记录缺少该构件的次数。

```
static TibetComponents FrontComp[6];
static TibetComponents HeadComp[4];
static TibetComponents JiziComp[30];
static TibetComponents FootComp[5];
static TibetComponents AgainFootComp[2];
static TibetComponents VowelComp[5];
static TibetComponents RearComp[11];
static TibetComponents AgainRearComp[3];
```

13.3.2 流程图

主函数流程如图 13-1 所示。

13.3.3 伪代码

（1）主程序伪代码：

1　打开读、写文件
2　读入一行文本
3　TibetFull[i].result=recognize(TibetFull[i].s);
　　//调用构件识别函数，将识别结果返回字
　　　符串 result
4　基字还原
5　FrontComp[0].TibetComp=0x0F42;
　　//初始化前加字符和计数器

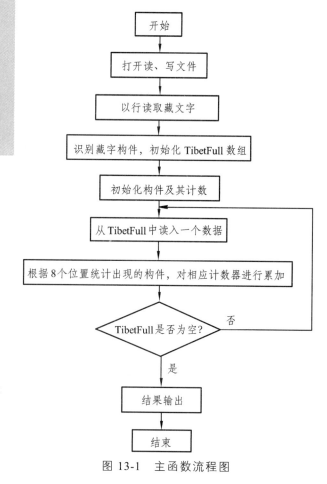

图 13-1　主函数流程图

```
6    FrontComp[1].TibetComp=0x0F51;
7    FrontComp[2].TibetComp=0x0F56;
8    FrontComp[3].TibetComp=0x0F58;
9    FrontComp[4].TibetComp=0x0F60;
10   FrontComp[5].TibetComp=L'0';
11     for(int i=0;i<=5;i++){
12         FrontComp[i].freq=0;
13     }
14   初始化其他构件及其计数器
15   for(int j=0;j<TibetNum;j++){
16   printf("%d\n",j);
17   TibetWord key=TibetFull[j];
18   构件统计
19   输出统计结果
```

（2）构件统计是程序关键的代码，其中前加字统计代码如下，其他类似：

```
1    for(int k=0;k<=5;k++){
2        if(key.result[0]==FrontComp[k].TibetComp){
3            FrontComp[k].freq++;
4            break;
5        }
6    }
```

13.4　程序实现

13.4.1　代　码

（1）新建一个空的控制台应用程序。
（2）"头文件"中新建一个名为"TibetanStaticStatistics.h"的头文件。
在第 5 章"全藏字的插入排序"中"InsertSort.h"代码的基础上，增加如下代码：

```
struct TibetComponents{
    wchar_t TibetComp;
    int freq;
};
static TibetComponents FrontComp[6];
static TibetComponents HeadComp[4];
static TibetComponents JiziComp[30];
static TibetComponents FootComp[5];
static TibetComponents AgainFootComp[2];
static TibetComponents VowelComp[5];
static TibetComponents RearComp[11];
static TibetComponents AgainRearComp[3];
```

（3）在"源文件"中新建一个名为"TibetanStaticStatistics.cpp"的源文件，其中代码如下：

```
#include"TibetanStaticStatistics.h"    //把新建的头文件包括进来
int main(void){
    LARGE_INTEGER Freq, start_time,finish_time;
    FILE *fp=_wfopen(L"E:\\ProgramDesign\\全藏字集.txt",L"rt,ccs=UNICODE");    //读文件指针
        FILE *fq=_wfopen(L"E:\\ProgramDesign\\TibetanStaticStatistics\\全藏字集藏文构件静态统计.txt", L"wt,ccs=UNICODE");    //写文件指针
        FILE *fr=_wfopen(L"E:\\ProgramDesign\\TibetanStaticStatistics\\全藏字集藏文构件静态统计频率.txt", L"wt");
    if(fp==NULL)            //读文本异常处理
    {
        printf("\n Can't open the file!");
        getwchar();
        exit(1);
        }
    wchar_t ch=fgetwc(fp);        //ch 存储当前字符
    int i=0;        //i 控制当前音节在数组中的位置
    while(!feof(fp))        //初始化结构体数组 TibetFull
    {
        while((!feof(fp))&&(ch!='\n'))        //读取一个音节（文本中的一行），存入 s 中
        {
            TibetFull[i].s+=ch;
            ch=fgetwc(fp);
            }
        TibetFull[i].result=recognize(TibetFull[i].s);
        //调用构件识别函数，并将识别结果返回字符串 result
    if((TibetFull[i].result[2]>=0x0F90)&&(TibetFull[i].result[2]<=0x0FB8)&&(TibetFull[i].result[2]!=0x0FAD)&&(TibetFull[i].result[2]!=0x0FB1)&& (TibetFull[i].result[2]!=0x0FB2)&& (TibetFull[i].result[2]!=0x0FB3))
        TibetFull[i].result[2]=wchar_t((int)TibetFull[i].result[2]-80);        //基字还原
        for(int n=TibetFull[i].result.length();n<8;n++)        //末尾补 0
                TibetFull[i].result+=L'0';
        i++;
        ch=fgetwc(fp);
    }
    QueryPerformanceFrequency(&Freq);
    QueryPerformanceCounter(&start_time);
    //初始化字符和计数器
    FrontComp[0].TibetComp=0x0F42;
    FrontComp[1].TibetComp=0x0F51;
    FrontComp[2].TibetComp=0x0F56;
```

```
FrontComp[3].TibetComp=0x0F58;
FrontComp[4].TibetComp=0x0F60;
FrontComp[5].TibetComp=L'0';
 for(int i=0;i<=5;i++){
     FrontComp[i].freq=0;
 }


HeadComp[0].TibetComp=0x0F62;
HeadComp[1].TibetComp=0x0F63;
HeadComp[2].TibetComp=0x0F66;
HeadComp[3].TibetComp=L'0';
for(int i=0;i<=3;i++){
     HeadComp[i].freq=0;
}


JiziComp[0].TibetComp=0x0F40;
JiziComp[1].TibetComp=0x0F41;
JiziComp[2].TibetComp=0x0F42;
JiziComp[3].TibetComp=0x0F44;
JiziComp[4].TibetComp=0x0F45;
JiziComp[5].TibetComp=0x0F46;
JiziComp[6].TibetComp=0x0F47;
JiziComp[7].TibetComp=0x0F49;
JiziComp[8].TibetComp=0x0F4F;
JiziComp[9].TibetComp=0x0F50;
JiziComp[10].TibetComp=0x0F51;
JiziComp[11].TibetComp=0x0F53;
JiziComp[12].TibetComp=0x0F54;
JiziComp[13].TibetComp=0x0F55;
JiziComp[14].TibetComp=0x0F56;
JiziComp[15].TibetComp=0x0F58;
JiziComp[16].TibetComp=0x0F59;
JiziComp[17].TibetComp=0x0F5A;
JiziComp[18].TibetComp=0x0F5B;
JiziComp[19].TibetComp=0x0F5D;
JiziComp[20].TibetComp=0x0F5E;
JiziComp[21].TibetComp=0x0F5F;
JiziComp[22].TibetComp=0x0F60;
JiziComp[23].TibetComp=0x0F61;
JiziComp[24].TibetComp=0x0F62;
JiziComp[25].TibetComp=0x0F63;
```

```
JiziComp[26].TibetComp=0x0F64;
JiziComp[27].TibetComp=0x0F66;
JiziComp[28].TibetComp=0x0F67;
JiziComp[29].TibetComp=0x0F68;
for(int i=0;i<30;i++){
    JiziComp[i].freq=0;
}

FootComp[0].TibetComp=0x0FAD;
FootComp[1].TibetComp=0x0FB1;
FootComp[2].TibetComp=0x0FB2;
FootComp[3].TibetComp=0x0FB3;
FootComp[4].TibetComp=L'0';
for(int i=0;i<=4;i++){
    FootComp[i].freq=0;
}

AgainFootComp[0].TibetComp=0x0FAD;
AgainFootComp[1].TibetComp=L'0';
for(int i=0;i<=1;i++){
    AgainFootComp[i].freq=0;
}

VowelComp[0].TibetComp=0x0F72;
VowelComp[1].TibetComp=0x0F74;
VowelComp[2].TibetComp=0x0F7A;
VowelComp[3].TibetComp=0x0F7C;
VowelComp[4].TibetComp=L'0';
for(int i=0;i<=4;i++){
    VowelComp[i].freq=0;
}

RearComp[0].TibetComp=0x0F42;
RearComp[1].TibetComp=0x0F44;
RearComp[2].TibetComp=0x0F51;
RearComp[3].TibetComp=0x0F53;
RearComp[4].TibetComp=0x0F56;
RearComp[5].TibetComp=0x0F58;
RearComp[6].TibetComp=0x0F60;
RearComp[7].TibetComp=0x0F62;
RearComp[8].TibetComp=0x0F63;
```

```
RearComp[9].TibetComp=0x0F66;
RearComp[10].TibetComp=L'0';
for(int i=0;i<=10;i++){
    RearComp[i].freq=0;
}

AgainRearComp[0].TibetComp=0x0F51;
AgainRearComp[1].TibetComp=0x0F66;
AgainRearComp[2].TibetComp=L'0';
for(int i=0;i<=2;i++){
    AgainRearComp[i].freq=0;
}

for(int j=0;j<TibetNum;j++){
    printf("%d\n",j);
    TibetWord key=TibetFull[j];
    for(int k=0;k<=5;k++){
        if(key.result[0]==FrontComp[k].TibetComp){
            FrontComp[k].freq++;
            break;
        }
    }
    for(int k=0;k<=3;k++){
        if(key.result[1]==HeadComp[k].TibetComp){
            HeadComp[k].freq++;
            break;
        }
    }
    for(int k=0;k<30;k++){
        if(key.result[2]==JiziComp[k].TibetComp){
            JiziComp[k].freq++;
            break;
        }
    }
    for(int k=0;k<=4;k++){
        if(key.result[3]==FootComp[k].TibetComp){
            FootComp[k].freq++;
            break;
        }
    }
    for(int k=0;k<=1;k++){
```

```
            if(key.result[4]==AgainFootComp[k].TibetComp){
                AgainFootComp[k].freq++;
                break;
            }
        }
        for(int k=0;k<=4;k++){
            if(key.result[5]==VowelComp[k].TibetComp){
                VowelComp[k].freq++;
                break;
            }
        }
        for(int k=0;k<=10;k++){
            if(key.result[6]==RearComp[k].TibetComp){
                RearComp[k].freq++;
                break;
            }
        }
        for(int k=0;k<=2;k++){
            if(key.result[7]==AgainRearComp[k].TibetComp){
                AgainRearComp[k].freq++;
                break;
            }
        }
}
QueryPerformanceCounter(&finish_time);
printf("\n\nTime used:%u 秒.\n\n",(finish_time.QuadPart-start_time.QuadPart)/Freq.QuadPart);
for(i=0;i<=5;i++){        //输出前加字统计结果
    fputws(&(FrontComp[i].TibetComp),fq);
    fputwc(L'\t',fq);
    printf("%d\n",FrontComp[i].freq);
    fprintf(fr,"%d\n",FrontComp[i].freq);
    fputwc(L'\n',fq);
}
for(i=0;i<=3;i++){        //输出上加字统计结果
    fputws(&(HeadComp[i].TibetComp),fq);
    fputwc(L'\t',fq);
    printf("%d\n",HeadComp[i].freq);
    fprintf(fr,"%d\n",HeadComp[i].freq);
    fputwc(L'\n',fq);
```

```
    }
    for(i=0;i<30;i++){          //输出基字统计结果
        fputws(&(JiziComp[i].TibetComp),fq);
        fputwc(L'\t',fq);
        printf("%d\n",JiziComp[i].freq);
        fprintf(fr,"%d\n",JiziComp[i].freq);
        fputwc(L'\n',fq);
    }
    for(i=0;i<=4;i++){          //输出下加字统计结果
        fputws(&(FootComp[i].TibetComp),fq);
        fputwc(L'\t',fq);
        printf("%d\n",FootComp[i].freq);
        fprintf(fr,"%d\n",FootComp[i].freq);
        fputwc(L'\n',fq);
    }
    for(i=0;i<=1;i++){          //输出再下加字统计结果
        fputws(&(AgainFootComp[i].TibetComp),fq);
        fputwc(L'\t',fq);
        printf("%d\n",AgainFootComp[i].freq);
        fprintf(fr,"%d\n",AgainFootComp[i].freq);
        fputwc(L'\n',fq);
    }
    for(i=0;i<=4;i++){          //输出元音统计结果
        fputws(&(VowelComp[i].TibetComp),fq);
        fputwc(L'\t',fq);
        printf("%d\n",VowelComp[i].freq);
        fprintf(fr,"%d\n",VowelComp[i].freq);
        fputwc(L'\n',fq);
    }
    for(i=0;i<=10;i++){          //输出后加字统计结果
        fputws(&(RearComp[i].TibetComp),fq);
        fputwc(L'\t',fq);
        printf("%d\n",RearComp[i].freq);
        fprintf(fr,"%d\n",RearComp[i].freq);
        fputwc(L'\n',fq);
    }
    for(i=0;i<=2;i++){          //输出再后加字统计结果
        fputws(&(AgainRearComp[i].TibetComp),fq);
        fputwc(L'\t',fq);
        printf("%d\n",AgainRearComp[i].freq);
```

```
        fprintf(fr,"%d\n",AgainRearComp[i].freq);
        fputwc(L'\n',fq);
    }


    fclose(fq);
    fclose(fp);
    fclose(fr);
}
```

13.4.2 代码使用说明

（1）程序运行时，控制台应用程序会显示正在处理的数据，如图 13-2 所示。

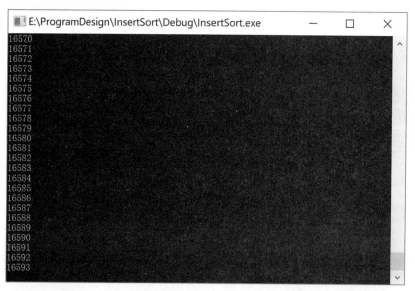

图 13-2　控制台应用程序显示正在处理的数组下标

（2）程序运行时，用户应按照自己计算机中读写文件的地址修改下列代码：

```
    FILE *fp=_wfopen(L"E:\\ProgramDesign\\全藏字集.txt",L"rt,ccs=UNICODE");    //读文件指//针
    FILE *fq=_wfopen(L"E:\\ProgramDesign\\TibetanStaticStatistics\\全藏字集藏文构件静态统计.txt", L"wt,ccs=UNICODE");   //写文件指针
    FILE *fr=_wfopen(L"E:\\ProgramDesign\\TibetanStaticStatistics\\全藏字集藏文构件静态统计频率.txt", L"wt");
```

（3）可能出现的出错提示：

e:\programdesign\tibetanstaticstatistics\tibetanstaticstatistics\tibetanstaticstatistics.cpp(42): error C2440: "=": 无法从 "**const wchar_t** [2]" 转换为 "**wchar_t**"

解决方法：点击【调试】→【XXX 项目属性】→【配置属性】→【常规】→【字符集】→【使用多字节集】。

13.5 运行结果

按照以上程序设计，将 18 785 个现代藏字进行了构件识别，对各构件出现的次数统计分析如下：

1. 各前加字出现的次数

以 18 785 个全藏字为统计样本统计的各前加字出现的次数如表 13-1 所示。从表 13-1 可以看出，有前加字的藏字占全藏字的近一半，其中前加字"ག"的构字能力最强，又占前加字的近一半。

表 13-1　构件中各前加字出现的次数

序号	前加字符	次数	占比
1	ག	938	4.99%
2	ད	1 280	6.81%
3	བ	3 827	20.37%
4	མ	1 278	6.80%
5	འ	1 620	8.62%
6	0	9 842	52.39%

2. 各上加字出现的次数

以 18 785 个全藏字为统计样本统计的各上加字出现的次数如表 13-2 所示。从表 13-2 可以看出，有上加字的藏字占全藏字的近三分之一，其中上加字"ས"的构字能力最强，又占上加字的近一半。

表 13-2　构件中各上加字出现的次数

序号	上加字	次数	占比
1	ར	2 380	12.67%
2	ལ	1 020	5.43%
3	ས	2 890	15.38%
4	0	12 495	66.52%

3. 各基字出现的次数

以 18 785 个全藏字为统计样本统计的各基字出现的次数如表 13-3 所示。从表 13-3 可以看出，基字是每个藏字必不可缺少的构件，但各基字的构字能力不一样，其中基字"ག"的构字能力最强，占 14.02%，约是构字能力最弱的基字"ཝ"的 33 倍。

表 13-3　构件中各基字出现的次数

序号	基字	次数	占比	序号	基字	次数	占比
1	ཀ	2 040	10.86%	16	ཟ	763	4.06%
2	ཁ	850	4.52%	17	ཅ	680	3.62%
3	ག	2 634	14.02%	18	ཆ	340	1.81%
4	ང	678	3.61%	19	ཇ	425	2.26%
5	ཅ	255	1.36%	20	ཞ	85	0.45%
6	ཆ	255	1.36%	21	ཀ	340	1.81%
7	ཇ	510	2.71%	22	ཟ	510	2.71%
8	ཉ	680	3.62%	23	ཝ	80	0.43%
9	ཏ	765	4.07%	24	ཡ	170	0.90%

序号	基字	次数	占比	序号	基字	次数	占比
10	ཟ	340	1.81%	25	ར	260	1.38%
11	ང	1 100	5.86%	26	ལ	175	0.93%
12	ཉ	685	3.65%	27	ཤ	340	1.81%
13	ས	850	4.52%	28	ཨ	595	3.17%
14	ཕ	595	3.17%	29	ད	340	1.81%
15	བ	1 360	7.24%	30	ཡ	85	0.45%

4. 各下加字出现的次数

以 18 785 个全藏字为统计样本统计的各下加字出现的次数如表 13-4 所示。从表 13-4 可以看出，有下加字的藏字约占全藏字的 40%，其中下加字"ྱ""ྲ"的构字能力较强。

表 13-4　构件中各下加字出现的次数

序号	下加字	次数	占比
1	ྭ	1 105	5.88%
2	ྱ	2 805	14.93%
3	ྲ	2 890	15.38%
4	ླ	850	4.52%
5	0	11 135	59.28%

5. 各再下加字出现的次数

以 18 785 个全藏字为统计样本统计的再下加字出现的次数如表 13-5 所示。从表 13-5 可以看出，有再加字的藏字仅占全藏字的 0.9%，不到 1%。

表 13-5　构件中再下加字出现的次数

序号	再下加字	次数	占比
1	ྭ	170	0.90%
2	0	18 615	99.10%

6. 各元音出现的次数

以 18 785 个全藏字为统计样本统计的各元音出现的次数如表 13-6 所示。从表 13-6 可以看出，各元音构字的能力是一样的，这是由于藏文文法没有限制元音的添加所致。

表 13-6　构件中各元音出现的次数

序号	元音	次数	占比
1	ི	3 757	20.00%
2	ུ	3 757	20.00%
3	ེ	3 757	20.00%
4	ོ	3 757	20.00%
5	0	3 757	20.00%

7. 各后加字出现的次数

以 18 785 个全藏字为统计样本，统计的各后加字出现的次数如表 13-7 所示。从表 13-7 可以看出，很多后加字出现的次数几乎相等，这也是藏文文法没有限制后加字的添加所致。其中后加字"འ"的次数最少，其构字能力最弱，这是由于文法约定基字明确后可省略该后加字导致的。

表 13-7　构件中各后加字出现的次数

序号	后加字	次数	占比
1	ག	2 208	11.75%
2	ད	2 212	11.78%
3	ད	1 120	5.96%
4	ན	2 205	11.74%
5	བ	2 208	11.75%
6	མ	2 209	11.76%
7	འ	48	0.26%
8	ར	2 205	11.74%
9	ལ	2 205	11.74%
10	ས	1 108	5.90%
11	0	1 057	5.63%

8. 各再后加字出现的次数

以 18 785 个全藏字为统计样本，统计的各再后加字出现的次数如表 13-8 所示。从表 13-8 可以看出，有再后加字的约占 40%。

表 13-8　构件中各再后加字出现的次数

序号	再后加字	次数	占比
1	ད	3 300	17.57%
2	ས	4 417	23.51%
3	0	11 068	58.92%

9. 各辅音出现的次数

以 18 785 个全藏字为统计样本，统计中发现有 4 个元音的构字能力是一样的，这是由于藏文文法没有限定各元音的添加规律，各元音具有相同的构字规律和能力。传统文法认为藏文就是由 30 个辅音和 4 个元音构成，但有些辅音充当了不同的构字构件，把不同构件的同一辅音视为一个进行统计的结果如表 13-9 所示。从表 13-9 可以看出，占比在 6% 以上的辅音都是能充当后加字的 9 个辅音，这也是由于藏文文法没有限制后加字的添接产生的；占比在 10% 以上的 4 个辅音都是能充当多个构件、出现次数很多、构字能力最强的辅音。

表 13-9 构件中各辅音字符出现的次数

序号	基字	次数	前加字	上加字	下加字	再下加字	后加字	再后加字	合 计	占 比
1	ཀ	2 040							2 040	3.03%
2	ཁ	850							850	1.26%
3	ག	2 634	938				2 208		5 780	8.59%
4	ང	678					2 212		2 890	4.30%
5	ཅ	255							255	0.38%
6	ཆ	255							255	0.38%
7	ཇ	510							510	0.76%
8	ཉ	680							680	1.01%
9	ཏ	765							765	1.14%
10	ཐ	340							340	0.51%
11	ད	1 100	1 280				1 120	3 300	6 800	10.11%
12	ན	685					2 205		2 890	4.30%
13	པ	850							850	1.26%
14	ཕ	595							595	0.88%
15	བ	1 360	3 827				2 208		7 395	10.99%
16	མ	763	1 278				2 209		4 250	6.32%
17	ཙ	680							680	1.01%
18	ཚ	340							340	0.51%
19	ཛ	425							425	0.63%
20	ཝ	85			1 105	170			1 360	2.02%
21	ཞ	340							340	0.51%
22	ཟ	510							510	0.76%
23	འ	80	1 620				48		1 748	2.60%
24	ཡ	170			2 805				2 975	4.42%
25	ར	260		2 380	2 890		2 205		7 735	11.50%
26	ལ	175		1 020	850		2 205		4 250	6.32%
27	ཤ	340							340	0.51%
28	ས	595		2 890			1 108	4 417	9 010	13.39%
29	ཧ	340							340	0.51%
30	ཨ	85							85	0.13%
合 计		1 8785	8 943	6 290	7 650	170	17 728	7 717	67 283	100.00%

13.6　算法分析

13.6.1　时间复杂度分析

本算法由构件识别和构件统计两部分组成，待处理的数据有 18 785 个，构件识别时，每个数据处理 1 次，则理论上处理次数是 18 784 次，即 $O(n)$；构件统计时，每个藏字最多拆成 8 个构件，每个构件最多比较 30 次（与 30 个基字比较统计）。理论上最坏次数就是 $8 \times 30 \times 18\,784$ 次，最坏时间复杂度为 $O(cn)$，即 $O(n)$。

13.6.2　空间复杂度分析

1. 存储空间

（1）算法中使用的全藏字集音节数量为 18 785 个。因此，全藏字需要的存储空间大约为 $18\,785 \times 2(wstring) \times 8(wchar)$ 个，即 $O(n)$。

（2）构件统计存储 66 个数据，每个数据占 1 个 wchar 和 int，即 $O(1)$。

2. 临时空间

临时变量 key 约占用 $2(wstring) \times 8(wchar)$ 个空间，即 $O(1)$。

❖ 第14章 基于动态顺序存储的单文件藏文音节统计

14.1 问题描述

一个藏文音节是用有限的构件作为前加字、上加字、基字、下加字、元音、后加字和再后加字来构成"二维平面"的字符，每个字符用音节点等隔开。藏文文法对音节字的构成有严格的限制，在理论上符合藏文文法拼写规定的音节字有 18 000 多个，但其中的很多音节字没有被赋予字义或词义。藏文音节字类似于汉字，有组词的语法功能，一个音节字可以构成很多词，再构成句子。音节字是词和句子的最小语法单位。对藏文音节字的统计不仅能反映每个藏文音节的组词能力，也能反映出藏文音节字实际运用的频次。本章以单个真实的藏文语料为统计源，编程实现对单文本中藏文音节字的统计，并对其算法效率进行分析。

14.2 问题分析

14.2.1 理论依据

1. 藏文音节统计理论

对藏文音节进行统计时，算法以真实的藏文语料为统计源，扫描藏文文本，存储当前读取的字符，当遇到一个藏文音节分割字符时说明该藏文音节已结束。用读取藏文音节在存储音节统计的线性表中进行查找，如果该音节已插入到线性表中，则其频度加 1；如果在线性表中没有查找到该音节，则插入该音节并设其频度为"1"。

藏文音节分隔采用第 10 章"藏文的拉丁转写"中的方法，用整理出的 90 个藏文音节分隔符、数字、特殊符号作为音节字的分隔符，用来在藏文连续文本中分隔藏文音节。

2. 线性表的顺序存储

统计出的藏文音节可以用一个线性表来存储。线性表的顺序存储有以下两种方式：

1）线性表的静态存储

```
#define LIST_SIZE 100
typedef struct{
    ElemType elem[LIST_SIZE];    /* 存储空间*/
    int length;                  /* 当前长度*/
}SqList_static;
```

线性表的静态存储就是开辟一定的存储空间用于存储线性表的元素，该方案实现简单，但存在以下问题：

（1）如 LIST_SIZE 过小，则会导致顺序表上溢。

（2）如 LIST_SIZE 过大，则会导致空间的利用率不高。

对真实藏文文本进行音节统计时，由于事先并不知道该文本中藏文音节的数量，为了克服线性表以上缺陷，只有采用线性表的动态存储方式。

2）线性表的动态存储[①]

```
#define LIST_INIT_SIZE 100    /* 存储空间的初始分配量*/
#define LISTINCREMENT 10      /* 存储空间的分配增量   */
typedef struct{
    ElemType *elem;           /* 存储空间的基址      */
    int length;               /* 当前长度 */
    int listsize;             /* 当前分配的存储容量   */
}SqList;
```

线性表的动态存储结构中，数组指针 elem 指示线性表的基地址，length 指示线性表的当前长度，listsize 指示当前分配的存储容量。顺序表在初始化时分配一个预定义大小的数组空间（#define LIST_INIT_SIZE　100），并将线性表的当前长度设为“0”。一旦因插入元素而使得空间不足时，可以再进行分配，即为顺序表增加一个大小为存储 LISTINCREMENT 个数据元素的空间。

线性表的动态存储解决了线性表静态存储中“上溢”问题和“空间利用率不高”的问题，但有时间和空间代价：

（1）必须记载当前线性表的实际分配的空间大小。

（2）当线性表不再使用时，应释放其所占的空间。

（3）要求实现的语言能提供空间的动态分配与释放管理。

14.2.2　算法思想

按照以上的理论，设计算法思想如下：

统计时，逐个读取文本中的 Unicode 字符，并将读取的字符存入字符串“ch”中，判断“ch”是否为“·”“ཿ”等 90 个藏文音节分隔符号或非藏文字符之一，如果是则表示一个音节读取结束，把“s”中保存的当前藏文音节存入到线性表中；如果“ch”中的字符不是藏文音节分隔符，则把“ch”中的字符添加到“s”中。具体方法如下：

（1）若文件未结束，初始化字符串 s；若文件结束，则程序结束。

（2）如果当前字符 ch 为非藏文，转到（5），读取下一个字符。

（3）如果当前读取的字符为藏文字符时，判断是否是藏文音节分隔符，如果不是分隔符，则将该字符添加到字符串 s 中，并读取下一个字符，重复（3），直到当前字符为非藏文字符或藏文分隔符后转到（5）。

（4）如果当前读取的字符为数字、特殊符号等藏文音节分隔符，则将 ch 中的字符也存入到线性表中。

（5）若 s 非空，将 s 存入线性表中，转到（1）。

---

① 严蔚敏，吴伟民. 数据结构（C 语言版）[M]. 清华大学出版社，2017.

14.3　算法设计

14.3.1　存储空间

1. 定义存储藏文音节及频度的结构体

```
struct TibetWord{
    wchar_t s[8];     //存储音节本身，长度为8个字符
    int freq;         //存储该音节的频度
};
```

2. 顺序表的动态存储

```
#define   LIST_INIT_SIZE   100      /* 存储空间的初始分配量*/
#define   LISTINCREMENT   10        /* 存储空间的分配增量  */
typedef   struct{
    TibetWord   *elem;              /* 存储空间的基址    */
    int        length;             /* 当前长度         */
    int        listsize;           /* 当前分配的存储容量  */
}SqList;
```

14.3.2　流程图

主函数流程如图 14-1 所示。

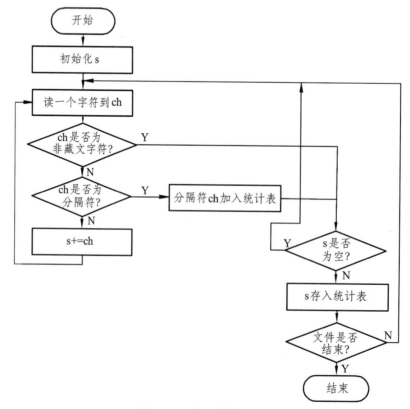

图 14-1　主函数流程图

14.3.3　伪代码

字频统计过程中最关键的部分是对非藏文编码、藏文分隔符、特殊字符的处理，该部分伪代码如下：

```
1 Statis(){
2     CString TibetSyllable=_T("");
3     int TibetTextLength=TibetText.GetLength();
4     for (int j=0;j<=TibetTextLength;j++){
5         ch=TibetText[j];
6         if (ch>0x0FFF||ch<0x0F00) {    //非藏文字符也作为分隔符
7         如果 s 中有数据则插入到统计表中}
8         else {    //ch 是藏文字符
9             if (TiWord::IsSeparate(ch)==false) {//判断是否是藏文音节分隔符
10                TibetSyllable+=ch; }
11            else {
12                if (TibetSyllable!=_T("")){
13                    s 插入统计表}
14        }
15 }
```

14.4　程序实现

14.4.1　代　码

（1）新建 MFC 项目。

① 新建一个"MFC 应用程序"。

② 在"MFC 应用程序向导"中选择"基于对话框"和"在静态库中使用 MFC"。

（2）对话框窗口设计。

① 增加一个"Edit Control"控件，设置属性"Multiline""Horizontal Scroll""Vertical Scroll"为"True"。

② 增加 4 个"Button Control"按钮控件，将 4 个按钮属性中的"Caption"分别设为"打开""统计""保存""退出"；对应的 ID 分别设为"IDC_OPEN""IDC_STATIS""IDC_SAVE""IDC_EXIT"。

③ 增加一个"Progress Bar Control"控件，设 ID 为"IDC_PROGRESS1"。

④ 在进度条上方正中央增加一个"Static Text"静态文本框，设 ID 为"IDC_STATIC"，Caption 设置为"进度"。

设计的主程序对话框如图 14-2 所示。

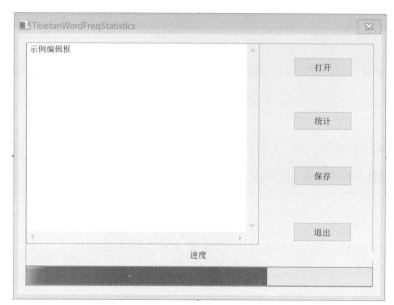

图 14-2 主程序的对话框

（3）关联变量。

对话框上点击右键，选择【类向导】，选择"成员变量窗口"，选择"ID_EDIT1"的类别为"Value"，输入变量名"m_ContextEdit"；同样为"IDC_PROGRESS1"关联一个 CProgressCtrl 类型、名为"m_Progress"的变量。

（4）增加一个头文件 TiWord.h。

把有关的宏定义、数据结构体定义、TiWord 类定义的程序放在其中，代码如下：

```cpp
#pragma once
#include "afxwin.h"
#include <stdio.h>
#include <stdlib.h>
#include <wchar.h>
#include <string>
#include <iostream>
#include <windows.h>
#include "afxcmn.h"


using namespace std;
//定义存储藏文音节及频度的结构体
struct TibetWord{
    wchar_t s[8];
    int freq;
};
#define LIST_INIT_SIZE 100   /* 存储空间的初始分配量*/
#define LISTINCREMENT 10   /* 存储空间的分配增量    */
typedef struct{
    TibetWord *elem;        /* 存储空间的基址    */
```

```
        int length;          /* 当前长度  */
        int listsize;        /* 当前分配的存储容量   */
}SqList;


class TiWord
{
public:
        TiWord(void);
        virtual ~TiWord(void);


        static void InitList_Sq(SqList *L,int ms);
        static int FindList(SqList *L,CString x);
        static bool insertLastList(SqList *L,CString x);
        static int CompTiword(TibetWord    elem,CString Y);
        static bool IsSeparate(wchar_t sp);
};
```

（5）增加一个 cpp 源文件 TiWord.ccp。

把藏文顺序存储的动态存储结构的初始化、查找、插入元素、判断藏文分隔符等功能放在其中，具体代码如下：

```
#include "stdafx.h"
#include "TiWord.h"


wchar_t Separate[90]={0x0F00,0x0F01,0x0F02,0x0F03,0x0F04,0x0F06,0x0F07,0x0F08,
    0x0F09,0x0F0A,0x0F0B,0x0F0C,0x0F0D,0x0F0E,0x0F0F,0x0F10,0x0F11,0x0F12,
    0x0F13,0x0F14,0x0F15,0x0F16,0x0F17,0x0F18,0x0F19,0x0F1A,0x0F1B,
    0x0F1C,0x0F1D,0x0F1E,0x0F1F,0x0F20,0x0F21,0x0F22,0x0F23,0x0F24,
    0x0F25,0x0F26,0x0F27,0x0F28,0x0F29,0x0F2A,0x0F2B,0x0F2C,0x0F2D,
    0x0F2E,0x0F2F,0x0F30,0x0F31,0x0F32,0x0F33,0x0F34,0x0F35,0x0F36,
    0x0F37,0x0F38,0x0F3A,0x0F3B,0x0F3C,0x0F3D,0x0F3E,0x0F3F,0x0FBE,
    0x0FBF,0x0FC0,0x0FC1,0x0FC2,0x0FC3,0x0FC4,0x0FC5,0x0FC6,0x0FC7,
    0x0FC8,0x0FC9,0x0FCA,0x0FCB,0x0FCC,0x0FCE,0x0FCF,0x0FD0,0x0FD1,
    0x0FD2,0x0FD3,0x0FD4,0x0FD5,0x0FD6,0x0FD7,0x0FD8,0x0FD9,0x0FDA
};


TiWord::TiWord(void)
{
}


TiWord::~TiWord(void)
{
}
```

```cpp
void TiWord::InitList_Sq(SqList *L,int ms)
{
    if(ms <= 0){
        exit(1);//MaxSize 非法！
    }
    L->listsize = ms;     /* 设置线性表空间大小为 ms */
    L->length = 0;
    L->elem = (TibetWord*)malloc(ms*sizeof(TibetWord));
    if(!L->elem){
        exit(1);   //空间分配失败！
    }
    return;
}


int TiWord::FindList(SqList *L,CString x)
{
    for (int i=0;i<L->length;i++)
    {
        if (TiWord::CompTiword(L->elem[i],x)==1)
        {
            return i;
        }
    }
    return -1;
}


bool TiWord::insertLastList(SqList *L,CString x)
{
    int k=L->length;
    int n=x.GetLength();
    if(k>= L ->listsize){       /* 重新分配更大的存储空间 */
        TibetWord *p= (TibetWord*)realloc(L->elem, ((L->listsize+LISTINCREMENT)*sizeof(TibetWord)));
        if(!p){       /* 分配失败则退出运行 */
        //    printf("存储空间分配失败！  ");
            return false;
            exit(1);
        }
        L->elem = p;       /* 使 list 指向新线性表空间 */
        L->listsize =L->listsize+LISTINCREMENT; //把线性表空间大小修改为新的长度
    }
```

```
        for (int i=0;i<n;i++)
        {
            L->elem[k].s[i]=x[i];
        }

        L->elem[k].freq=1;
        L->length++;        /* 线性表的长度增加 1 */
        return true;
}


int TiWord::CompTiword(TibetWord elem,CString Y)
{
        int l=0;
        for (int j=0;j<8;j++)
        {
            if ((elem.s[j]>=0x0F00)&&(elem.s[j]<=0x0FFF))
            {
                l++;
            }
        }
        if (l==Y.GetLength())
        {
            int k=0;
            for (;k<l;k++)
            {
                if(elem.s[k]!=Y[k]) return 0;
            }
            if (k==l)
            {
                return 1;
            }
        }
        else return 0;
}


bool TiWord::IsSeparate(wchar_t sp)
{
        for (int k=0;k<90;k++)
        {
            if (Separate[k]==sp)
            {
```

```
            return true;
        }
    }
    return false;
}
```

（6）在 TibetanWordFreqStatisticsDlg.h 头文件中添加包含和宏定义代码：

```
#include "TiWord.h"
```

（7）在 TibetanWordFreqStatisticsDlg.cpp 文档中添加相关代码。

① 声明。

```
CString TibetText;   //存放文件内容
SqList L;   //定义存放藏文音节及频度的线性表
```

② 在 CTibetanWordFreqStatisticsDlg::OnInitDialog()函数中增加一些初始化代码：

```
// TODO: 在此添加额外的初始化代码
TiWord::InitList_Sq(&L,LIST_INIT_SIZE);
```

（8）添加"打开"模块的代码。

打开【类向导】，选择"打开"按钮的 ID"IDC_OPEN"，选择消息"BN_CLICKED"后，点击【添加处理程序】，点击【编辑代码】后录入如下代码：

```
void CTibetanWordFreqStatisticsDlg::OnClickedOpen()
{
    // TODO: 在此添加控件通知处理程序代码
    int n;
    TibetText=_T("");
    CString s;
    CFile file;
    wchar_t ch;
    CFileDialog dlg(true);
    if(dlg.DoModal()==IDOK){
        CString path = dlg.GetPathName();
        if(path.Right(4)!=".txt")
            m_ContextEdit=_T("文件不是.txt 格式，请重新打开！");
        else{
            file.Open(path,CFile::modeRead);
            n=file.Read(&ch,2);
            wchar_t temp;
            n=file.Read(&ch,2);
            if(ch>0x0FFF||ch<0x0F00)
                m_ContextEdit+=_T("不是藏文文本，请重新打开！");
            else{
                while(n>0){
                    temp=ch;
                    m_ContextEdit+=ch;
```

```
                            TibetText+=ch;
                            n=file.Read(&ch,2);
                    }
                    file.Close();
                    int n=TibetText.GetLength();
                    m_Progress.SetRange32(0,n-1);    //进度条
                    m_Progress.SetStep(1);
                }
            }
        }
        UpdateData(false);
}
```

（9）与"打开"模块的"添加处理程序"类似，添加"统计"按钮的代码：

```
void CTibetanWordFreqStatisticsDlg::OnClickedStatis()
{
    // TODO: 在此添加控件通知处理程序代码
    wchar_t ch;
    CString TibetSyllable=_T("");
    int TibetTextLength=TibetText.GetLength();
    m_ContextEdit=(_T("藏文音节统计结果如下：\r\n"));
    for (int j=0;j<=TibetTextLength;j++){
        ch=TibetText[j];
        if (ch>0x0FFF||ch<0x0F00)    //非藏文字符也作为分隔符
        {
            if (TibetSyllable!=_T(""))    {
                int f=TiWord::FindList(&L,TibetSyllable);
                if (f>=0) {
                    L.elem[f].freq++; }
                Else    //插入统计字符
                {
                    TiWord::insertLastList(&L,TibetSyllable);}

                TibetSyllable=_T("");}
        }
        else {
            if (TiWord::IsSeparate(ch)==false)    {
                TibetSyllable+=ch;    }
            else {
                if (TibetSyllable!=_T(""))    {
                    int f=TiWord::FindList(&L,TibetSyllable);
                    if (f>=0){
```

```
                                L.elem[f].freq++;}
                    else{    //插入统计字符
                            TiWord::insertLastList(&L,TibetSyllable);}
                }
                TibetSyllable=_T("");
                TibetSyllable+=ch;
                int f=TiWord::FindList(&L,TibetSyllable);
                if (f>=0) {
                    L.elem[f].freq++;}
                Else    //插入统计字符
                {
                    TiWord::insertLastList(&L,TibetSyllable);}
                TibetSyllable=_T("");}
        }
        m_Progress.SetPos(j);
    }
    for (int k=0;k<L.length;k++)    //统计结果更新到窗口
    {
        for (int m=0;m<8;m++)    {
            if (L.elem[k].s[m]<=0x0FFF&&L.elem[k].s[m]>=0x0F00){
                m_ContextEdit+=L.elem[k].s[m];}
        }
        m_ContextEdit+=_T("\t");
        CString fq;
        fq.Format(_T("%d"),L.elem[k].freq);
        m_ContextEdit+=fq;
        m_ContextEdit+=_T("\r\n");}
    UpdateData(false);
}
```

（10）与"打开"模块的"添加处理程序"类似，添加"保存"代码：

```
void CTibetanWordFreqStatisticsDlg::OnClickedSave()
{
    // TODO: 在此添加控件通知处理程序代码
    CFile wfile;
    int i=0;

    CFileDialog dlg2(false);
    WORD unicode = 0xFEFF;
    if(dlg2.DoModal()==IDOK){
        CString path = dlg2.GetPathName();
        if(path.Right(4)!=".txt")
            path+=".txt";
```

```
            wfile.Open(path,CFile::modeCreate|CFile::modeWrite);
            wfile.Write(&unicode,sizeof(wchar_t));


            for (int k=0;k<L.length;k++)
            {
                CString s1=_T("");
                for (int m=0;m<8;m++)
                {
                    if (L.elem[k].s[m]<=0x0FFF&&L.elem[k].s[m]>=0x0F00)
                    {
                        s1+=L.elem[k].s[m];
                    }
                }
                s1+=_T("\t");
                CString fq;
                fq.Format(_T("%d"),L.elem[k].freq);
                s1+=fq;
                s1+=_T("\r\n");
                wfile.Write(s1,s1.GetLength()*sizeof(wchar_t));
            }
            wfile.Close();
        }
    UpdateData(false);
}
```

14.4.2 代码使用说明

（1）程序运行结果如图 14-3 所示。

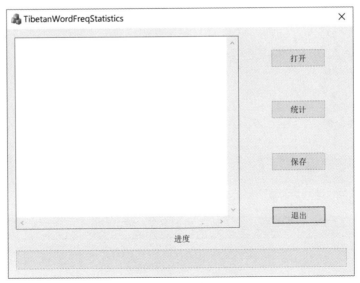

图 14-3 程序界面

（2）点击【打开】按钮打开文件选择窗口（见图 14-4），选择待统计的文件后点击【打开】按钮。

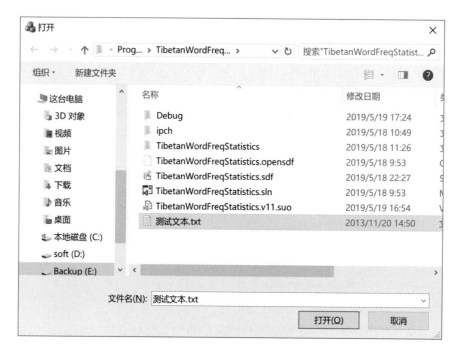

图 14-4　"打开"对话框

（3）点击【统计】按钮则开始统计，统计结束后显示统计结果，如图 14-5 所示。

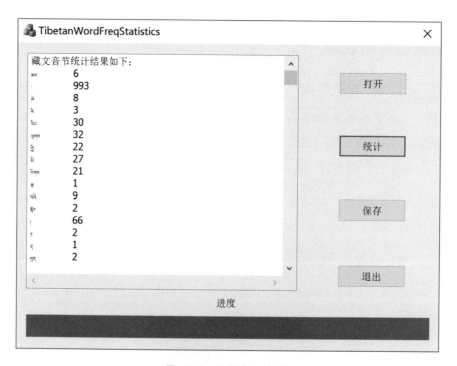

图 14-5　"统计"结果

（4）点击【保存】按钮弹出"另存为"对话框，选择存储位置，填写文件名后点击【保存】按
钮即可保存统计结果，如图 14-6 所示。

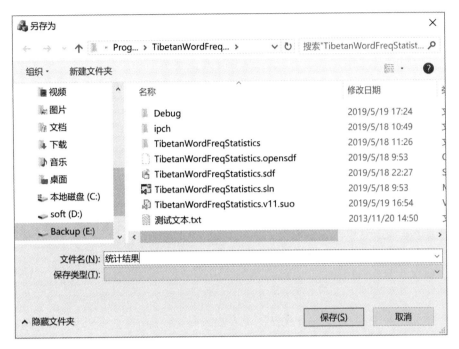

图 14-6　"另存为"对话框

14.5　运行结果

按照以上程序，对一个连续的藏文文本进行音节统计的结果如图 14-7 所示。

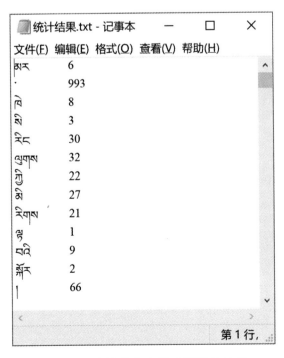

图 14-7　统计单文本藏文语料的结果

14.6 算法分析

14.6.1 时间复杂度分析

本算法中频次最高的操作是查找，即在动态顺序存储中查找待插入的藏文音节，查找成功则其频度加 1；查找失败则通过采用尾插入在线性表中插入该音节，并设其频度为 1。应注意，插入过程中是没有元素移动的。上溢时，空间再分配与复制（realloc 操作）消耗的时间会分摊到每次插入操作中。

若线性表的长度为 n，则查找一个元素的时间为：

最好情况：元素位置 i 为 1，此时 $T(n)=O(1)$；

最坏情况：查找到 n，确定顺序表中没有元素，再插入该元素，此时 $T(n)=O(n)$；

平均情况：假设 p_i 为在查找第 i 个元素的概率，则查找次数的期望值：

$$E_{is} = \sum_{i=1}^{n+1} p_i(n-i+1)$$

等概率时（即 $p_i = \frac{1}{n}$）：

$$E_{is} = \frac{1}{n}\sum_{i=1}^{n+1} p_i(n-i+1) = \frac{n+1}{2}$$

所以总体时间复杂度为 $O(n \times m)$，m 为文本中音节的数量。

14.6.2 空间复杂度分析

1. 数据存储空间

算法读入文本文件时，用一个变量存储文件的所有字符，占用的空间大小是文本文件字符的大小，即：$O(n)$。

2. 辅助存储空间

算法在运行时会临时申请 i 个结构体空间来存储藏文音节和该音节的频度，i 在程序运行时是动态变化的，从 1 逐渐增加到 m，其中 m 是该文本中出现的不同的藏文音节数量。所以空间复杂度为 $O(m)$。

❖　第 15 章　藏文多文本中藏字构件的动态统计

15.1　问题描述

第 13 章以藏文文法生成的全藏字作为统计样本对藏字的构件进行了静态统计。全藏字就是符合藏文文法的所有可能的藏文音节字，但其中的很多音节并没有字义或词义，实际中只用到了部分藏文音节字。只有在实际运用的连续藏文文本中动态统计每个构件出现的频度，才能反映出各构件的实际使用频度。本章以多文件的藏文文本语料库为统计样本，动态统计藏文构件的出现频度，从而真实反映出藏文构件在连续文本中的出现频度，为设计键盘布局等实际应用提供理论依据。

15.2　问题分析

15.2.1　理论依据

在连续藏文文本中进行藏文构件的动态统计，其实相当于综合第 14 章的藏文音节统计与第 13 章藏文音节的构件统计两个操作。具体步骤为：首先把要统计的藏文文本都存放在一个文件夹中，让程序依次连续读出藏文文本，以藏文分隔符分出藏文音节；其次调用藏文音节构件识别算法把音节的构件识别出来；最后以识别的构件为基础在构件统计数据对应的频度统计数据上进行累加。

1. 藏文音节分隔

藏文的音节主要用"·""|"来分隔。除了藏文字符本身的分隔符号外，还有汉文、英文等其他文字和藏文的一些特殊字符也可用来分隔藏文音节。参照藏文字符编码集，与第 10 章一样，以整理出的 90 个藏文的数字、特殊符号等作为藏文音节的分隔符号，用于在连续藏文文本中分隔藏文音节。

2. 多个文件操作

动态统计藏文字符时，需要程序依次读取多个文件进行处理。程序操作多个文件有以下方法：

1）用 CFileDialog 读多个文件[①]

（1）定制文件对话框：

定制文件对话框可以用 CFileDialog，其构造函数原型如下：

CFileDialog::CFileDialog(**BOOL** bOpenFileDialog, **LPCTSTR** lpszDefExt = NULL,

　　　　　　LPCTSTR lpszFileName = NULL,

　　　　　　DWORD dwFlags = OFN_HIDEREADONLY | OFN_OVERWRITEPROMPT,

　　　　　　LPCTSTR lpszFilter = NULL, CWnd* pParentWnd = NULL);

参数意义如下：

bOpenFileDialog：为 TRUE 则显示打开对话框，为 FALSE 则显示保存对话文件对话框。

---

① VC++ CFileDialog 读取多个文件[EB/OL]. https://blog.csdn.net/doncai/article/details/1600214?utm_source= blogxgwz9.

lpszDefExt：指定默认的文件扩展名。

lpszFileName：指定默认的文件名。

dwFlags：指明一些特定风格（默认 OFN_HIDEREADONLY | OFN_OVERWRITEPROMPT）。

lpszFilter：指明可供选择的文件类型和相应的扩展名。

pParentWnd：为父窗口指针。

例如：CFileDialog Filedlg(TRUE, NULL, NULL, OFN_HIDEREADONLY | OFN_OVERWRITEPROMPT | OFN_ALLOWMULTISELECT | OFN_EXPLORER);

（2）定义一个缓存区用于存放多个文件的名称：

```
const DWORD fileNameMaxLength = MAX_PATH + 1;
const DWORD bufferSize = (numberOfFileNames * fileNameMaxLength) + 1;
TCHAR* filenamesBuffer = new TCHAR[bufferSize];    //定义一个缓存区
filenamesBuffer[0] = NULL;
filenamesBuffer[bufferSize - 1] = NULL;
Filedlg.m_ofn.lpstrFile = filenamesBuffer;
Filedlg.m_ofn.nMaxFile = bufferSize;
```

（3）把多个文件名存入缓存区，依次使用多个文件内容：

```
int iCtr = 0;
if(Filedlg.DoModal()==IDOK){
    POSITION pos_file= Filedlg.GetStartPosition();    //获取对话框中选择多个文件时
                                                      //第一个被选中文件的位置
    CString path;
    while (pos_file!=NULL){
        path= Filedlg.GetNextPathName(pos_file);    //返回选定文件文件名
        fileNameArray[iCtr]=path;
        iCtr++;}
        for (int filenumber=0;filenumber<iCtr;filenumber++){
            file.Open(fileNameArray[filenumber],CFile::modeRead);    //依次打开多个文件
            …
file.Close();}
}
```

（4）销毁缓存区：

```
delete[] filenamesBuffer;
```

使用时，打开文件夹，同时选择多个文件后点击【打开】按钮即可依次操作多个文件。

2）利用选择文件夹对话框读取多个文件

（1）利用 BROWSEINFO 创建选择文件夹对话框[①]：

打开对话框选择一个文件夹路径的 BROWSEINFO 结构如下：

```
typedef struct _browseinfoW {
    HWND            hwndOwner;
    PCIDLIST_ABSOLUTE pidlRoot;
```

[①] HisinWang. 关于 VC 弹出选择文件夹对话框[EB/OL]. https://blog.csdn.net/hisinwang/article/details/6652077?utm_source=blogxgwz9.

LPWSTR	pszDisplayName;
LPCWSTR	lpszTitle;
UINT	ulFlags;
BFFCALLBACK	lpfn;
LPARAM	lParam;
int	iImage;

} BROWSEINFOW, *PBROWSEINFOW, *LPBROWSEINFOW;

结构中各参数说明如下：

hwndOwner：浏览文件夹对话框的父窗体句柄。

pidlRoot：ITEMIDLIST 结构的地址，包含浏览时的初始根目录，而且只有被指定的目录和其子目录才显示在浏览文件夹对话框中。该成员变量为 NULL 时桌面目录被使用。

pszDisplayName：用来保存用户选中的目录字符串的内存地址。该缓冲区的大小缺省是定义的 MAX_PATH（260）常量宏。

lpszTitle：该浏览文件夹对话框的显示文本，用来提示该浏览文件夹对话框的功能、作用和目的。

ulFlags：该标志位描述了对话框的选项。它可以为 0，也可以是以下常量的任意组合。

lpfn：应用程序定义的浏览对话框回调函数的地址。当对话框中的事件发生时，该对话框将调用回调函数。该参数可为 NULL。

lParam：对话框传递给回调函数的一个参数指针。

iImage：与选中目录相关的图像。该图像将被指定为系统图像列表中的索引值。

例如：**TCHAR** pszPath[MAX_PATH];

BROWSEINFO bi;

```
bi.hwndOwner       = this->GetSafeHwnd();
bi.pidlRoot        = NULL;
bi.pszDisplayName = NULL;
bi.lpszTitle       = TEXT("请选择文件夹");
bi.ulFlags         = BIF_RETURNONLYFSDIRS | BIF_STATUSTEXT;
bi.lpfn            = NULL;
bi.lParam          = 0;
bi.iImage          = 0;
LPITEMIDLIST pidl = SHBrowseForFolder(&bi);
    if (pidl == NULL){
        return;}
    if (SHGetPathFromIDList(pidl, pszPath)) {
        …
    }
```

pszPath 用于获得文件的路径。

（2）用 FindFirstFile() 获得指定目录的第一个文件[①]：

HANDLE WINAPI FindFirstFile(

[①] 利用 FindFirstFile(),FindNextFile() 函数历遍指定目录的所有文件[EB/OL]. https://blog.csdn.net/u012005313/article/etails/46490437.

```
    _In_      LPCTSTR lpFileName,
    _Out_     LPWIN32_FIND_DATA lpFindFileData
);
```

lpFileName 用于指定搜索目录和文件类型，可以用通配符，初次使用应注意"\"需要用转义字符表达。例如：D:\\C++ 6.0\\。

lpFindFileData 用于保存搜索得到的文件信息。

FindFirstFile() 返回 HANDLE 类型，为下一次搜索提供信息。当搜索失败时，返回 INVALID_HANDLE_VALUE。

程序中，先打开路径中的文件夹，再在文件夹中获取第一个文件：

```
CString filename;
filename.Format(_T("%s"),pszPath);
filename+=_T("\\*.txt");


HANDLE hFile;
LPCTSTR lpFileName = (LPCTSTR)filename;
WIN32_FIND_DATA pNextInfo;      //搜索得到的文件信息将储存在 pNextInfo 中
hFile = FindFirstFile(lpFileName,&pNextInfo);//请注意是 &pNextInfo，不是 pNextInfo
if(hFile == INVALID_HANDLE_VALUE){
    exit(-1); //搜索失败
    }
```

（3）用 FindNextFile()通过循环获取目录中的其他文件：

```
BOOL WINAPI FindNextFile(
    _In_      HANDLE hFindFile,
    _Out_     LPWIN32_FIND_DATA lpFindFileData
);
```

hFindFile 获取文档的 HANDLE。

lpFindFileData 用于保存搜索得到的文件信息。

FindNextFile()用于搜索下一个文件，当不存在下一个文件，即搜索完毕后，返回 false。

程序中，在 pNextInfo.cFileName 中依次获取文件的名称：

```
while(FindNextFile(hFile,&pNextInfo)){
    if(pNextInfo.cFileName[0] == '.') //过滤.和..
    continue;
    …
}
```

3）多个文件的统计[①]

```
int count = 0;   //文件夹中文件数目
CString Path;
Path.Format(_T("%s"),pszPath);
Path+=_T("\\*.*");
CFileFind finder;    //实例化一个文件查找的类
```

---

① 北风薇风. vc 如何获取文件夹中文件个数[EB/OL]. https://zhidao.baidu.com/question/119073432.html.

```
BOOL working = finder.FindFile(Path);
while (working)    {
    working = finder.FindNextFile();
    if (finder.IsDots())
        continue;
    if (!finder.IsDirectory())
        count++; }
```

15.2.2　算法思想

按照以上的理论设计的算法思想如下：

统计时，从有多个连续藏文文本文件的文件夹中依次读取文件，读取时以一个字符为单位将其读入到变量 ch 中，并通过判断分为藏文字符、非藏文字符、藏文音节分隔字符。当 ch 是藏文字符时，存储在 s 中；当是藏文音节分隔符或非藏文字符时，判断 s 是否为空，如果不为空，则对 s 中的藏文音节进行构件识别后统计构件。具体的方法为：

（1）初始化 s、ch。

（2）判断文件夹中是否有待处理的文件，如果没有则输出统计结果，程序结束；如果有待处理的文件，则转到步骤（3）。

（3）获取一个文件并打开该文件。

（4）分开连续藏文文本文件中所有的黏着藏文音节。

（5）判断当前藏文文件是否为空，如果不空则从文件中读一个字符到 ch，转到步骤（6）；空则转到步骤（2）。

（6）如果当前字符 ch 为藏文字符，则转到步骤（7）；如果 ch 为非藏文，转到步骤（9）。

（7）判断 ch 是否是藏文分隔符，如果不是分隔符，则将该字符 ch 添加到字符串 s 尾部，并转到步骤（5）继续读取下一个字符；如果 ch 是藏文分隔符则转到步骤（8）。

（8）统计分隔符 ch 的构件后转到步骤（9）。

（9）若 s 为空转到步骤（5）；如 s 非空，识别 s 中的藏文音节的构件，对构件进行统计，清空 s 后转到步骤（5）。

15.3　算法设计

15.3.1　存储空间

1. 记录藏文一个构件及其频度的结构体

```
struct TibetComponents{//
    wstring TibetComp;
    int freq;
};
```

2. 记录藏文分隔符及其频度的结构体

```
struct TibetSeparate{
```

```
    wchar_t TitSepart;
    int freq;
};
```

15.3.2　流程图

主函数流程如图 15-1 所示。

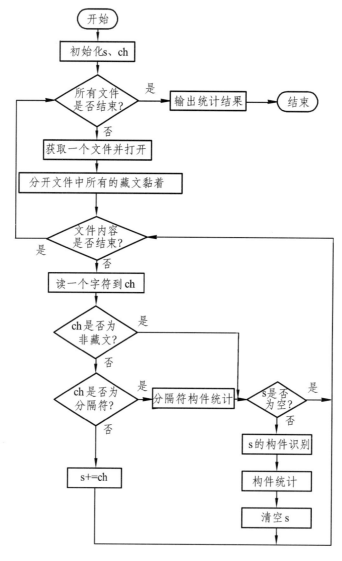

图 15-1　主函数流程图

15.3.3　伪代码

字频统计过程中最关键的部分是对非藏文编码、藏文分隔符、特殊字符的处理，该部分伪代码如下：

OnClickedStatist(){

1　获取文件夹路径

2　**do**{

3　　读取文件中字符，把字符存入 TibetText

4　　**CString** TibetSyllable=_T("");

5　　**int** TibetTextLength=TibetText.GetLength();

6　　**for** (**int** j=0;j<=TibetTextLength;j++){

7　　　　ch=TibetText[j];

8　　　　**if** (ch>0x0FFF||ch<0x0F00) {　//非藏文字符也作为分隔符

9　　　　识别 s 藏文音节的构件，统计构件}

10　　　**else** {　//ch 是藏文字符

11　　　　　**if** (TiWord::IsSeparate(ch)==false)　{　//判断是否是藏文音节分隔符

12　　　　　　TibetSyllable+=ch;}

13　　　　　**else** {

14　　　　　　　**if** (TibetSyllable!=_T("")){

15　　　　　　　　识别 s 中藏文音节的构件，统计构件}

16　　　}

17　file.**Close**();

18　} **while** (FindNextFile(hFile,&pNextInfo));

19 }

15.4　程序实现

15.4.1　代　码

（1）新建 MFC 项目。

① 新建一个"MFC 应用程序"。

② 在"MFC 应用程序向导"中选择"基于对话框"和"在静态库中使用 MFC"。

（2）对话框窗口设计。

① 增加两个"Edit Control"控件，本别用于显示打开文件夹的路径和统计结果。显示文件夹路径控件的 ID 为"IDC_EDIT1"，显示统计结果控件的 ID 为"IDC_EDIT2"，设置其属性"Multiline""Horizontal Scroll""Vertical Scroll"为"True"。

② 增加 4 个"Button Control"按钮控件，将 4 个按钮属性中的"Caption"分别改为"打开""统计""保存""退出"；对应的 ID 分别改为"IDC_OPEN""IDC_STATIS""IDC_SAVE""IDC_EXIT"。

③ 增加一个"Progress Bar Control"控件，设 ID 为"IDC_PROGRESS1"。

④ 在进度条上方正中央和显示文件夹路径的"Edit Control"控件上各增加一个"Static Text"静态文本框，ID设为"IDC_STATIC"，Caption分别设置为"指定文件夹："和"进度"。设计的程序对话框如图 15-2 所示。

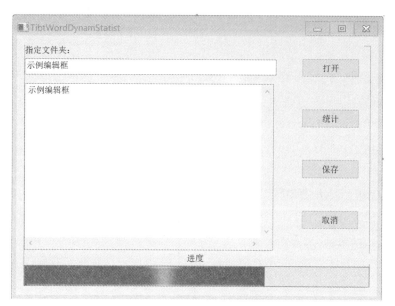

图 15-2　主程序的对话框

（3）关联变量。

在对话框上点击右键，选择【类向导】，选择"成员变量窗口"，选择"ID_EDIT1"的类别为"Value"，输入变量名"m_FileNameEdit"；选择"ID_EDIT2"的类别为"Value"，输入变量名 "m_ContextEdit"。同样为"IDC_PROGRESS1"关联一个 CProgressCtrl 类型、名为"m_Progress"的变量。

（4）添加名为 TiWord 和 TibWordDyStat 的两个类，从而产生 TiWord.h、TiWord.cpp、TibWordDyStat.h、TibWordDyStat.cpp 四个文件。

① 在 TibWordDyStat.h 头文件中添加包含和结构体定义代码：

```cpp
#include <stdio.h>
#include <stdlib.h>
#include <wchar.h>
#include <string>
#include <iostream>
#include <windows.h>
#include "afxcmn.h"
#include "TiWord.h"
using namespace std;

struct TibetComponents{    //存储藏文一个构件及其频度的结构体
    wstring TibetComp;
    int freq;
};
struct TibetSeparate{ //存储藏文分隔符及其频度的结构体
    wchar_t TitSepart;
    int freq;
};
```

② 在头文件 TiWord.h 中增加以下代码：

```cpp
#pragma once
```

```
#include <stdio.h>
#include <stdlib.h>
#include <wchar.h>
#include <string>
#include <iostream>
#include <windows.h>
#include "afxcmn.h"
using namespace std;
```

基于 Tiword 增加一个成员函数 **static wstring** recognize(**wstring** s)。

③ 在 TiWord.h.cpp 中添加如下代码：

```
#include "TiWord.h"
```
//按照　前+上+基+下+标+元+后+再　的顺序
const wchar_t *shang_ji[] = {L"ཀ",L"ཁ",L"ག",L"ང",L"ཅ",L"ཆ",L"ཇ",L"ཉ",L"ཏ",L"ཐ",L"ད",L"ན", L"པ",
L"ཕ",L"བ",L"མ",L"ཙ",L"ཚ",L"ཛ",L"ཝ",L"ཞ",L"ཟ",L"འ",L"ཡ",L"ར",L"ལ",L"ཤ",L"ས",L"ཧ",L"ཨ"};

说明：与第 5 章 "全藏字的插入排序" 的 "InsertSort.h" 代码一致，再加入藏文音节构件识别的代码。

（5）添加 "打开" 模块的代码。

打开【类向导】，选择 "打开" 按钮的 ID "IDC_OPEN"，选择消息 "BN_CLICKED" 后，点击【添加处理程序】，再点击【编辑代码】后录入如下代码：

```
void CTibtWordDynamStatistDlg::OnClickedOpen(){
    // TODO: 在此添加控件通知处理程序代码

    BROWSEINFO bi;
    bi.hwndOwner      = this->GetSafeHwnd();
    bi.pidlRoot       = NULL;
    bi.pszDisplayName = NULL;
    bi.lpszTitle      = TEXT("请选择文件夹");
    bi.ulFlags        = BIF_RETURNONLYFSDIRS | BIF_STATUSTEXT;
    bi.lpfn           = NULL;
    bi.lParam         = 0;
    bi.iImage         = 0;

    LPITEMIDLIST pidl = SHBrowseForFolder(&bi);
    if (pidl == NULL){
        return;}
    if (SHGetPathFromIDList(pidl, pszPath)) {
        m_FileNameEdit+=pszPath;       //显示文件夹的路径
    }

    int count = 0;      //文件夹中文件数目
    CString Path;
    Path.Format(_T("%s"),pszPath);
```

```cpp
        Path+=_T("\\*.*");
        CFileFind finder;
        BOOL working = finder.FindFile(Path);
        while (working)   {
            working = finder.FindNextFile();
            if (finder.IsDots())
                continue;
            if (!finder.IsDirectory())
                count++; }


        m_Progress.SetRange32(0,count-1);   //进度条
        m_Progress.SetStep(1);
        UpdateData(false);
    }
```

（6）在 TibtWordDynamStatistDlg.h 中增加构件统计、判断藏文分隔符和输出结果函数的声明，在 TibtWordDynamStatistDlg.cpp 中增加这些函数的实现代码：

```cpp
    bool CTibtWordDynamStatistDlg::CompStatis(wstring comp){
        wstring comp1=comp.substr(0,1);
        for(int k=0;k<=5;k++){
            if(comp1==FrontComp[k].TibetComp){
                FrontComp[k].freq++;
                break;}
        }
        wstring comp2=comp.substr(1,1);
        for(int k=0;k<=3;k++){
            if(comp2==HeadComp[k].TibetComp){
                HeadComp[k].freq++;
                break;}
        }
        wstring comp3=comp.substr(2,1);
        for(int k=0;k<60;k++){
            if(comp3==JiziComp[k].TibetComp){
                JiziComp[k].freq++;
                break;}
        }
        wstring comp4=comp.substr(3,1);
        for(int k=0;k<=4;k++){
            if(comp4==FootComp[k].TibetComp){
                FootComp[k].freq++;
                break;}
        }
```

```
        wstring comp5=comp.substr(4,1);
        for(int k=0;k<=1;k++){
            if(comp5==AgainFootComp[k].TibetComp){
                AgainFootComp[k].freq++;
                break;}
        }
        wstring comp6=comp.substr(5,1);
        for(int k=0;k<=4;k++){
            if(comp6==VowelComp[k].TibetComp){
                VowelComp[k].freq++;
                break;}
        }
        wstring comp7=comp.substr(6,1);
        for(int k=0;k<=10;k++){
            if(comp7==RearComp[k].TibetComp){
                RearComp[k].freq++;
                break;}
        }
        wstring comp8=comp.substr(7,1);
        for(int k=0;k<=2;k++){
            if(comp8==AgainRearComp[k].TibetComp){
                AgainRearComp[k].freq++;
                break;}
        }
        return false;
}


bool CTibtWordDynamStatistDlg::IsSeparate(wchar_t sp){
    for (int k=0;k<90;k++){
        if (Separate[k]==sp)    {
            return true;}
    }
    return false;
}


bool CTibtWordDynamStatistDlg::OutResult(void)
{
    CString csStr;
    m_ContextEdit=_T("前加字的统计结果如下：\r\n");
    for(int i=0;i<=5;i++){       //输出前加字统计结果
        m_ContextEdit+=FrontComp[i].TibetComp.c_str();
```

```
        m_ContextEdit+=_T("\t");
        csStr.Format(_T("%d"),FrontComp[i].freq);
        m_ContextEdit+=csStr;
        m_ContextEdit+=_T("\r\n");
    }
    m_ContextEdit+=_T("上加字的统计结果如下：\r\n");
    for(int i=0;i<=3;i++){    //输出上加字统计结果
        m_ContextEdit+=HeadComp[i].TibetComp.c_str();
        m_ContextEdit+=_T("\t");
        csStr.Format(_T("%d"),HeadComp[i].freq);
        m_ContextEdit+=csStr;
        m_ContextEdit+=_T("\r\n");
    }
    m_ContextEdit+=_T("基字的统计结果如下：\r\n");
    for(int i=0;i<60;i++){    //输出基字统计结果
        m_ContextEdit+=JiziComp[i].TibetComp.c_str();
        m_ContextEdit+=_T("\t");
        csStr.Format(_T("%d"),JiziComp[i].freq);
        m_ContextEdit+=csStr;
        m_ContextEdit+=_T("\r\n");
    }
    m_ContextEdit+=_T("下加字的统计结果如下：\r\n");
    for(int i=0;i<=4;i++){    //输出下加字统计结果
        m_ContextEdit+=FootComp[i].TibetComp.c_str();
        m_ContextEdit+=_T("\t");
        csStr.Format(_T("%d"),FootComp[i].freq);
        m_ContextEdit+=csStr;
        m_ContextEdit+=_T("\r\n");
    }
    m_ContextEdit+=_T("再下加字的统计结果如下：\r\n");
    for(int i=0;i<=1;i++){    //输出再下加字统计结果
        m_ContextEdit+=AgainFootComp[i].TibetComp.c_str();
        m_ContextEdit+=_T("\t");
        csStr.Format(_T("%d"),AgainFootComp[i].freq);
        m_ContextEdit+=csStr;
        m_ContextEdit+=_T("\r\n");
    }
    m_ContextEdit+=_T("元音的统计结果如下：\r\n");
    for(int i=0;i<=4;i++){    //输出元音统计结果
        m_ContextEdit+=VowelComp[i].TibetComp.c_str();
        m_ContextEdit+=_T("\t");
```

```
        csStr.Format(_T("%d"),VowelComp[i].freq);
        m_ContextEdit+=csStr;
        m_ContextEdit+=_T("\r\n");
    }
    m_ContextEdit+=_T("后加字的统计结果如下：\r\n");
    for(int i=0;i<=10;i++){      //输出后加字统计结果
        m_ContextEdit+=RearComp[i].TibetComp.c_str();
        m_ContextEdit+=_T("\t");
        csStr.Format(_T("%d"),RearComp[i].freq);
        m_ContextEdit+=csStr;
        m_ContextEdit+=_T("\r\n");
    }
    m_ContextEdit+=_T("再后加字的统计结果如下：\r\n");
    for(int i=0;i<=2;i++){       //输出再后加字统计结果
        m_ContextEdit+=AgainRearComp[i].TibetComp.c_str();
        m_ContextEdit+=_T("\t");
        csStr.Format(_T("%d"),AgainRearComp[i].freq);
        m_ContextEdit+=csStr;
        m_ContextEdit+=_T("\r\n");
    }
    m_ContextEdit+=_T("藏文分隔符的统计结果如下：\r\n");
    for(int i=0;i<90;i++){       //藏文分隔符统计结果
        m_ContextEdit+=SeparateStat[i].TitSepart;
        m_ContextEdit+=_T("\t");
        csStr.Format(_T("%d"),SeparateStat[i].freq);
        m_ContextEdit+=csStr;
        m_ContextEdit+=_T("\r\n");
    }
    return false;
}
```

（7）在 TibtWordDynamStatistDlg.cpp 中定义存储构件统计结果的变量：

```
#include "TibWordDyStat.h"

CString TibetText;//存放文件内容
TCHAR pszPath[MAX_PATH];//存放文件的目录

static TibetComponents FrontComp[6];
static TibetComponents HeadComp[4];
static TibetComponents JiziComp[60];
static TibetComponents FootComp[5];
static TibetComponents AgainFootComp[2];
```

```
static TibetComponents VowelComp[5];
static TibetComponents RearComp[11];
static TibetComponents AgainRearComp[3];
static TibetSeparate SeparateStat[90];

wchar_t Separate[90]={0x0F00,0x0F01,0x0F02,0x0F03,0x0F04,0x0F06,0x0F07,0x0F08,
    0x0F09,0x0F0A,0x0F0B,0x0F0C,0x0F0D,0x0F0E,0x0F0F,0x0F10,0x0F11,0x0F12,
    0x0F13,0x0F14,0x0F15,0x0F16,0x0F17,0x0F18,0x0F19,0x0F1A,0x0F1B,
    0x0F1C,0x0F1D,0x0F1E,0x0F1F,0x0F20,0x0F21,0x0F22,0x0F23,0x0F24,
    0x0F25,0x0F26,0x0F27,0x0F28,0x0F29,0x0F2A,0x0F2B,0x0F2C,0x0F2D,
    0x0F2E,0x0F2F,0x0F30,0x0F31,0x0F32,0x0F33,0x0F34,0x0F35,0x0F36,
    0x0F37,0x0F38,0x0F3A,0x0F3B,0x0F3C,0x0F3D,0x0F3E,0x0F3F,0x0FBE,
    0x0FBF,0x0FC0,0x0FC1,0x0FC2,0x0FC3,0x0FC4,0x0FC5,0x0FC6,0x0FC7,
    0x0FC8,0x0FC9,0x0FCA,0x0FCB,0x0FCC,0x0FCE,0x0FCF,0x0FD0,0x0FD1,
    0x0FD2,0x0FD3,0x0FD4,0x0FD5,0x0FD6,0x0FD7,0x0FD8,0x0FD9,0x0FDA
};
```

（8）在 TibtWordDynamStatistDlg.cpp 的 CTibtWordDynamStatistDlg::OnInitDialog()函数中增加构件统计结果数组进行初始化代码：

// TODO: 在此添加额外的初始化代码

```
m_ContextEdit==_T("请点击"打开"按钮选择统计样本所在的文件夹！\r\n");
UpdateData(false);

FrontComp[0].TibetComp=0x0F42;
FrontComp[1].TibetComp=0x0F51;
FrontComp[2].TibetComp=0x0F56;
FrontComp[3].TibetComp=0x0F58;
FrontComp[4].TibetComp=0x0F60;
FrontComp[5].TibetComp=L'0';
for(int i=0;i<=5;i++){
    FrontComp[i].freq=0;
}

HeadComp[0].TibetComp=0x0F62;
HeadComp[1].TibetComp=0x0F63;
HeadComp[2].TibetComp=0x0F66;
HeadComp[3].TibetComp=L'0';
for(int i=0;i<=3;i++){
    HeadComp[i].freq=0;
}

JiziComp[0].TibetComp=0x0F40;
```

```
JiziComp[1].TibetComp=0x0F41;
JiziComp[2].TibetComp=0x0F42;
JiziComp[3].TibetComp=0x0F44;
JiziComp[4].TibetComp=0x0F45;
JiziComp[5].TibetComp=0x0F46;
JiziComp[6].TibetComp=0x0F47;
JiziComp[7].TibetComp=0x0F49;
JiziComp[8].TibetComp=0x0F4F;
JiziComp[9].TibetComp=0x0F50;
JiziComp[10].TibetComp=0x0F51;
JiziComp[11].TibetComp=0x0F53;
JiziComp[12].TibetComp=0x0F54;
JiziComp[13].TibetComp=0x0F55;
JiziComp[14].TibetComp=0x0F56;
JiziComp[15].TibetComp=0x0F58;
JiziComp[16].TibetComp=0x0F59;
JiziComp[17].TibetComp=0x0F5A;
JiziComp[18].TibetComp=0x0F5B;
JiziComp[19].TibetComp=0x0F5D;
JiziComp[20].TibetComp=0x0F5E;
JiziComp[21].TibetComp=0x0F5F;
JiziComp[22].TibetComp=0x0F60;
JiziComp[23].TibetComp=0x0F61;
JiziComp[24].TibetComp=0x0F62;
JiziComp[25].TibetComp=0x0F63;
JiziComp[26].TibetComp=0x0F64;
JiziComp[27].TibetComp=0x0F66;
JiziComp[28].TibetComp=0x0F67;
JiziComp[29].TibetComp=0x0F68;

JiziComp[30].TibetComp=0x0F90;
JiziComp[31].TibetComp=0x0F91;
JiziComp[32].TibetComp=0x0F92;
JiziComp[33].TibetComp=0x0F94;
JiziComp[34].TibetComp=0x0F95;
JiziComp[35].TibetComp=0x0F96;
JiziComp[36].TibetComp=0x0F97;
JiziComp[37].TibetComp=0x0F99;
JiziComp[38].TibetComp=0x0F9F;
JiziComp[39].TibetComp=0x0FA0;
JiziComp[40].TibetComp=0x0FA1;
```

```
        JiziComp[41].TibetComp=0x0FA3;
        JiziComp[42].TibetComp=0x0FA4;
        JiziComp[43].TibetComp=0x0FA5;
        JiziComp[44].TibetComp=0x0FA6;
        JiziComp[45].TibetComp=0x0FA8;
        JiziComp[46].TibetComp=0x0FA9;
        JiziComp[47].TibetComp=0x0FAA;
        JiziComp[48].TibetComp=0x0FAB;
        JiziComp[49].TibetComp=0x0FBA;
        JiziComp[50].TibetComp=0x0FAE;
        JiziComp[51].TibetComp=0x0FAF;
        JiziComp[52].TibetComp=0x0FB0;
        JiziComp[53].TibetComp=0x0FB1;
        JiziComp[54].TibetComp=0x0FB2;
        JiziComp[55].TibetComp=0x0FB3;
        JiziComp[56].TibetComp=0x0FB4;
        JiziComp[57].TibetComp=0x0FB6;
        JiziComp[58].TibetComp=0x0FB7;
        JiziComp[59].TibetComp=0x0FB8;
        for(int i=0;i<60;i++){
            JiziComp[i].freq=0;
        }

        FootComp[0].TibetComp=0x0FAD;
        FootComp[1].TibetComp=0x0FB1;
        FootComp[2].TibetComp=0x0FB2;
        FootComp[3].TibetComp=0x0FB3;
        FootComp[4].TibetComp=L'0';
        for(int i=0;i<=4;i++){
            FootComp[i].freq=0;
        }

        AgainFootComp[0].TibetComp=0x0FAD;
        AgainFootComp[1].TibetComp=L'0';
        for(int i=0;i<=1;i++){
            AgainFootComp[i].freq=0;
        }

        VowelComp[0].TibetComp=0x0F72;
        VowelComp[1].TibetComp=0x0F74;
        VowelComp[2].TibetComp=0x0F7A;
```

```
VowelComp[3].TibetComp=0x0F7C;
VowelComp[4].TibetComp=L'0';
for(int i=0;i<=4;i++){
    VowelComp[i].freq=0;
}


RearComp[0].TibetComp=0x0F42;
RearComp[1].TibetComp=0x0F44;
RearComp[2].TibetComp=0x0F51;
RearComp[3].TibetComp=0x0F53;
RearComp[4].TibetComp=0x0F56;
RearComp[5].TibetComp=0x0F58;
RearComp[6].TibetComp=0x0F60;
RearComp[7].TibetComp=0x0F62;
RearComp[8].TibetComp=0x0F63;
RearComp[9].TibetComp=0x0F66;
RearComp[10].TibetComp=L'0';
for(int i=0;i<=10;i++){
    RearComp[i].freq=0;
}


AgainRearComp[0].TibetComp=0x0F51;
AgainRearComp[1].TibetComp=0x0F66;
AgainRearComp[2].TibetComp=L'0';
for(int i=0;i<=2;i++){
    AgainRearComp[i].freq=0;
}
for (int j=0;j<90;j++)
{
    SeparateStat[j].TitSepart=Separate[j];
    SeparateStat[j].freq=0;
}
```

（9）与"打开"模块的"添加处理程序"类似，添加"统计"按钮的代码如下：

```
void CTibtWordDynamStatistDlg::OnClickedStatist()
{
    // TODO: 在此添加控件通知处理程序代码
    int n;
    CString s;
    CFile file;
    wchar_t ch;
    int pos=0;
```

```
CString filename;
filename.Format(_T("%s"),pszPath);
filename+=_T("\\*.txt");

HANDLE hFile;
LPCTSTR lpFileName = (LPCTSTR)filename;
WIN32_FIND_DATA pNextInfo;    //搜索得到的文件信息将储存在 pNextInfo 中;
hFile = FindFirstFile(lpFileName,&pNextInfo);    //请注意是 &pNextInfo，不是 pNextInfo;
if(hFile == INVALID_HANDLE_VALUE){
            exit(-1);    //搜索失败
}
do {
    pos++;
    if(pNextInfo.cFileName[0] == '.')    //过滤.和..
        continue;
    CString FilePath=pszPath;
    FilePath+=_T("\\");
    FilePath+=pNextInfo.cFileName;

    //打开当前的文件，初始化 TibetText
    TibetText=_T("");
    file.Open(FilePath,CFile::modeRead);
    n=file.Read(&ch,2);
    wchar_t temp;
    n=file.Read(&ch,2);
        while(n>0){
            temp=ch;
            TibetText+=ch;
            n=file.Read(&ch,2);}
        //藏文连续文本中黏着音节划分
        CString TibetText1=_T("");
        for (int k=0;k<TibetText.GetLength();k++)
        {
            CString Syllable=TibetText.Mid(k,4);
            CString frt=Syllable.Left(1);
            CString midle1=Syllable.Mid(1,1);
            CString midle2=Syllable.Mid(2,1);
            CString rear=Syllable.Right(1);
    if (frt!=0x0F0B&&midle1==0x0F60&&(midle2==0x0F72||midle2==0x0F74||
midle2==0x0F7C)&&(rear==0x0F0B||rear==0x0F0D)){
```

```
                    TibetText1+=frt+_T("·")+midle1+midle2+rear;
                    k+=3;}
        else {
                    TibetText1+=frt;
        }
    }


//连续文本中提出藏文音节字
    wchar_t ch1;
    CString TibetSyllable=_T("");
    int TibetTextLength=TibetText1.GetLength();
    for (int j=0;j<=TibetTextLength;j++){
        ch1=TibetText1[j];
        if (ch1>0x0FFF||ch1<0x0F00)    //非藏文字符也作为分隔符
        {
        if (TibetSyllable!=_T(""))  {  //音节不为空,识别构件并进行构件统计
                    wstring comp=TiWord::recognize(TibetSyllable.GetString());
                    for(int n=comp.length();n<8;n++)    //末尾补 0
                        comp+=L'0';
                    CompStatis(comp);}
        }
        else{  //当前字符是藏文字符
                if (IsSeparate(ch1)==false){
                    TibetSyllable+=ch1;}
                else {
                    if (TibetSyllable!=_T("")){
                    //当 ch1 是藏文分隔符时,识别构件并进行构件统计
                        wstring comp=TiWord::recognize(TibetSyllable.GetString());
                        for(int n=comp.length();n<8;n++)    //末尾补 0
                            comp+=L'0';
                    CompStatis(comp);}
                    //藏文分隔符进行统计
                    for(int k=0;k<90;k++){
                        if(ch1==SeparateStat[k].TitSepart){
                            SeparateStat[k].freq++;
                            break;}
                    }
                    TibetSyllable=_T("");}
        }
    }


}
```

```
        file.Close();
        m_Progress.SetPos(pos);
    } while (FindNextFile(hFile,&pNextInfo));
    OutResult();//在对话框中输入统计结果
    UpdateData(false);
}
```

（10）与"打开"模块的"添加处理程序"类似，添加"保存"代码：

```
void CTibtWordDynamStatistDlg::OnClickedSave()
{
    // TODO: 在此添加控件通知处理程序代码
    CFile wfile;

    CFileDialog dlg2(false);
    WORD unicode = 0xFEFF;
    if(dlg2.DoModal()==IDOK){
        CString path = dlg2.GetPathName();
        if(path.Right(4)!=".txt")
            path+=".txt";
        wfile.Open(path,CFile::modeCreate|CFile::modeWrite);
        wfile.Write(&unicode,sizeof(wchar_t));

        CString s1=_T("");
        CString csStr;
        s1+=_T("前加字的统计结果如下：\r\n");
        for(int i=0;i<=5;i++){      //输出前加字统计结果
            s1+=FrontComp[i].TibetComp.c_str();
            s1+=_T("\t");
            csStr.Format(_T("%d"),FrontComp[i].freq);
            s1+=csStr;
            s1+=_T("\r\n");
        }
        s1+=_T("上加字的统计结果如下：\r\n");
        for(int i=0;i<=3;i++){      //输出上加字统计结果
            s1+=HeadComp[i].TibetComp.c_str();
            s1+=_T("\t");
            csStr.Format(_T("%d"),HeadComp[i].freq);
            s1+=csStr;
            s1+=_T("\r\n");
        }
        s1+=_T("基字的统计结果如下：\r\n");
        for(int i=0;i<60;i++){      //输出基字统计结果
```

```
            s1+=JiziComp[i].TibetComp.c_str();
            s1+=_T("\t");
            csStr.Format(_T("%d"),JiziComp[i].freq);
            s1+=csStr;
            s1+=_T("\r\n");
        }
        s1+=_T("下加字的统计结果如下：\r\n");
        for(int i=0;i<=4;i++){      //输出下加字统计结果
            s1+=FootComp[i].TibetComp.c_str();
            s1+=_T("\t");
            csStr.Format(_T("%d"),FootComp[i].freq);
            s1+=csStr;
            s1+=_T("\r\n");
        }
        s1+=_T("再下加字的统计结果如下：\r\n");
        for(int i=0;i<=1;i++){      //输出再下加字统计结果
            s1+=AgainFootComp[i].TibetComp.c_str();
            s1+=_T("\t");
            csStr.Format(_T("%d"),AgainFootComp[i].freq);
            s1+=csStr;
            s1+=_T("\r\n");
        }
        s1+=_T("元音的统计结果如下：\r\n");
        for(int i=0;i<=4;i++){      //输出元音统计结果
            s1+=VowelComp[i].TibetComp.c_str();
            s1+=_T("\t");
            csStr.Format(_T("%d"),VowelComp[i].freq);
            s1+=csStr;
            s1+=_T("\r\n");
        }
        s1+=_T("后加字的统计结果如下：\r\n");
        for(int i=0;i<=10;i++){     //输出后加字统计结果
            s1+=RearComp[i].TibetComp.c_str();
            s1+=_T("\t");
            csStr.Format(_T("%d"),RearComp[i].freq);
            s1+=csStr;
            s1+=_T("\r\n");
        }
        s1+=_T("再后加字的统计结果如下：\r\n");
```

```
for(int i=0;i<=2;i++){      //输出再后加字统计结果
    s1+=AgainRearComp[i].TibetComp.c_str();
    s1+=_T("\t");
    csStr.Format(_T("%d"),AgainRearComp[i].freq);
    s1+=csStr;
    s1+=_T("\r\n");
}
s1+=_T("藏文分隔符的统计结果如下：\r\n");
for(int i=0;i<90;i++){      //藏文分隔符统计结果
    s1+=SeparateStat[i].TitSepart;
    s1+=_T("\t");
    csStr.Format(_T("%d"),SeparateStat[i].freq);
    s1+=csStr;
    s1+=_T("\r\n");
}
wfile.Write(s1,s1.GetLength()*sizeof(wchar_t));
wfile.Close();
}
UpdateData(false);
}
```

15.4.2　代码使用说明

（1）运行程序，产生的界面如图 15-3 所示。

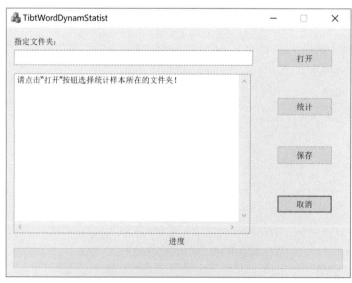

图 15-3　程序界面

（2）点击【打开】按钮，打开文件夹选择窗口（见图 15-4），选择文本所在的文件夹后点击【打开】按钮。

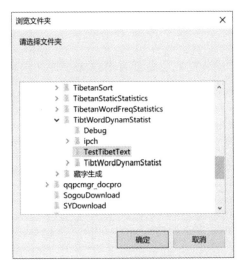
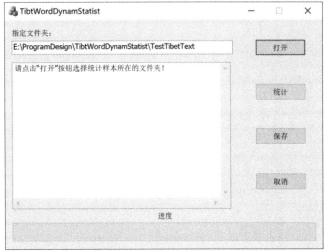

图 15-4 "打开"对话框

（3）点击【统计】按钮则开始进行统计，如图 15-5 所示。

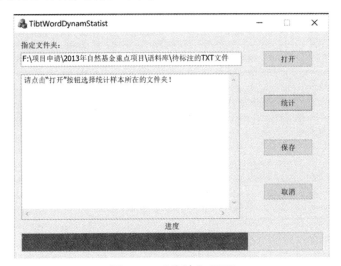

图 15-5 "统计"界面

（4）统计完成后，在窗口中现实统计结果，如图 15-6 所示。点击【保存】按钮保存统计结果。

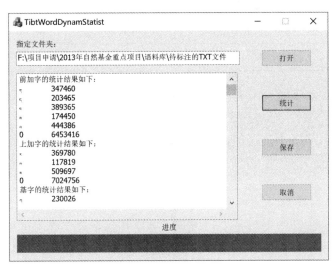

图 15-6 统计结果

15.5 运行结果

运用以上程序对 6 763 个连续藏文文本的藏文字符进行音节提取、黏着音节拆分、构件识别后，对各构件出现的频次进行了统计，其中有 803 个不同的藏字，对结果的分析如下：

1. 各前加字的数据分析

表 15-1 各前加字出现的次数

序号	前加字符	静态统计		动态统计	
		次数	占比	次数	占比
1	ག	938	4.99%	347 460	4.34%
2	ད	1 280	6.81%	203 465	2.54%
3	བ	3 827	20.37%	389 365	4.86%
4	མ	1 278	6.80%	174 450	2.18%
5	འ	1 620	8.62%	444 386	5.55%
6	0	9 842	52.39%	6 453 416	80.54%

多文本中各前加字出现的次数统计如表 15-1 所示。从表 15-1 可以看出，静态统计中有前加字的藏字占全藏字的近一半，但在动态统计中没有前加字的藏字占统计藏字的 80%；静态统计中前加字 "བ" 的构字能力最强，又占所有前加字的一半，但动态统计中前加字 "འ" 的占比最多。

2. 各上加字数据分析

表 15-2 各上加字出现的次数

序号	上加字	静态统计		动态动态	
		次数	占比	次数	占比
1	ར	2 380	12.67%	369 780	4.61%
2	ལ	1 020	5.43%	117 819	1.47%
3	ས	2 890	15.38%	509 697	6.35%
4	0	12 495	66.52%	7 024 756	87.57%

各上加字出现次数的频度统计结果如表 15-2 所示。从表 15-2 可以看出，静态统计中没有上加字的藏字占全藏字的 66.52%，而动态统计中没有上加字的藏字占统计藏字的 87.57%，说明有上加字的占比较少。两种统计中各上加字的占比基本一致，上加字 "ས" 占比最大，其次是 "ར" "ལ" 占比最小。

3. 各基字的数据分析

各基字出现的频次的统计结果如表 15-3 所示。基字是每个藏字必不可少的构件，但各构件静态的构字能力和实际运用中各构件的出现频次也是不一致的，其中基字 "ག" "ད" "ལ" "བ" 等出现的频次很高，而 "ཤ" 的动态频次最低，与平时藏学专家认为的 "可有可无" 基本一致。

表 15-3 各基字出现的次数

序号	基字	静态统计		动态统计		序号	基字	静态统计		动态统计	
		次数	占比	次数	占比			次数	占比	次数	占比
1	ཀ	2 040	10.86%	230 026	2.86%	16	ཟ	763	4.06%	360 023	4.48%
2	ཁ	850	4.52%	272 779	3.40%	17	ཚ	680	3.62%	44 096	0.55%
3	ག	2 634	14.02%	548 500	6.83%	18	ཆ	340	1.81%	219 389	2.73%
4	ང	678	3.61%	110 880	1.38%	19	ཏ	425	2.26%	48 677	0.61%
5	ཅ	255	1.36%	140 749	1.75%	20	ཥ	85	0.45%	2 393	0.03%
6	ཆ	255	1.36%	201 898	2.51%	21	ཞ	340	1.81%	255 942	3.19%
7	ཇ	510	2.71%	50 894	0.63%	22	ཡ	510	2.71%	96 082	1.20%
8	ཉ	680	3.62%	97 874	1.22%	23	ཝ	80	0.43%	365 415	4.55%
9	ཏ	765	4.07%	128 407	1.60%	24	ཡ	170	0.90%	265 938	3.31%
10	ཐ	340	1.81%	169 646	2.11%	25	ར	260	1.38%	266 942	3.32%
11	ད	1 100	5.86%	717 612	8.93%	26	ལ	175	0.93%	363 073	4.52%
12	ན	685	3.65%	332 521	4.14%	27	ཤ	340	1.81%	111 836	1.39%
13	པ	850	4.52%	500 577	6.23%	28	ས	595	3.17%	346 394	4.31%
14	ཕ	595	3.17%	131 761	1.64%	29	ཧ	340	1.81%	17 316	0.22%
15	བ	1 360	7.24%	604 596	7.53%	30	ཨ	85	0.45%	26 060	0.32%

本次动态统计中对叠加基字进行了单独的统计,结果如表 15-4 所示。叠加字符总体占比较少,其中占比较大是"ཨྐ""ཨྒ""ཨྲ";也有很多出现频次为 0 的,说明这些基字在现代藏字的结构中不进行纵向叠加。

表 15-4 叠加基字的出现频次

序号	基字	次数	占比	序号	基字	次数	占比
1	ཀ	149 786	1.86%	16	ཟ	26 946	0.34%
2	ཁ	0	0.00%	17	ཚ	66 269	0.82%
3	ག	218 778	2.72%	18	ཆ	4	0.00%
4	ང	36 624	0.46%	19	ཏ	15 414	0.19%
5	ཅ	4 570	0.06%	20	ཥ	0	0.00%
6	ཆ	0	0.00%	21	ཞ	0	0.00%
7	ཇ	40 669	0.51%	22	ཡ	0	0.00%
8	ཉ	36 192	0.45%	23	ཝ	213	0.00%
9	ཏ	154 325	1.92%	24	ཡ	680	0.01%
10	ཐ	4	0.00%	25	ར	959	0.01%
11	ད	78 005	0.97%	26	ལ	338	0.00%
12	ན	56 814	0.71%	27	ཤ	0	0.00%
13	པ	66 112	0.82%	28	ས	0	0.00%
14	ཕ	761	0.01%	29	ཧ	31 908	0.40%
15	བ	19 903	0.25%	30	ཨ	0	0.00%

4. 各下加字的数据分析

统计的各下加字出现的频次如表 15-5 所示。静态统计中有下加字的藏字占全藏字的 40%，但动态统计中有下加字的藏字占统计藏字不到 20%。下加字中"ﱠ""ﱠ"的构字能力最强，出现的频次最多。

表 15-5　各下加字出现的次数

序号	下加字	静态统计		动态统计	
		次数	占比	次数	占比
1	ﱠ	1 105	5.88%	10 012	0.12%
2	ﱠ	2 805	14.93%	857 963	10.71%
3	ﱠ	2 890	15.38%	403 913	5.04%
4	ﱠ	850	4.52%	112 135	1.40%
5	0	11 135	59.28%	6 626 730	82.72%

5. 再下加字的数据分析

统计的再下加字出现的次数如表 15-6 所示。两种统计结果中有再下加字藏字的占比都还不到 1%，99%的字符没有再下加字。

表 15-6　再下加字出现的次数

序号	再下加字	静态统计		动态统计	
		次数	占比	次数	占比
1	ﱠ	170	0.90%	8 727	0.11%
2	0	18615	99.10%	8 052 653	99.89%

6. 各元音数据分析

各元音出现的频次的统计如表 15-7 所示。静态统计中各元音出现的频次一致，说明各元音构字的能力一样，但动态统计中各元音出现的频次是不一致的，有元音的占总体的近 60%，其中"ﱠ"又占 20.03%。

表 15-7　各元音出现的次数

序号	元音	静态统计		动态统计	
		次数	占比	次数	占比
1	ﱠ	3 757	20.00%	1 613 877	20.03%
2	ﱠ	3 757	20.00%	979 210	12.15%
3	ﱠ	3 757	20.00%	848 459	10.53%
4	ﱠ	3 757	20.00%	1 407 315	17.47%
5	0	3 757	20.00%	3 208 225	39.82%

7. 各后加字的数据分析

各后加字出现频次的统计如表 15-8 所示。静态统计中很多后加字出现的次数相等，这也是藏文文法没有限制后加字的添加导致的，其中后加字"འ"的次数最少，其构字能力最弱；但在动态统计中各后加字的出现频次就不一致了，较多的是"ག""ང""ན""ས"。

表 15-8　各后加字出现的次数

序号	后加字	静态统计		动态统计	
		次数	占比	次数	占比
1	ག	2 208	11.75%	767 584	9.56%
2	ང	2 212	11.78%	983 838	12.25%
3	ད	1 120	5.96%	585 240	7.29%
4	ན	2 205	11.74%	652 808	8.13%
5	བ	2 208	11.75%	216 568	2.70%
6	མ	2 209	11.76%	277 145	3.45%
7	འ	48	0.26%	61 952	0.77%
8	ར	2 205	11.74%	450 644	5.61%
9	ལ	2 205	11.74%	258 165	3.21%
10	ས	1 108	5.90%	792 431	9.87%
11	0	1 057	5.63%	2 985 112	37.17%

8. 各再后加字的数据分析

各再后加字出现的频次的统计如表 15-9 所示。静态统计中有再后加字的藏字占约 40%，但在动态统计中只占 6.67%。

表 15-9　各再后加字出现的次数

序号	再后加字	静态统计		动态统计	
		次数	占比	次数	占比
1	ད	3 300	17.57%	2 729	0.03%
2	ས	4 417	23.51%	532 416	6.64%
3	0	11 068	58.92%	7 477 921	93.32%

9. 藏文特殊字符的数据分析

藏文基本集中收录了较多的特殊字符，但连续藏文文本中很多特殊字符出现的频率很低，从表 15-10 可以看出，音节点出现的频次最高，达到了 92.35%。

表 15-10　藏文特殊字符的动态统计

序号	字符	次数	占比	序号	字符	次数	占比
1	ༀ	25	0.00%	14	༣	2 470	0.03%
2	༁	344	0.00%	15	༜	1 976	0.02%
3	༂	1 116	0.01%	16	༤	2 127	0.03%
4	་	7 470 954	92.35%	17	༦	1 748	0.02%
5	༷	15 184	0.19%	18	༧	1 679	0.02%
6	།	562 209	6.95%	19	༨	1 963	0.02%
7	༎	1 416	0.02%	20	༩	2 864	0.04%
8	༏	5	0.00%	21	༝	21	0.00%
9	༐	23	0.00%	22	༙	13	0.00%
10	༑	166	0.00%	23	༚	39	0.00%
11	༠	4 732	0.06%	24	༞	131	0.00%
12	༡	7 121	0.09%	25	༦	3 588	0.04%
13	༢	4 295	0.05%	26	༵	3 643	0.05%

15.6　算法分析

15.6.1　时间复杂度分析

本算法从一个文件中读取所有的字符，时间复杂度为 $O(n)$；再把文件中的文本扫描一遍，将黏着词分开，时间复杂度为 $O(n)$；再提取藏文音节，识别构件，进行构件统计，其时间复杂度为 $O(n)$。因此，总时间复杂度为 $T(n) = O(cn)$，其中 c 是文件的个数。

15.6.2　空间复杂度分析

1. 数据存储空间

算法中读入一个文本文件，用一个 CString 变量存储文件的所有字符，占用的空间大小是文本文件字符的大小，即 $O(n)$；在进行黏着词分开时用了同样一个大小的存储空间存储数据，其空间也是 $O(n)$。程序处理完一个文档后，释放存储空间，故程序数据存储空间为 $O(n)$，其中 n 是处理的文件中字符最多的文件占用的存储空间。

2. 辅助存储空间

定义了一个存储藏文音节构件与其频度的结构体，程序需要常数个该结构体的空间，故空间复杂度为 $O(1)$。

❖ 第 16 章　基于哈希表的多文件藏文音节统计

16.1　问题描述

第 14 章实现了基于动态顺序存储的单文档藏文音节动态统计，为了更准确地统计藏文音节字的使用频次，需要在更多的文本中进行统计。本章设计实现一个基于 Hash 表的从多个连续藏文文本中统计藏文音节频次的程序，并对其排序效率进行分析。

16.2　问题分析

16.2.1　理论依据

1. 藏文音节统计理论

多文本中统计藏文音节的方法与第 14 章的方法基本一致，只是从存放多文本的文件夹中依次读取每个文件，再读取每个文件中的藏文文本，并存储当前获取的字符；当遇到一个藏文分割字符（参考第 10 章中整理的 90 个藏文分隔符）时，在存放统计音节的 Hash 表中查找，如果查找成功，则其频度加 1，如果查找失败，则在表中插入该音节并将其频度设为"1"。

2. Hash 函数[①]

1）Hash 函数概述

一般的线性表、树等数据结构中记录存储的相对位置是随机的，即和记录的关键字之间不存在确定的关系，因此，在这类结构中查找记录时需进行一系列和关键字的比较。这类查找方法建立在"比较"的基础上，查找的效率依赖于查找过程中所进行的比较次数。一种理想的情况是不进行一一比较，就能直接找到需要的记录，因此必须在记录的存储位置和它的关键字之间建立一个确定的对应关系 H，使每个关键字和结构中一个唯一的存储位置相对应。

在记录的存储位置和它的关键字之间建立一个确定的对应关系 H，以 H(key)作为关键字为 key 的记录在表中的位置，称这个对应关系 H 为哈希(Hash)函数。

Hash 又称为散列、杂凑、哈希，是把任意长度的输入（又叫作预映射 pre-image）通过散列算法变换成固定长度的输出，该输出就是散列值。散列值的空间通常远小于输入的空间，不同的输入可能会散列成相同的输出。

Hash 算法虽然被称为算法，但实际上它更像是一种思想。Hash 算法没有一个固定的公式，只要符合散列思想的算法都可以被称为是 Hash 算法。按照 Hash 算法存储记录的表称为 Hash 表。在 Hash 表中查找记录时，如果表中存在和关键字 k 相等的记录，则必定在表的 H(k)存储位置上，因此，不需要比较关键字便可直接查找到记录。

[①] 王欣欣，冷玉池. 数据结构实用教程（C 语言版）[M]. 西安：西安电子科技大学出版社，2016.

不同的关键字可能得到同一散列地址的这种现象（即 key1≠key2，而 H(key1)=H(key2)）称碰撞或冲突。具有相同函数值的关键字对该散列函数来说称为同义词。

综上所述，Hash 就是根据散列函数 H(key)和处理冲突的方法将一组关键字映射到一个有限的连续地址集（区间）上，并以关键字在地址集中的"像"作为记录在表中的存储位置的一种算法思想。

2）常用 Hash 函数

散列函数使得对一个数据序列的访问过程更加迅速有效，通过散列函数，数据元素将被更快地定位。常用的 Hash 函数有：

（1）直接寻址法。

该方法取关键字或关键字的某个线性函数值为散列地址，即 H(key)=key 或 H(key) = a·key + b。其中，a 和 b 为常数（这种散列函数叫作自身函数）。

（2）数字分析法。

分析一组数据，比如一组员工的出生年月日，这时发现员工们出生年月日的前几位数字大体相同，这样的话，这些数据出现冲突的概率就会很大；同时又发现年月日的后几位数字（表示月份和具体日期）差别很大，如果用后面的数字来构成散列地址，则冲突的概率会明显降低。因此数字分析法就是找出数字的规律，尽可能利用这些数据来构造冲突概率较低的散列地址。

（3）平方取中法。

该方法取关键字平方后的中间几位作为散列地址。

（4）折叠法。

该方法将关键字分割成位数相同的几部分，最后一部分位数可以不同，然后取这几部分的叠加和（去除进位）作为散列地址。

（5）随机数法。

该方法选择一随机函数，以关键字作为随机函数的自变量，生成随机值作为散列地址。

（6）除留余数法。

该方法取关键字被某个不大于散列表表长 m 的数 p 除后所得的余数作为散列地址，即 H(key) = key MOD p，$p \leqslant m$。该操作不仅可以对关键字直接取模，也可在关键字进行折叠、平方取中等运算之后取模。对 p 的选择很重要，一般取素数或 m，若 p 选得不好，容易产生碰撞。

3）处理冲突方法

（1）开放寻址法。

H_i=(H(key) + d_i) MOD m，i=1，2，…，$k(k \leqslant m-1)$，其中，H(key)为散列函数；m 为散列表长；d_i 为增量序列，有下列三种取法：

① d_i=1，2，3，…，$m-1$，称线性探测再散列；

② d_i=1^2，-1^2，2^2，-2^2，3^2，…，$\pm k^2$，$(k \leqslant m/2)$，称二次探测再散列；

③ d_i=伪随机数序列，称伪随机探测再散列。

（2）再散列法。

H_i=RH$_i$(key)，i=1，2，…，k。RH$_i$ 均是不同的散列函数，即在同义词产生地址冲突时计算另一个散列函数地址，直到冲突不再发生。这种方法不易产生"聚集"，但增加了计算时间。

（3）链地址法。

将所有关键字为同义词的记录存储在同一线性链表中。

例如，对于关键字序列{ 19，01，23，14，55，68，11，82，36 }，采用 H(key)=key MOD 7，用链地址法处理冲突结果，如图 16-1 所示。

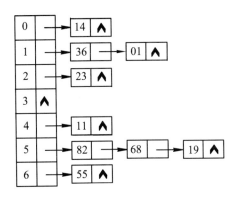

图 16-1　Hash 的链地址法

（4）建立一个公共溢出区。

公共溢出表用来存放所有关键字和基本表中关键字为同义词的记录，不管它们由哈希函数得到的哈希地址是什么，一旦发生冲突，都填入溢出表。

4）查找性能分析

散列表的查找过程基本上和造表过程相同。一些关键码可通过散列函数转换的地址直接被找到，另一些关键码在散列函数得到的地址上产生了冲突，需要按处理冲突的方法进行查找。产生冲突后的查找仍然是给定值与关键码进行比较的过程，所以对散列表查找效率的量度，依然用平均查找长度来衡量。

查找过程中，关键码的比较次数取决于产生冲突的多少。产生的冲突少，查找效率就高；产生的冲突多，查找效率就低。因此，影响产生冲突多少的因素，也就是影响查找效率的因素。影响产生冲突多少有以下三个因素：

（1）散列函数是否均匀；

（2）处理冲突的方法；

（3）散列表的装填因子。

散列表的装填因子定义为：α=填入表中的元素个数/散列表的长度

α是散列表装满程度的标志因子。由于表长是定值，α与"填入表中的元素个数"成正比。所以α越大，填入表中的元素较多，产生冲突的可能性就越大；α越小，填入表中的元素较少，产生冲突的可能性就越小。

实际上，散列表的平均查找长度是装填因子α的函数，只是不同处理冲突的方法有不同的函数。

16.2.2　算法思想

1. 多文本中统计藏文音节字的 Hash 表设计

考虑到藏文音节在 18 000 个左右，故设计一个有 20 000 个元素的 Hash 表。表中每个元素由两部分组成，其中一个存储 Hash 值，即 0～20 000；另一个存储指向藏文音节的节点指针。定义有 3 个成员的藏文音节节点；第一个成员存储藏文音节字；第二个成员存储该藏文音节字在文本中出现的频次；第三个成员存储一个指针，Hash 表发生冲突时指向冲突的下一个藏文音节节点。故设计的藏文音节统计 Hash 表如图 16-2 所示。

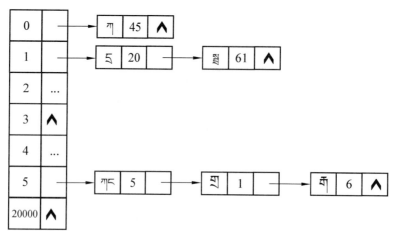

图 16-2 设计的藏文音节统计 Hash 链表

2. 算法思想

按照以上的理论设计的藏文多文本中统计藏文音节字的算法思想如下：

统计时，逐个读取每个文件文本中的 Unicode 字符到 ch 中，当 ch 是非分隔符的藏文字符时，将其添加到字符串 s 尾部；当读取的字符为藏文音节分隔符号（包括非藏文字符）时，表示一个音节读取结束，此时 s 中保存的就是当前读取到的藏文音节字。用当前藏文音节字的各字符编码作为 key，通过 H（key）计算其 Hash 值，按照 Hash 值查找表中的位置，如果发生冲突按照链地址的方法解决冲突。具体的方法为：

（1）初始化字符串 s 和 ch。判断所有文件是否处理完成，如果是，则程序结束，否则转步骤（2）。

（2）获取一个文件并打开。

（3）从文件中读取一个字符到 ch 中。

（4）判断 ch 是否为非藏文字符，如果是则转到（5）；否则转到步骤（7）。

（5）判断 ch 是否是藏文音节分隔符，如果不是分隔符，则将该字符 ch 增加到字符串 s 尾部，转到步骤（3）（读取下一个字符）；否则转到（6）。

（6）以字符 ch 的编码计算 Hash 值，按照 Hash 值把分隔符 ch 存入到统计表中，转到步骤（7）。

（7）若 s 非空，用 s 的字符编码计算 Hash 值，按照 Hash 值把 s 中的字符存入到统计表中，并清空 s，转到（3）。

16.3 算法设计

16.3.1 存储空间

1. 定义存储藏文音节及频度的结构体

```
struct TibetWord{    //定义存储藏文音节及频度的结构体
    wchar_t s[8];
    int freq;
    TibetWord *next;
};
```

2. 定义解决 Hash 冲突的链表的一个节点

```
typedef   struct{   //定义解决 hash 冲突的链表的一个节点
    int hash_key;   //hash 值
    TibetWord   *next;           /* 存储空间的基址   */
}Hash_Node;
```

3. 初始化一个包括 20 000 个 Hash_Node 空间的 Hash 表

```
#define   Hash_Max 20000
…
Hash_Node List_Hash[Hash_Max];//定义 Hash 表
…
for (int i=0;i<Hash_Max;i++){
    List_Hash[i].hash_key=i;
    List_Hash[i].next=NULL;

}
```

16.3.2 流程图

1. 主函数流程图

主函数流程如图 16-3 所示。

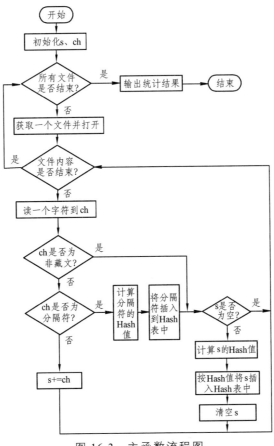

图 16-3 主函数流程图

2. 将藏文音节插入到 Hash 表的流程图

将藏文音节插入到 Hash 表的过程如图 16-4 所示。

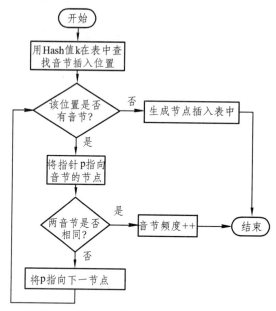

图 16-4　藏文音节插入到 Hash 表的过程

16.3.3　伪代码

1. 主程序的伪代码

藏文音节字频统计过程中最关键的部分是对非藏文编码、藏文分隔符、特殊字符的处理，其伪代码如下：

```
1 Statis(){
2    do
3    CString TibetSyllable=_T("");
4    int TibetTextLength=TibetText.GetLength();
5    for (int j=0;j<=TibetTextLength;j++){
6        ch=TibetText[j];
7        if (ch>0x0FFF||ch<0x0F00)    //非藏文字符也作为分隔符{
8        如果 s 中有数据，计算 s 的 Hash 值，按值把 s 插入 Hash 表中}
9        else {///ch 是藏文字符
10           if (TiWord::IsSeparate(ch)==false)    {    //判断是否是藏文音节分隔符
11               TibetSyllable+=ch;        }
12           else {
13               if (TibetSyllable!=_T(""))    {
14                   计算 s 的 Hash 值，按值把 s 插入 Hash 表中}
15                   计算 ch 的 Hash 值，按值把 ch 插入 Hash 表中
16           }
17    while(文件处理结束？)
18 }
```

2. 藏文音节插入到 Hash 表的伪代码

藏文音节插入 Hash 表时，通过藏文音节的 Hash 值找到该音节的位置，如果该位置空则把该字符插入到 Hash 表中，频度设为 1；如果该位置已有藏文音节字，将待插入字符与已有的音节字进行比较，如果相同则频度加 1，不相同则生成一个新节点，用尾插法把节点插入到链表中，其伪代码如下：

```
1  TibetWord *p=NULL;
2    int k=HashValue;
3    int n=Y.GetLength();
4    if (List_Hash[k].next==NULL) {    //第 k 位还没有插入数据
5        p=(TibetWord *)malloc(sizeof(TibetWord));
6        if (p!=NULL){
7            插入节点}
8        List_Hash[k].next=p;
9        return true; }
10   else{    //第 k 位已经有数据插入
11       p=List_Hash[k].next;
12       TibetWord *r=NULL;
13       do{
14           if (TiWord::CompTiword(p,Y))  {    //字符相同则频率加 1
15               p->freq++;
16               return true;}
17           else{
18               if (p!=NULL){
19                   r=p;
20                   p=p->next;}
21           }
22       }while (p!=NULL);
23       TibetWord *q=(TibetWord *)malloc(sizeof(TibetWord));
24       if (q!=NULL){
25           插入节点}
26       r->next=q;
27       return true;
28   }
```

16.4　程序实现

16.4.1　代　码

（1）新建 MFC 项目。
① 新建一个"MFC 应用程序"。
② 在"MFC 应用程序向导"中选择"基于对话框"和"在静态库中使用 MFC"。

（2）对话框窗口设计。

① 增加两个"Edit Control"控件，分别用于显示统计源文本所在的文件夹和藏文音节统计结果，把显示统计结果控件的属性"Multiline""Horizontal Scroll""Vertical Scroll"设置为"True"。

② 增加四个"Button Control"按钮控件。把四个按钮属性中的"Caption"分别改为"打开""统计""保存""退出"；对应的 ID 分别改为"IDC_OPEN""IDC_STATIS""IDC_SAVE""IDCANCEL"。

③ 在两个"Edit Control"控件上方增加两个"Static Text"静态文本框，Caption 分别设置为"统计文本所在的文件夹："和"藏文音节字频度统计结果："。

主程序对话框窗口设计结果如图 16-5 所示。

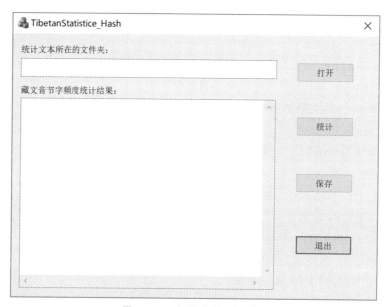

图 16-5　主程序的对话框

（3）关联变量。

在对话框上点击右键，选择【类向导】，选择"成员变量窗口"，选择"ID_EDIT1"的类别为"Value"，输入变量名 "m_FileNameEdit"；选择"ID_EDIT2"的类别为"Value"，输入变量名"m_ContextEdit"。

（4）增加一个头文件 TiWord.h，把有关的宏定义、数据结构体定义、TiWord 类定义的程序放在其中，代码如下：

```
#pragma once
#include "afxwin.h"
#include <stdio.h>
#include <stdlib.h>
#include <wchar.h>
#include <string>
#include <iostream>
#include <windows.h>
#include "afxcmn.h"
using namespace std;
```

```
#define    Hash_Max 20000

struct TibetWord{    //定义存储藏文音节及频度的结构体
    wchar_t s[8];
    int freq;
    TibetWord *next;
};
typedef   struct{    //定义解决 Hash 冲突的链表
    int hash_key;    //hash 值
    TibetWord    *next;          /* 存储空间的基址    */
}Hash_Node;


class TiWord
{
public:
    TiWord(void);
    virtual ~TiWord(void);


    static int CompTiword(TibetWord *elem, CString Y);
    static bool IsSeparate(wchar_t sp);
    static int Hash(CString Tisylla);
};
```

（5）增加一个 cpp 源文件 TiWord.ccp，把藏文音节分隔符的判读、藏文音节比较、计算 Hash 值等函数放在其中，具体代码如下：

```
#include "stdafx.h"
#include "TiWord.h"
#include <math.h>


wchar_t Separate[90]={0x0F00,0x0F01,0x0F02,0x0F03,0x0F04,0x0F06,0x0F07,0x0F08,
0x0F09,0x0F0A,0x0F0B,0x0F0C,0x0F0D,0x0F0E,0x0F0F,0x0F10,0x0F11,0x0F12,
    0x0F13,0x0F14,0x0F15,0x0F16,0x0F17,0x0F18,0x0F19,0x0F1A,0x0F1B,
    0x0F1C,0x0F1D,0x0F1E,0x0F1F,0x0F20,0x0F21,0x0F22,0x0F23,0x0F24,
    0x0F25,0x0F26,0x0F27,0x0F28,0x0F29,0x0F2A,0x0F2B,0x0F2C,0x0F2D,
    0x0F2E,0x0F2F,0x0F30,0x0F31,0x0F32,0x0F33,0x0F34,0x0F35,0x0F36,
    0x0F37,0x0F38,0x0F3A,0x0F3B,0x0F3C,0x0F3D,0x0F3E,0x0F3F,0x0FBE,
    0x0FBF,0x0FC0,0x0FC1,0x0FC2,0x0FC3,0x0FC4,0x0FC5,0x0FC6,0x0FC7,
    0x0FC8,0x0FC9,0x0FCA,0x0FCB,0x0FCC,0x0FCE,0x0FCF,0x0FD0,0x0FD1,
    0x0FD2,0x0FD3,0x0FD4,0x0FD5,0x0FD6,0x0FD7,0x0FD8,0x0FD9,0x0FDA
};
```

```cpp
TiWord::TiWord(void)
{
}


TiWord::~TiWord(void)
{
}
```

```cpp
int TiWord::CompTiword(TibetWord *elem, CString Y)
{
    int l=0;
    for (int j=0;j<8;j++)
    {
        if ((elem->s[j]>=0x0F00)&&(elem->s[j]<=0x0FFF))
        {
            l++;
        }
    }
    if (l==Y.GetLength())
    {
        int k=0;
        for (;k<l;k++)
        {
            if(elem->s[k]!=Y[k]) return 0;
        }
        if (k==l)
        {
            return 1;
        }
    }
    else return 0;
}
```

```cpp
bool TiWord::IsSeparate(wchar_t sp)
{
    for (int k=0;k<90;k++)
    {
        if (Separate[k]==sp)
        {
```

```
                    return true;
                }
            }
    return false;
}
```

```
int TiWord::Hash(CString Tisylla)
{
    int i=0;
    int j=0;
    for (int k=0;k<Tisylla.GetLength();k++)
    {
        //j=int(Tisylla[k]-0x0EFF); //使得 Hash 第一个字符值为 1，返回 0 则失败
        j=int(Tisylla[k]-0x0EFF)*pow(10,k);
        i=i+j;
    }
    return (i%Hash_Max);
}
```

（6）在 TibetanStatistice_HashDlg.h 头文件中添加包含和宏定义代码：

#include "TiWord.h"

（7）在 TibetanStatistice_HashDlg.cpp 文档中添加有关代码。

① 声明：

```
CString TibetText; //存放文件内容
TCHAR pszPath[MAX_PATH];     //存放文件的目录
Hash_Node List_Hash[Hash_Max];   //定义 Hash 表
LARGE_INTEGER Freq, start_time,finish_time;     //用于记录系统处理数据所用的时间
int total=0,try_insert=0;
```

② 在 CTibetanStatistice_HashDlg::OnInitDialog()函数中增加一些需要的初始化代码：

```
    // TODO: 在此添加额外的初始化代码
    //散列表的初始化
    for (int i=0;i<= Hash_Max;i++)
    {
        List_Hash[i].hash_key=i;
        List_Hash[i].next=NULL;
    }
```

（8）添加"打开"模块的代码。

打开【类向导】，选择"打开"按钮的 ID "IDC_OPEN"，选择消息"BN_CLICKED"后，点击
【添加处理程序】，再点击【编辑代码】后录入如下代码：

```
void CTibetanStatistice_HashDlg::OnClickedOpen()
{
        // TODO: 在此添加控件通知处理程序代码
        BROWSEINFO bi;
        bi.hwndOwner        = this->GetSafeHwnd();
        bi.pidlRoot         = NULL;
        bi.pszDisplayName = NULL;
        bi.lpszTitle        = TEXT("请选择文件夹");
        bi.ulFlags          = BIF_RETURNONLYFSDIRS | BIF_STATUSTEXT;
        bi.lpfn             = NULL;
        bi.lParam           = 0;
        bi.iImage           = 0;

        LPITEMIDLIST pidl = SHBrowseForFolder(&bi);
        if (pidl == NULL)
        {
            return;}
        if (SHGetPathFromIDList(pidl, pszPath))
        {
            m_FileNameEdit+=pszPath;        //显示文件夹的路径

        }
        int count = 0;      //文件夹中文件数目
        CString Path;
        Path.Format(_T("%s"),pszPath);
        Path+=_T("\\*.*");
        CFileFind finder;
        BOOL working = finder.FindFile(Path);
        while (working)   {
            working = finder.FindNextFile();
            if (finder.IsDots())
                continue;
            if (!finder.IsDirectory())
                count++;}
        UpdateData(false);
}
```

（9）与"打开"模块的"添加处理程序"类似，添加"统计"按钮的代码如下：

```
void CTibetanStatistice_HashDlg::OnClickedStatis()
{
```

// TODO: 在此添加控件通知处理程序代码

```
int n;
CString s;
CFile file;
wchar_t ch;
int pos=0;

CString filename;
filename.Format(_T("%s"),pszPath);
filename+=_T("\\*.txt");

HANDLE hFile;
LPCTSTR lpFileName = (LPCTSTR)filename;
WIN32_FIND_DATA pNextInfo;    //搜索得到的文件信息将储存在 pNextInfo 中
hFile = FindFirstFile(lpFileName,&pNextInfo);    //请注意是&pNextInfo, 不是 pNextInfo
if(hFile == INVALID_HANDLE_VALUE)
{
    //搜索失败
    exit(-1);
}
QueryPerformanceFrequency(&Freq);
QueryPerformanceCounter(&start_time);
do
{
    pos++;
    if(pNextInfo.cFileName[0] == '.')    //过滤.和..
        continue;
    CString FilePath=pszPath;
    FilePath+=_T("\\");
    FilePath+=pNextInfo.cFileName;

    //打开当前的文件，初始化 TibetText
    TibetText=_T("");
    file.Open(FilePath,CFile::modeRead);
    n=file.Read(&ch,2);
    wchar_t temp;
    n=file.Read(&ch,2);
    while(n>0){
        temp=ch;
```

```
            TibetText+=ch;    //读文件的内容
            n=file.Read(&ch,2);
        }

    wchar_t ch1;
    CString TibetSyllable=_T("");
    int TibetTextLength=TibetText.GetLength();
    m_ContextEdit=(_T("藏文音节统计结果如下：\r\n"));
    for (int j=0;j<=TibetTextLength;j++){
        ch1=TibetText[j];
        if (ch1>0x0FFF||ch1<0x0F00)    //非藏文字符也作为分隔符
        {
            if (TibetSyllable!=_T("")){
                int k=TiWord::Hash(TibetSyllable);
                Indert_Hashlist(k,TibetSyllable);
                total++;
                TibetSyllable=_T("");}
        }
        else{
            if (TiWord::IsSeparate(ch1)==false)  {
                TibetSyllable+=ch1;    }
            else{
                if (TibetSyllable!=_T(""))   {
                    int k=TiWord::Hash(TibetSyllable);
                    Indert_Hashlist(k,TibetSyllable);
                    total++;
                    TibetSyllable=_T("");

                }
                TibetSyllable+=ch1;
                int k=TiWord::Hash(TibetSyllable);
                Indert_Hashlist(k,TibetSyllable);
                total++;
                TibetSyllable=_T("");
            }
        }
    }
file.Close();
} while (FindNextFile(hFile,&pNextInfo));
```

```
    OutResult();    //在对话框中输入统计结果
    QueryPerformanceCounter(&finish_time);
    CString tm_c;
    double tm=(double)(finish_time.QuadPart-start_time.QuadPart)/(double) Freq.QuadPart*1000.0;
    tm_c.Format(_T("%f"),tm);
    m_ContextEdit+=_T("\t");
    m_ContextEdit+=_T("系统处理数据所用时间为：");
    m_ContextEdit+=tm_c;
    m_ContextEdit+=_T("毫秒\t");
    m_ContextEdit+=_T("\r\n");


    CString ch2;
    ch2.Format(_T("%d"),total);
    m_ContextEdit+=_T("藏文音节总数为：");
    m_ContextEdit+=ch2;
    m_ContextEdit+=_T("\r\n");


    CString ch3;
    ch3.Format(_T("%d"),try_insert);
    m_ContextEdit+=_T("插入音节试探次数：");
    m_ContextEdit+=ch3;
    m_ContextEdit+=_T("\r\n");
    UpdateData(false);
}
```

（10）基于 CTibetanStatistice_HashDlg 类生成一个成员函数，用于在窗口中显示 Hash 表，其代码如下：

```
bool CTibetanStatistice_HashDlg::OutResult(void)
{
    TibetWord *p=NULL;
    for (int k=0;k<Hash_Max;k++)    //将统计结果更新到窗口
    {
        CString havl,feq;
        havl.Format(_T("%d"),List_Hash[k].hash_key);
        m_ContextEdit+=havl;
        m_ContextEdit+=_T("\t");
        p=List_Hash[k].next;
        while (p!=NULL)
        {
            for (int j=0;j<8;j++)
```

```
            {
                if ((p->s[j]>=0x0F00)&&(p->s[j]<=0x0FFF))
                {
                    m_ContextEdit+=p->s[j];
                }
                else break;
            }
            m_ContextEdit+=_T("\t");
            feq.Format(_T("%d"),p->freq);
            m_ContextEdit+=feq;
            m_ContextEdit+=_T("\t");
            p=p->next;
        }
        m_ContextEdit+=_T("\r\n");
    }
    UpdateData(false);
    return false;
}
```

（11）基于 CTibetanStatistice_HashDlg 类生成一个成员函数，用于向 Hash 表中插入藏文音节，其代码如下：

```
bool CTibetanStatistice_HashDlg::Indert_Hashlist(int HashValue, CString Y)
{
    TibetWord *p=NULL;
    int k=HashValue;
    int n=Y.GetLength();
    if (List_Hash[k].next==NULL)   //第 k 位还没有插入数据
    {
        p=(TibetWord *)malloc(sizeof(TibetWord));
        if (p!=NULL)
        {
            for (int i=0;i<n;i++)
            {
                p->s[i]=Y[i];
            }
            p->freq=1;
            p->next=NULL;
        }
        List_Hash[k].next=p;
        try_insert++;
```

```
        return true;
    }
else{    //第 k 位已经有数据插入
    p=List_Hash[k].next;
    TibetWord *r=NULL;
    do
    {
        if (TiWord::CompTiword(p,Y))
        {
            p->freq++;
            try_insert++;
            return true;
        }
        else{
            if (p!=NULL)
            {
                r=p;
                p=p->next;
                try_insert++;
            }
        }

    }while (p!=NULL);
        TibetWord *q=(TibetWord *)malloc(sizeof(TibetWord));
        if (q!=NULL)
        {
            for (int i=0;i<n;i++)
            {
                q->s[i]=Y[i];
            }
            q->freq=1;
            q->next=NULL;
        }
        r->next=q;
        return true;
    }
    return false;
}
```

（12）与"打开"模块的"添加处理程序"类似，添加"保存"代码：

```
void CTibetanStatistice_HashDlg::OnClickedSave()
{
    // TODO: 在此添加控件通知处理程序代码
    CFile wfile;
    int i=0;
    TibetWord *p=NULL;
    CString feq;

    CFileDialog dlg2(false);
    WORD unicode = 0xFEFF;
    if(dlg2.DoModal()==IDOK){
        CString path = dlg2.GetPathName();
        if(path.Right(4)!=".txt")
            path+=".txt";
        wfile.Open(path,CFile::modeCreate|CFile::modeWrite);
        wfile.Write(&unicode,sizeof(wchar_t));

        for (int k=0;k<Hash_Max;k++)    //将统计结果保存到文件中
        {
            p=List_Hash[k].next;
            while (p!=NULL)
            {
                CString s1=_T("");
                for (int j=0;j<8;j++)
                {
                    if ((p->s[j]>=0x0F00)&&(p->s[j]<=0x0FFF))
                    {
                        s1+=p->s[j];
                    }
                    else break;
                }
                s1+=_T("\t");
                feq.Format(_T("%d"),p->freq);
                s1+=feq;
                s1+=_T("\r\n");
                wfile.Write(s1,s1.GetLength()*sizeof(wchar_t));
                p=p->next;
            }
```

```
        }
        wfile.Close();
    }
    UpdateData(false);
}
```

（13）与"打开"模块的"添加处理程序"类似，添加"退出"代码，用来销毁生成的藏文音节的节点：

void CTibetanStatistice_HashDlg::OnBnClickedCancel()

```
{
    // TODO: 在此添加控件通知处理程序代码
    TibetWord *p=NULL,*q=NULL;
    for (int k=0;k<Hash_Max;k++)    //销毁生成的藏文音节的节点
    {
        p=List_Hash[k].next;
        while (p!=NULL)
        {
            q=p;
            p=p->next;
            free(q);
        }
    }
    CDialogEx::OnCancel();
}
```

16.4.2　代码使用说明

（1）运行程序，生成的界面如图 16-6 所示。

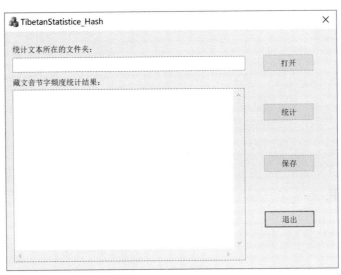

图 16-6　程序界面

（2）点击【打开】按钮打开文件夹选择窗口，选择待统计的文件夹后点击【确定】按钮，如图16-7所示。

（3）点击【统计】按钮开始统计藏文音节，统计结束后显示统计时间、总音节数、查找试探数，如图16-8所示。

图 16-7 "打开" 对话框

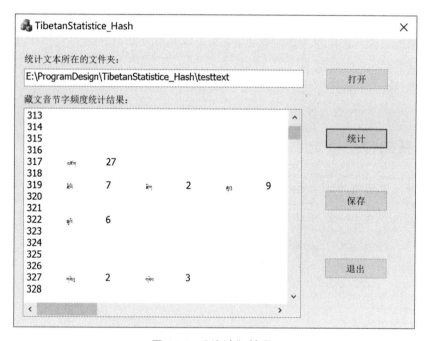

图 16-8 "统计" 结果

16.5　运行结果

16.5.1　运行结果展示

按照以上程序，对多个连续的藏文文本进行音节统计的结果如图16-9所示。

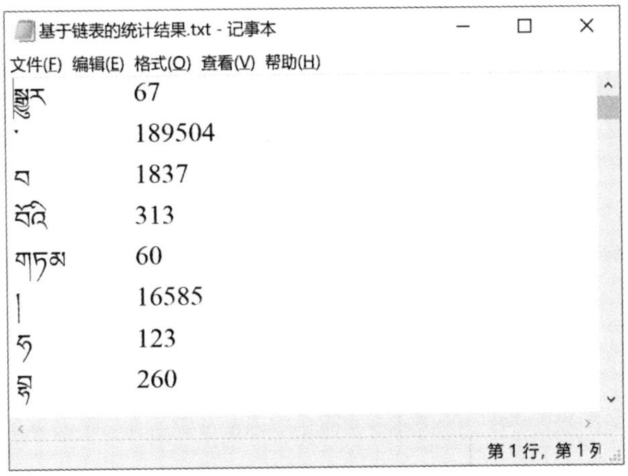

图 16-9　主函数流程图

16.5.2　讨　论

1. 不同算法的时间比较

第 14 章实现了基于动态顺序存储的单文件藏文音节动态统计，本章实现了基于 Hash 表的多文本藏文音节动态统计。程序中采用了如下的 hash 函数：

```
int TiWord::Hash(CString Tisylla)
{
    int i=0;
    int j=0;
    for (int k=0;k<Tisylla.GetLength();k++)
    {
        j=int(Tisylla[k]-0x0EFF);//使得 hash 第一个字符值为 1，返回 0 则失败
        i=i+j;
    }
    return i;
}
```

考虑到藏文字符 Unicode 编码都在 0F 段，高位都是 0F，为了使第一个藏文字符的哈希值映射到 1，采用 Hash 函数的直接寻址法，将藏文字符的编码减去 0EFF。多个藏文字符则采用各字符哈希值的累加，即：

$$H_1(\text{key}) = \sum_{i=0}^{7}(\text{key}_i - 0EFF)$$

经测试发现，用同一文本测试基于动态顺序存储和基于 Hash 表的藏文音节动态统计算法，统计结果是一致的，说明两个程序虽原理和结构不同，但都能正确地统计出藏文音节的频次，即程序的基本功能是正确的。基于动态顺序存储的藏文音节动态统计用时为 44 235.482 394 ms，而基于 Hash 表的藏文音节动态统计用时只有 6 049.506 158 ms，两者用时相差 7 倍，明显地看出基于 Hash 表的藏文音节字动态统计优于基于动态顺序存储的藏文音节字动态统计。

2. 优化 Hash 函数

上述 Hash 函数采用链地址法解决了冲突。理论上一个藏文音节有 8 个字符，每个字符最大的哈希值为 256，则一个藏文音节字最大的哈希值为 256×8=2 048，总的藏文音节数不到 20 000 个，开辟了 20 000 个存储空间后，装载因子只是 2 048/20 000=10.24%，空余度高达 90%。通过分析发现，实验使用的文本的藏文音节字主要分布在 65～733。

程序中增加两个变量分别记录藏文总音节数和总的查找次数。一个测试文本的藏文总音节数为 411 770 个，总的查找次数为 622 240 次，查找的平均长度为：

$$ASL_1=622\ 240/411\ 770 \approx 1.511\ 13$$

上述 Hash 只考虑了组成藏文音节的不同字符的不同编码，但类似于"ᄀᄃ""ᄃᄀ"构件一致，位置不同藏文字符的 Hash 值是相同的。为了在哈希值中体现组成藏文字符的位置信息，设定 Hash 函数如下：

$$H_2(\text{key}) = (\sum_{i=0}^{7}(\text{key}_i - 0\text{EFF}) \times 10^i)\ \text{mod}\ \text{max}$$

利用原来的文本进行测试，藏文总音节数为 411 770 个，总的查找次数为 432 798 次，查找的平均长度为：

$$ASL_2=432\ 798/411\ 770 \approx 1.051\ 06$$

藏文音节的分布比较分散，100 个藏文音节只发生了 5 次冲突，比较好地解决了冲突，但实际应用中两种 Hash 函数所用的时间相差不大，虽然 H_1 在查找冲突中用时较多，但是 H_2 在计算哈希函数时比较复杂，用时较多，导致最终两种 Hash 函数用时接近。

16.6　算法分析

16.6.1　时间复杂度分析

本算法中频次最高的操作是查找，即在 Hash 表中查找待插入藏文音节的位置：如果查找失败则生成新节点，插入该藏文音节字，其频度设为 1；如果查找成功，则在链表中查找，找到后其频度加 1，如果该藏文音节不存在于链表中，则在链表尾部插入该音节字，并设其频度为 1。

若藏文文本中有 n 个藏文音节，则：

最好情况：Hash 表没有冲突，每个元素插入到一个位置上，每个元素的查找时间为 $O(1)$，总时间为：$T(n)=O(n)$；

最坏情况：所有的元素落到 Hash 表中一个位置上，则该位置会形成一个具有 m（m 为文本中不同的藏文音节数）个元素的顺序表，每个元素的平均查找时间复杂度为：

$$\frac{1}{m}\sum_{i=1}^{m}i$$

总时间复杂度为：

$$\frac{n}{m}\sum_{i=1}^{m}i$$

平均情况：时间复杂度就是一个音节的平均查找 ASL，则总时间：

$$T(n) = O(n*\text{ASL})$$

其中 ASL 是一个较小的常数，即：

$$T(n) = O(n)$$

16.6.2　空间复杂度分析

1. 数据存储空间

（1）程序会读入文本文件，用 1 个变量存储文件的所有字符，占用的空间大小是多文本中长度最大的字符数 n，即 $O(n)$。

（2）程序会创建一个存储 Hash_Node 节点的线性表 List_Hash，其空间大小为 20 000 个存储单位，即 $O(1)$。

2. 辅助存储空间

程序会临时申请 i 个空间存储藏文音节和该音节频度的结构体，i 在程序运行时会动态变化，从 1 逐渐增加到 m（m 表示文本中不同的藏文音节数），所以空间复杂度为 $O(m)$。